高等院校应用型本科“十三五”规划教材 · 数学类

微积分

CALCULUS

（上）

主　编　孙新蕾　童丽

编　委（按姓氏笔画排序）

马建新　李　甜　李丽容

肖　艳　吴小霞　黄　敏

蒋　磊　程淑芳　强静仁

華中科技大學出版社

http://www.hustp.com

中国 · 武汉

图书在版编目(CIP)数据

微积分. 上/孙新蕾,童丽珍主编. —武汉:华中科技大学出版社,2018.8 (2023.9重印)
ISBN 978-7-5680-4271-0

Ⅰ.①微… Ⅱ.①孙… ②童… Ⅲ.①微积分-高等学校-教材 Ⅳ.①O172

中国版本图书馆 CIP 数据核字(2018)第 198531 号

微积分(上) 孙新蕾 童丽珍 主编

Weijifen(Shang)

策划编辑:曾 光
责任编辑:史永霞
封面设计:孢 子
责任监印:朱 玢
出版发行:华中科技大学出版社(中国·武汉) 电话:(027)81321913
武汉市东湖新技术开发区华工科技园 邮编:430223
录 排:华中科技大学惠友文印中心
印 刷:武汉市洪林印务有限公司
开 本:710mm×1000mm 1/16
印 张:15.25
字 数:307 千字
版 次:2023 年 9 月第 1 版第 6 次印刷
定 价:39.00 元

序

课本乃一课之“本”。虽然高校的教材一般不会被称为“课本”，其分量也没有中小学课本那么重，但教材建设实为高校的基本建设之一，这大概是多数人都接受或认可的。

无论是教还是学，教材都是不可或缺的。一本好的教材，既是学生的良师益友，亦是教师之善事利器。应该说，这些年来，我国的高校教材建设工作取得了很大的成绩。其中，举全国之力而编写的“统编教材”和“规划教材”，为千百万人的成才作出了突出的贡献。这些“统编教材”和“规划教材”无疑具有权威性；但客观地说，随着我国社会改革的深入发展，随着高校的扩招和办学层次的增多，以往编写的各种“统编教材”和“规划教材”，就日益显露出其弊端和不尽如人意之处。其中最为突出的表现在于两个方面。一是内容过于庞杂。无论是“统编教材”还是“规划教材”，由于过分强调系统性与全面性，以至于每本教材都是章节越编越长，内容越写越多，不少教材在成书时接近百万字，甚至超过百万字，其结果既不利于学，也不便于教，还增加了学生的经济负担。二是重理论轻技能。几乎所有的“统编教材”和“规划教材”都有一个通病，即理论知识的分量相当重甚至太重，技能训练较少涉及。这样的教材，不要说“二本”、“三本”的学生不宜使用，就是一些“一本”的学生也未必合适。

现代高等教育背景下的本专科合格毕业生应该同时具备知识素质和技能素质。改革开放以后，人们都很重视素质教育；毫无疑问，素质教育中少不了知识素质的培养，但是仅注重学生知识素质的培养而轻视实际技能的获得肯定是不对的。我们都知道，在任何国家和任何社会，高端的研究型人才毕竟是少数，应用型、操作型的人才才是社会所需的大量人才。因此，对于“二本”尤其是“三本”及高职高专的学生来说，在大学阶段的学习中，其知识素质与技能素质的培养具有同等的重要性。从一定意义上说，为了使其动手能力和实践能力明显强于少数日后从事高端研究的人才，这类学生技能素质的培养甚至比知识素质的培养还要重要。

学生技能素质的培养涉及方方面面，教材的选择与使用便是其中重要的一环。正是基于上述考虑，在贯彻落实科学发展观的活动中，我们结合“二本”尤其是“三本”及高职高专学生培养的实际，组织编写了这一套系列教材。这一套教材与以往的“统编教材”和“规划教材”有很大的不同。不同在哪里？其一，体例与内容有所不同。每本教材一般不超过40万字。这样，既利于学，亦便于教。其二，理论与技能并重。在确保基本理论与基本知识不能少的前提下，注重专业技能的训练，增加专业技能训练的内容，让“二本”、“三本”及高职高专的学生通过本专科阶段的学习，在动手能力上明显强于研究生和“一本”的学生。当然，我们的这些努力无疑也是一种摸索。既然是一种摸索，其中的不足和疏漏甚至谬误就在所难免。

中南财经政法大学武汉学院在本套教材的组织编写活动中，为了确保质量，成立了以主管教学的副院长徐仁璋教授为主任的教材建设委员会，并动员校内外上百名专家学者参加教材的编写工作。在这些学者中，既有曾经担任国家“规划教材”、“统编教材”的主编或撰写人的老专家，也有教学经验丰富、参与过多部教材编写的年富力强的中年学者，还有很多博士、博士后及硕士等青年才俊。他们之中不少人都已硕果累累，因而仅就个人的名利而言，编写这样的教材对他们并无多大意义。但为了教育事业，他们都能不计个人得失，甘愿牺牲大量的宝贵时间来编写这套教材，精神实为可嘉。在教材的编写和出版过程中，我们还得到了众多前辈、同仁及方方面面的关心、支持和帮助。在此，对为本套教材的面世而付出辛勤劳动的所有单位和个人表示衷心的感谢。

最后，恳请学界同仁和读者对本套教材提出宝贵的批评和建议。

中南财经政法大学武汉学院院长

2011.7.16

前　　言

随着高等院校教育观念的不断更新、教学改革的不断深入和办学规模的不断扩大，作为数学教学三大基础之一的微积分开设的专业覆盖面也在不断扩大.针对这一发展现状，本教材在编写时，既做到教学内容在深度和广度方面达到教育部高等学校“微积分”教学的基本要求，又注重微积分概念的直观性引入，加强学生分析和解决实际问题能力的培养，力求做到易教、易学.

本书的主要特点如下.

● 理论与实际应用有机结合，大量的实际应用贯穿于理论讲解的始终，体现了微积分在各个领域的广泛应用.

● 习题安排科学合理，每一节的后面给出了同步习题，并做了分类，其中(A)部分为基础题，(B)部分为提高题，每一章后面还有涵盖全章内容重难点的总习题，可根据学生自身基础和要求进行针对性练习，达到触类旁通的效果.

● 紧密结合数学软件 Mathematica.最后一章介绍了目前国际公认的优秀工程应用开发软件——Mathematica 的基本用法与线性代数相关的基本命令，并将其更新为主流的 Mathematica 10.4 版本.

● 数学名家介绍.每章最后都介绍了一位数学名家的历史故事，以增强读者的学习兴趣，丰富读者的数学修养.

● 考研真题.附录 A 收集了近几年的硕士研究生入学(数学三)微积分部分试题，并给出了参考答案，供有更高要求的学生进行选择性练习.

本书是对武汉学院马建新等主编的《微积分(上)》的修订，改正了原版的一些错误和不妥之处，并对内容做了重新调整；每章均有一些增删，在原版风格与体系的基础上做了进一步完善和更新，力求结构严谨、叙述清晰、例题典型、习题丰富，可供高等学校经管类专业和工科学生选作教材或参考书。通过修订，内容会更加实用，读者使用起来会更加方便.

在教材的修订过程中，我们得到了武汉学院校领导的大力支持，也得到许多同行的热切帮助，在此表示衷心感谢！

教材中难免有疏漏和不足之处，欢迎广大读者、专家批评指正.

编　者

2018 年 4 月

目　　录

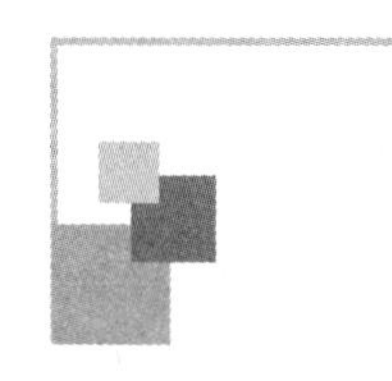

第1章　函　　数

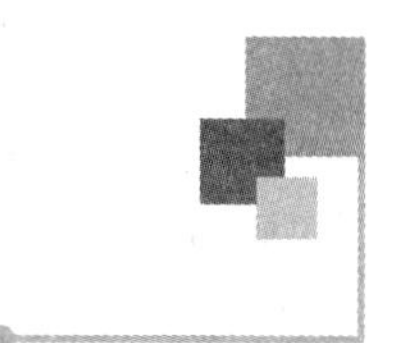

读一本好的书，就是和许多高尚的人谈话.

——笛卡儿

函数是现代数学基本概念之一，是高等数学的主要研究对象. 所谓函数就是变量之间的依赖关系. 本章将介绍集合、函数的基本概念，以及它们的一些性质，为今后的学习打下基础.

1.1　集　　合

1.1.1　集合的概念

"集合"是数学中的一个基本概念. 我们先通过例子来说明集合这个概念.

例如，一个班的全体学生构成一个集合；一间教室里的所有桌椅构成一个集合；全体偶数构成一个集合；程序设计语言C的全体基本字符构成一个集合，等等. 一般地，所谓**集合**是指具有某种特定性质的事物的总体，构成这个集合的每一个事物称为该集合的**元素**.

通常用大写拉丁字母 $A,B,C,\cdots$ 表示集合，用小写拉丁字母 $a,b,c,\cdots$ 表示集合的元素. a 是集合 A 的元素，记作 $a\in A$；否则，记作 $a\notin A$.

一个集合，若它只含有限个元素，则称它为**有限集**；不是有限集的集合称为**无限集**.

集合的表示方法一般有两种：一是**列举法**，就是把集合的全体元素一一列举出来，例如，由元素 $a_1,a_2,\cdots,a_n$ 组成的集合 A，可表示为 $A=\{a_1,a_2,\cdots,a_n\}$；二是**描述法**，集合 M 若是由具有某种性质 P 的元素 x 的全体所组成的，则可以表示为 $M=\{x\mid x$ 具有性质 $P\}$. 例如，集合 B 若是不等式 $x^2-2x-1>0$ 的解集，则可以表示为 $B=\{x\mid x^2-2x-1>0\}$.

全体非负整数即自然数的集合，记作 $\mathbf{N}$；全体正整数的集合，记作 $\mathbf{N}^+$；全体整数的集合，记作 $\mathbf{Z}$；全体有理数的集合，记作 $\mathbf{Q}$；全体实数的集合，记作 $\mathbf{R}$.

1.1.2 集合的关系

定义 1.1.1 设 A,B 是两个集合,如果集合 A 的每一个元素都是集合 B 的元素,则称 A 是 B 的**子集**,记作 $A\subset B$(读作 A 包含于 B)或 $B\supset A$(读作 B 包含 A),如图 1-1 所示.

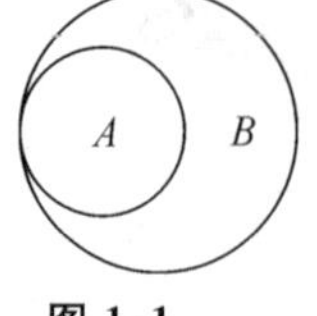

图 1-1

若 $A\subset B$ 且 $A\neq B$,则称 A 是 B 的**真子集**,记作 $A\subsetneqq B$.

注 符号"$\in$"和"$\subset$"在概念上的区别:"$\in$"表示元素与集合间的"属于"关系,"$\subset$"表示集合与集合间的"包含"关系.

定义 1.1.2 设有集合 A 和 B,如果 $A\subset B$ 且 $B\subset A$,则称 A **与** B **相等**,记作 $A=B$.

由研究的所有事物构成的集合称为**全集**,记作 I. 不含任何元素的集合称为**空集**,通常记作$\varnothing$. 规定空集$\varnothing$是任何集合 A 的子集,即$\varnothing\subset A$.

1.1.3 集合的运算

定义 1.1.3 设 A 和 B 是两个集合,由所有属于 A 或者属于 B 的元素组成的集合,称为 A 与 B 的**并集**,记作 $A\cup B$. 并集的文氏图如图 1-2 所示的阴影部分,即

$$A\cup B=\{x\,|\,x\in A \text{ 或 } x\in B\}.$$

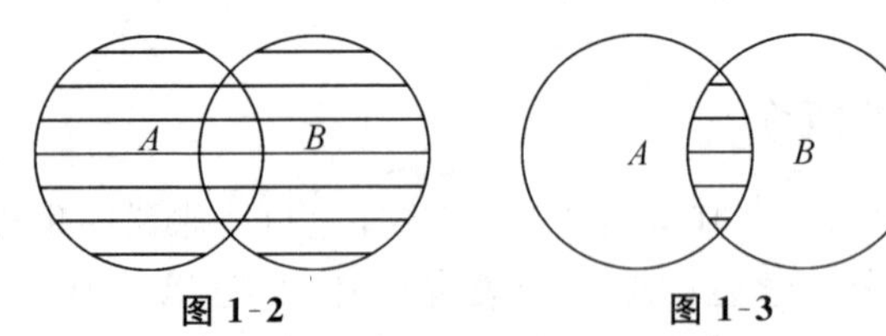

图 1-2　　图 1-3

定义 1.1.4 设 A 和 B 是两个集合,由所有既属于 A 又属于 B 的元素组成的集合,称为 A 与 B 的**交集**,记作 $A\cap B$. 交集的文氏图如图 1-3 所示的阴影部分,即

$$A\cap B=\{x\,|\,x\in A \text{ 且 } x\in B\}.$$

定义 1.1.5 设 A 和 B 是两个集合,由所有属于 A 而不属于 B 的元素组成的集合,称为 A 与 B 的**差集**,记作 $A-B$. 差集的文氏图如图 1-4 所示的阴影部分,即

$$A-B=\{x\,|\,x\in A \text{ 且 } x\notin B\}.$$

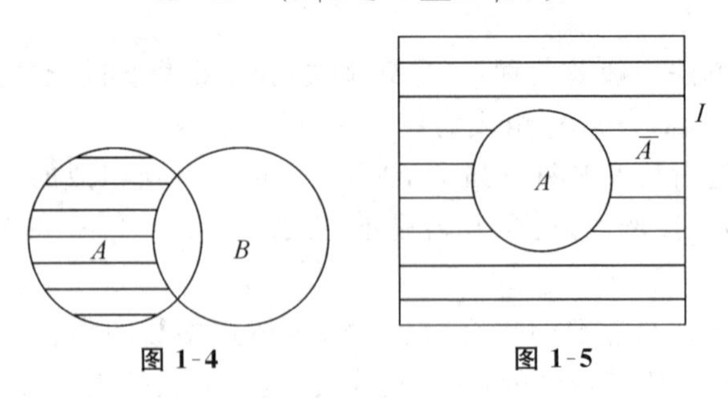

图 1-4　　图 1-5

定义 1.1.6 全集 I 中所有不属于 A 的元素构成的集合，称为 A 的**补集**，记作 $\overline{A}$. 补集的文氏图如图 1-5 所示的阴影部分，即

$$\overline{A}=\{x\mid x\in I \text{ 且 } x\notin A\}.$$

集合的并、交、补运算满足下列法则：

(1)交换律 $A\cup B=B\cup A, A\cap B=B\cap A$；

(2)结合律 $(A\cup B)\cup C=A\cup(B\cup C),(A\cap B)\cap C=A\cap(B\cap C)$；

(3)分配律 $(A\cup B)\cap C=(A\cap C)\cup(B\cap C),(A\cap B)\cup C=(A\cup C)\cap(B\cup C)$；

(4)对偶律(摩根律) $\overline{A\cup B}=\overline{A}\cap\overline{B},\overline{A\cap B}=\overline{A}\cup\overline{B}$.

1.1.4 区间与邻域

1. 区间

区间是高等数学中最常用的实数集之一，分为**有限区间**和**无限区间**两类.

1)有限区间

设 a,b 为实数，且 $a<b$. 数集 $\{x\mid a<x<b\}$ 称为开区间，记作 (a,b)，即 $(a,b)=\{x\mid a<x<b\}$，如图 1-6 所示.

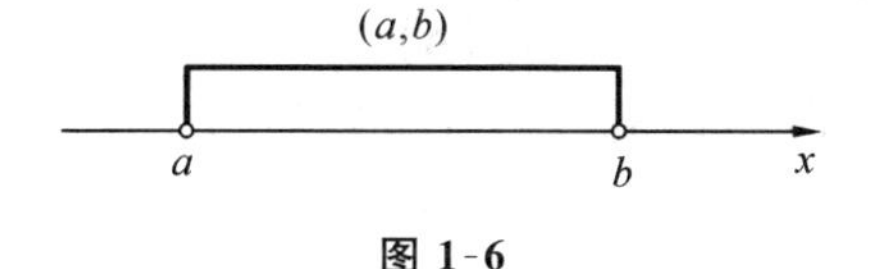

图 1-6

类似地，有闭区间和半开半闭区间：

$[a,b]=\{x\mid a\leqslant x\leqslant b\}$， $(a,b]=\{x\mid a<x\leqslant b\}$， $[a,b)=\{x\mid a\leqslant x<b\}$.

2)无限区间

引入记号 $+\infty$（读作“正无穷大”）及 $-\infty$（读作“负无穷大”），则可类似定义无限区间. 例如，

$$[a,+\infty)=\{x\mid x\geqslant a\},\quad (-\infty,b)=\{x\mid x<b\}.$$

特别地，$(-\infty,+\infty)=\{x\mid -\infty<x<+\infty\}$，区间 $(-\infty,+\infty)$ 即全体实数的集合 $\mathbf{R}$.

2. 邻域

定义 1.1.7 设 a 与 δ 是两个实数，且 $\delta>0$，数集 $\{x\mid a-\delta<x<a+\delta\}$ 称为点 a 的 δ **邻域**，记作

$$U(a,\delta)=\{x\mid a-\delta<x<a+\delta\}.$$

点 a 称为**邻域的中心**，δ 称为**邻域的半径**，如图 1-7 所示.

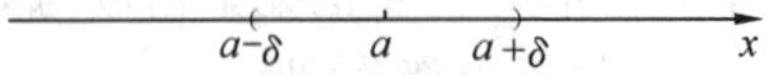

图 1-7

由于 $a-\delta<x<a+\delta$ 相当于 $|x-a|<\delta$，因此

$$U(a,\delta)=\{x \mid |x-a|<\delta\}.$$

$U(a,\delta)$ 表示与点 a 的距离小于 δ 的一切点 x 的全体.

若把邻域 $U(a,\delta)$ 的中心去掉，所得到的邻域称为点 a 的去心 δ 邻域，如图 1-8 所示，记作 $\mathring{U}(a,\delta)$，即

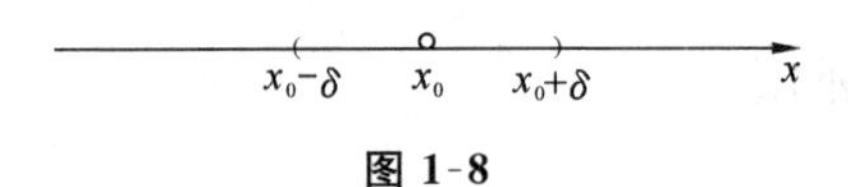

图 1-8

$$\mathring{U}(a,\delta)=\{x \mid 0<|x-a|<\delta\}.$$

注 以 a 为中心的任何开区间均是点 a 的邻域，当不需要特别辨明邻域的半径时，可简记作 $U(a)$.

习题 1.1

(A)

1. 设全集 $I=\{1,2,3,4,5,6,7,8\}$，$A=\{3,4,5\}$，$B=\{4,7,8\}$，求 $A\cup B$，$A\cap B$，$A-B$.
2. 用列举法表示下列集合：

   (1) 方程 $x^2+7x+12=0$ 的根的集合；

   (2) 抛物线 $y=x^2$ 与直线 $x-y=0$ 交点的集合；

   (3) 集合 $\{x \mid |x-1|\leqslant 2$ 的整数$\}$.
3. 用区间表示下列 x 的变化范围：

   (1) $2<x\leqslant 6$；　(2) $x>0$；　(3) $x^2\leqslant 9$；　(4) $|x-3|<4$.

(B)

1. 证明：集合 $X=\{x \mid x=2n+1, n\in \mathbf{Z}\}$，$Y=\{y \mid y=4k\pm 1, k\in \mathbf{Z}\}$，则 $X=Y$.
2. 设 A，B 是任意两个集合，证明对偶律：$\overline{A\cap B}=\overline{A}\cup\overline{B}$.

1.2 函　　数

1.2.1 函数的概念

在自然界、人类社会和人们的思维领域中，运动与变化无处不在，因而刻画这种运动的量与变化的量之间的依赖关系也就无处不在了. 我们在观察某一现象的

过程中，常常会遇到各种不同的量.其中有的量在过程中不发生变化，我们把它称为**常量**；有的量在过程中是变化的，也就是可以取不同的数值，我们把它称为**变量**.

函数则是反映两个变量之间的依赖关系的数学模型.这一模型的建立并不是某个数学家或科学家一朝一夕完成的，而是许多科学家和数学家的不断思索，经提炼才形成的.下面介绍函数的概念.

定义 1.2.1 设 x 和 y 是两个变量，D 是一个给定的非空数集.如果对于每个数 $x\in D$，变量 y 按照对应法则 f 总有唯一确定的数值与之对应，则称 y 是 x 的**函数**，记作 $y=f(x),x\in D$.

其中：x 称为**自变量**，y 称为**因变量**，f 称为对应关系，数集 D 称为 f 的**定义域**，也记作 $D(f)$，即 $D(f)=D$.

对于 $x_0\in D$，按照对应法则 f，总有确定的值 y_0（记作 $f(x_0)$）与之对应，称 $f(x_0)$ 为函数在点 x_0 处的**函数值**.因变量与自变量的这种相依关系通常称为函数.当自变量 x 取遍 D 的所有数值时，对应的函数值 $f(x)$ 的全体构成的集合称为函数 f 的**值域**，记作 $Z(f)$，即 $Z(f)=\{y|y=f(x),x\in D\}$ 称为 f 的值域.

函数的定义域和对应法则是确定函数关系的两个要素.如果两个函数的定义域和对应法则都相同，则称这两个函数是**相同的函数**.

1.2.2 函数的表示方法

函数的**表示方法**有以下三种.

一是**解析法**，即用数学式子表示自变量和因变量之间的对应关系.例如，在直角坐标系中，半径为 r、圆心在原点的圆的方程是 $x^2+y^2=r^2$.

二是**表格法**，即将一系列的自变量值与对应的函数值列成表来表示函数关系.例如，在实际应用中，我们经常用到的平方表、三角函数表等都是用表格法表示的函数.

三是**图形法**，即用坐标平面上的曲线来表示函数，一般用横坐标表示自变量，纵坐标表示因变量.例如，在直角坐标系中，半径为 r、圆心在原点的圆用图形法表示，如图 1-9 所示.

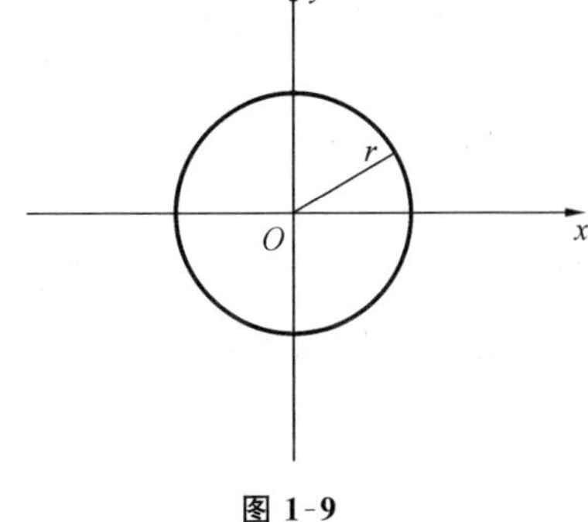

图 1-9

例 1 根据我国税收规定，个人所得税起征点自 2011 年 9 月 1 日起将由 2 000 元提高到 3 500 元（在个人收入中 3 500 元为免税收入，其余为应纳税收入），新的个税超额累进税率表如表 1-1 所示.如果一个人月收入为 6 000 元，问每月应缴纳个人所得税多少？

表 1-1　个人所得税七级超额累进税率表

全月应纳税所得/元	税率/(%)
(0,1 500]	3
(1 500,4 500]	10
(4 500,9 000]	20
(9 000,35 000]	25
(35 000,55 000]	30
(55 000,80 000]	35
>80 000	45

显然,要解决上述问题,需建立纳税额 y 和个人收入 x 之间的函数关系.但因为应纳税收入是分段计税的,所以纳税额 y 和个人收入 x 之间不能通过一个式子表示出来.写出前五个关系式为

$$y=\begin{cases} 0, & 0<x\leqslant 3\ 500, \\ (x-3\ 500)\cdot 3\%, & 3\ 500<x\leqslant 5\ 000, \\ 45+(x-5\ 000)\cdot 10\%, & 5\ 000<x\leqslant 8\ 000, \\ 345+(x-8\ 000)\cdot 20\%, & 8\ 000<x\leqslant 12\ 500, \\ 1\ 245+(x-12\ 500)\cdot 25\%, & 12\ 500<x\leqslant 38\ 500. \end{cases}$$

如果一个人月收入为 6 000 元,其中应纳税收入为 2 500 元,每月应缴纳个人所得税为 145 元.

在上例中,我们看到有时一个函数对于其定义域内自变量 x 取不同的值,不能用一个统一的数学表达式表示,而要用两个或两个以上的式子表示,通常称这类函数为**分段函数**.

例 2　绝对值函数 $y=|x|=\begin{cases} x, & x\geqslant 0, \\ -x, & x<0, \end{cases}$ 它的定义域 $D(f)=(-\infty,+\infty)$,其图形如图 1-10 所示.

例 3　符号函数 $y=\operatorname{sgn}x=\begin{cases} 1, & x>0, \\ 0, & x=0, \\ -1, & x<0 \end{cases}$ 的定义域 $D(f)=(-\infty,+\infty)$,值域 $Z(f)=\{-1,0,1\}$,其图形如图 1-11 所示.

注　对任意实数 x,下列关系成立:

$$x=|x|\cdot \operatorname{sgn}x.$$

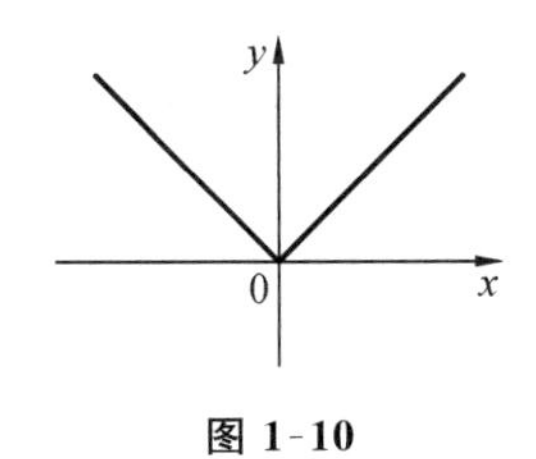

图 1-10

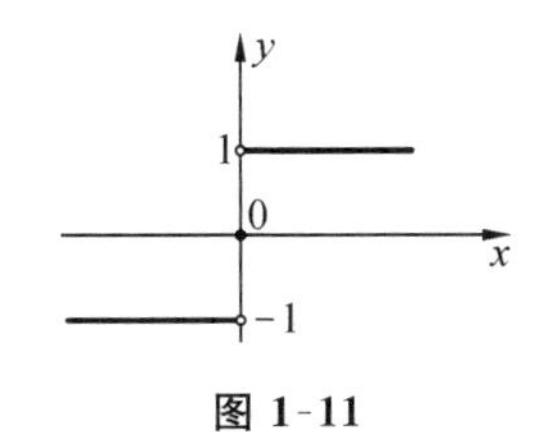

图 1-11

习题 1.2

(A)

1. 求下列函数的定义域：

(1) $y=\dfrac{1}{\sqrt{x^2-9}}$；　　(2) $y=\log_a \arcsin x$；

(3) $y=\arccos\dfrac{x-1}{2}+\log_a(4-x^2)$；　　(4) $y=e^{\frac{1}{x}}$.

2. 求函数 $y=\begin{cases}\sin\dfrac{1}{x}, & x\neq 0,\\ 0, & x=0\end{cases}$ 的定义域和值域，并求 $f\left(\dfrac{2}{\pi}\right)$ 和 $f(0)$.

3. 下列给出的关系是不是函数关系？

(1) $y=\sqrt{-x}$；　　(2) $y=\lg(-x^2)$；

(3) $y=\sqrt{-x^2-1}$；　　(4) $y=\sqrt{-x^2+1}$；

(5) $y=\arcsin(x^2+2)$；　　(6) $y^2=x+1$.

4. 下列各题中，函数 $f(x)$ 和 $g(x)$ 是否相同，为什么？

(1) $f(x)=x, g(x)=\sqrt{x^2}$；　　(2) $f(x)=|x|, g(x)=\sqrt{x^2}$；

(3) $f(x)=\dfrac{x^2-1}{x-1}, g(x)=x+1$；　　(4) $f(x)=\sin^2 x+\cos^2 x, g(x)=1$.

(B)

1. 设 $f(x)=ax^2+bx+5$，且 $f(x+1)-f(x)=8x+3$，试确定 a,b 的值.

1.3 函数的特性

1.3.1 有界性

定义 1.3.1 设 $f(x)$ 的定义域为 $D(f)$，实数集 $X\subset D(f)$. 如果存在一个正数 M，使得对每一个 $x\in X$，$|f(x)|\leqslant M$ 成立，则称函数 $f(x)$ 在 X 上**有界**，或称 $f(x)$ 是 X 上的**有界函数**. 每一个具有上述性质的 M，都是该函数的界. 若具有上述性质

的正数 M 不存在，则称 $f(x)$ 在 X 上**无界**，或称 $f(x)$ 是 X 上的**无界函数**.

例如函数 $y=\cos x$ 在 $(-\infty,+\infty)$ 内有界，因为对于任何实数 x 恒有 $|\cos x|\leqslant 1$. 函数 $y=\dfrac{1}{x}$ 在 $(0,2)$ 内无界，在 $[1,+\infty)$ 内有界.

例 1 判断函数 $f(x)=\dfrac{x}{1+x^2}$ 是否有界.

解 易见，$f(x)$ 的定义域是 $\mathbf{R}$.

当 $x\neq 0$ 时，
$$|f(x)|=\left|\frac{x}{1+x^2}\right|=\frac{|x|}{1+x^2}\leqslant\frac{|x|}{2|x|}=\frac{1}{2};$$

当 $x=0$ 时，$f(0)=0$，有
$$|f(0)|<\frac{1}{2}.$$

综上可知 $|f(x)|\leqslant\dfrac{1}{2}$，所以 $f(x)$ 为有界函数.

1.3.2 单调性

定义 1.3.2 设区间 $I\subset D(f)$. 如果对于 I 上任意两点 x_1 及 x_2，当 $x_1<x_2$ 时，有 $f(x_1)<f(x_2)$，则称函数 $f(x)$ 在区间 I 上**单调增加**；如果对于 I 上任意两点 x_1 及 x_2，当 $x_1<x_2$ 时，有 $f(x_1)>f(x_2)$，则称函数 $f(x)$ 在区间 I 上**单调减少**. 单调增加函数和单调减少函数统称为**单调函数**.

如图 1-12 所示，$y=x^2$ 在 $[0,+\infty)$ 内单调增加，在 $(-\infty,0]$ 内单调减少，在 $(-\infty,+\infty)$ 内不是单调的；如图 1-13 所示，$y=x^3$ 在 $(-\infty,+\infty)$ 内单调增加.

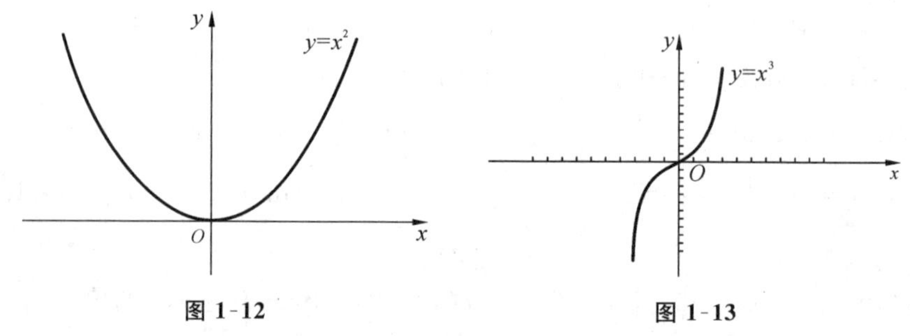

图 1-12　　　　图 1-13

当 $x_1<x_2$ 时，有 $f(x_1)\leqslant f(x_2)$，则称函数 $f(x)$ 在区间 I 内**单调不减**；当 $x_1<x_2$ 时，有 $f(x_1)\geqslant f(x_2)$，则称函数 $f(x)$ 在区间 I 内**单调不增**.

1.3.3 奇偶性

定义 1.3.3 给定函数 $y=f(x)$.

(1) 如果对所有的 $x\in D(f)$，有 $f(-x)=f(x)$，则 $f(x)$ 叫做**偶函数**；

(2) 如果对所有的 $x\in D(f)$，有 $f(-x)=-f(x)$，则 $f(x)$ 叫做**奇函数**.

奇函数的图形关于原点对称，偶函数的图形关于 y 轴对称. 例如 $y=\sin x$ 为奇

函数，如图 1-14 所示；$y=\cos x$ 为偶函数，如图 1-15 所示.

例 2　判断符号函数 $\operatorname{sgn}x=\begin{cases}1, & x>0,\\ 0, & x=0,\\ -1, & x<0\end{cases}$ 的奇偶性.

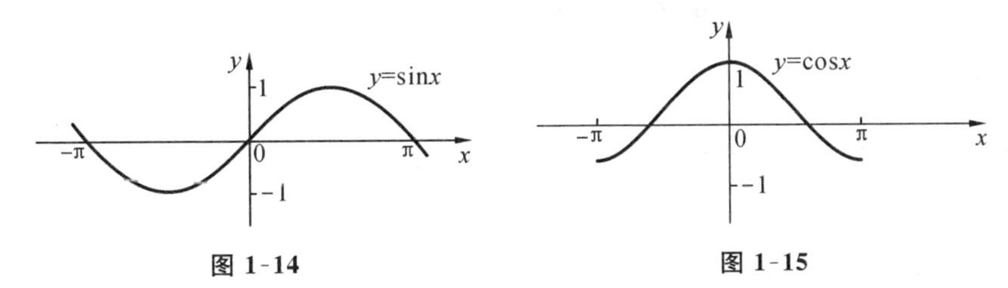

图 1-14　　　图 1-15

解　因为 $\operatorname{sgn}(-x)=-\operatorname{sgn}x$，故 $\operatorname{sgn}x$ 为奇函数.

例 3　判断狄利克雷(Dirichlet)函数 $D(x)=\begin{cases}1, x\text{ 为有理数时}\\ 0, x\text{ 为无理数时}\end{cases}$ 的奇偶性.

解　因为 $D(-x)=D(x)$，故 $D(x)$ 为偶函数.

例 4　判断 $f(x)=x^3+1$ 的奇偶性.

解　因为 $f(-x)=(-x)^3+1=-x^3+1$，既不等于 $f(x)=x^3+1$，也不等于 $-f(x)=-x^3-1$，所以函数 $y=x^3+1$ 既非奇函数，也非偶函数.

1.3.4　周期性

定义 1.3.4　对于函数 $y=f(x)$，如果存在正的常数 T，使得 $f(x)=f(x+T)$ 恒成立，则称函数 $f(x)$ 是以 T 为周期的周期函数. 满足这个等式的最小正数 T 称为函数的**最小正周期**.

例如，对于常数函数 $y=C$，任何正数都是此函数的周期，所以无最小正周期.

因此，并非每个周期函数都有最小正周期.

例 5　设函数 $f(x)$ 是以 $T(T>0)$ 为周期的周期函数，证明 $f(ax)(a>0)$ 是以 $\frac{T}{a}$ 为周期的周期函数.

证明　因为 $f(x)$ 是以 T 为周期的周期函数，所以有

$$f(ax+T)=f(ax),$$

而

$$f(ax+T)=f\left[a\left(x+\frac{T}{a}\right)\right],$$

则

$$f\left[a\left(x+\frac{T}{a}\right)\right]=f(ax),$$

即 $f(ax)$ 是以 $\frac{T}{a}$ 为周期的周期函数.

所以,$\sin kx$,$\cos kx$ 以$\frac{2\pi}{|k|}$为周期;$\tan kx$,$\cot kx$ 以$\frac{\pi}{|k|}$为周期.

例 6 讨论函数 $f(x)=\frac{e^x-e^{-x}}{e^x+e^{-x}}$的特性.

解 易见函数 $f(x)$的定义域为 $\mathbf{R}=(-\infty,+\infty)$.

(1)因
$$\left|\frac{e^x-e^{-x}}{e^x+e^{-x}}\right|\leqslant\frac{e^x+e^{-x}}{e^x+e^{-x}}=1,$$
故 $f(x)$在实数集 $\mathbf{R}$ 上有界.

(2)因
$$f(-x)=\frac{e^{-x}-e^x}{e^{-x}+e^x}=-f(x),$$
故 $f(x)$是奇函数.

(3)若 $x_1<x_2$,则
$$f(x_2)-f(x_1)=\frac{2(e^{x_2-x_1}-e^{x_1-x_2})}{(e^{x_2}+e^{-x_2})(e^{x_1}+e^{-x_1})}>0,$$
故 $f(x)$在实数集 $\mathbf{R}$ 上单调增加.

综上可知,$f(x)$是 $\mathbf{R}$ 上单调增加、有界的奇函数,不具有周期性.

习题 1.3

(A)

1. 下列函数哪些是奇函数?哪些是偶函数?哪些是非奇非偶函数?

(1)$y=x^4(1-x^2)$;
(2)$y=2x^2-x^3$;
(3)$y=x(x-2)(x+2)$;
(4)$y=\sin x+\cos x+2$;
(5)$y=\frac{e^x+e^{-x}}{2}$.

2. 证明函数 $y=\frac{1}{1+x^2}$是有界函数.

3. 下列各函数中哪些是周期函数?对于周期函数,指出其周期:

(1)$y=\sin(x+1)$;
(2)$y=\cos 4x$;
(3)$y=x\cos x$;
(4)$y=\sin^2 x$;
(5)$y=\cos 3x+\tan x$.

4. 试证下列函数在指定区间内的单调性:

(1)$y=\frac{x}{1-x}$,$(-\infty,1)$;
(2)$y=2x+\ln x$,$(0,+\infty)$.

(B)

1. 证明:$f(x)=x\sin x$ 在$(0,+\infty)$上是无界函数.

2. 设 $f(x)$为定义在$(-L,L)$上的奇函数,若 $f(x)$在$(0,L)$上单调增加,证明:$f(x)$

在$(-L,0)$上也单调增加.

3. 已知$y=f(x)$的图形关于直线$x=a$和$x=b$对称,$a\neq b$,试证明$f(x)$为周期函数,并求其周期.

1.4 反函数与复合函数

1.4.1 反函数

1. 反函数的定义

定义 1.4.1 设函数$y=f(x)$的定义域为$D(f)$,值域为$Z(f)$.若变量y在$Z(f)$内任取一值,变量x在$D(f)$内必有一值与之对应,则称变量x是变量y的函数,这个新的函数称为$y=f(x)$的**反函数**,记作$x=f^{-1}(y)$,其定义域为$Z(f)$,值域为$D(f)$.

由此定义可知,函数$y=f(x)$也是函数$x=f^{-1}(y)$的反函数.习惯上自变量用x表示,因变量用y表示,如果把$x=f^{-1}(y)$中的y改成x,x改成y,则得$y=f^{-1}(x)$.

相对于反函数$y=f^{-1}(x)$来说,原来的函数称为**直接函数**.在同一坐标平面内,$y=f(x)$与其反函数$y=f^{-1}(x)$的图形是关于直线$y=x$对称的.

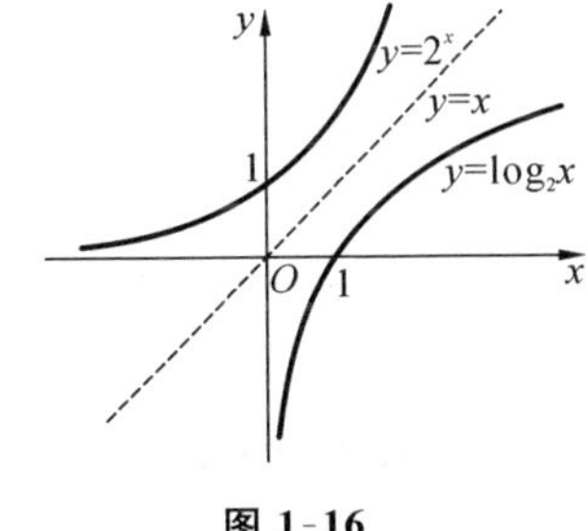

图 1-16

例 1 函数$y=2^x$与函数$y=\log_2 x$互为反函数,则它们的图形在同一直角坐标系中是关于直线$y=x$对称的,如图 1-16 所示.

2. 反函数存在定理

定理 1.4.1 若$y=f(x)$在(a,b)上单调增加(或减少),其值域为$Z(f)$,则它的反函数必然在$Z(f)$上确定,且单调增加(或减少).

例 2 求$y=\dfrac{x+1}{x-1}$的反函数.

解 定义域为$(-\infty,1)\cup(1,+\infty)$,值域为$(-\infty,1)\cup(1,+\infty)$.对于$y$任取值域内一值,可求得$x=\dfrac{y+1}{y-1}$,变换$x$与$y$的位置,得$y=\dfrac{x+1}{x-1}$.

例 3 求$y=x^2$的反函数.

解 定义域为$(-\infty,+\infty)$,值域为$[0,+\infty)$.对于y任取一非负值,可求得$x=\pm\sqrt{y}$,变换x,y的位置,得$y=\pm\sqrt{x}$.

若我们不加条件,由y的值就不能唯一确定x的值,也就是在区间$(-\infty,+\infty)$上,函数不是单调的,故其没有反函数.若我们加上条件,要求$x\geqslant 0$,则函数在此要求下单调增加,$x=\sqrt{y}$就是$y=x^2$在要求$x\geqslant 0$时的反函数.

1.4.2 复合函数

定义 1.4.2 若 y 是 u 的函数,即 $y=f(u)$,而 u 是 x 的函数,即 $u=\varphi(x)$,且 $\varphi(x)$ 的函数值的全部或部分在 $f(u)$ 的定义域内,那么,y 通过 u 的联系也是 x 的函数,称为由函数 $y=f(u)$ 及 $u=\varphi(x)$ 复合而成的函数,简称**复合函数**,记作 $y=f(\varphi(x))$,其中 u 称为中间变量.

例 4 $y=\sin(x^2+1)$ 是由 $y=\sin u, u=x^2+1$ 复合而成的.

复合函数还可以由两个及以上的函数复合而成.

例 5 $y=\arctan\sqrt{3x+1}$ 由 $y=\arctan u, u=\sqrt{v}, v=3x+1$ 复合而成.

并不是任意两个函数都能复合成一个复合函数.

例 6 $y=\sqrt{1-u}, u=1+\mathrm{e}^x$ 不能复合成复合函数,因为对于 $u=1+\mathrm{e}^x$ 定义域 $(-\infty,+\infty)$ 中的任何 x 值所对应的 u 值都大于 1,使 $y=\sqrt{1-u}$ 没有定义.

习题 1.4

(A)

1. 求出下列函数的反函数:

(1) $y=2^{x+5}$; (2) $y=\mathrm{e}^x+1$; (3) $y=2+\lg(x+1)$.

2. 在下列各题中,求由所给函数构成的复合函数:

(1) $y=\sqrt{u}, u=1+x^2$; (2) $y=\sin u, u=2-\ln v, v=x+1$.

3. 指出下列函数的复合过程:

(1) $y=4\sqrt{x+3}+1$; (2) $y=2\cos 3(x-1)$; (3) $y=(3x+5)^{10}$.

(B)

1. 判断函数 $y=\arcsin u$ 与函数 $u=2+x^2$ 能否复合成一个函数.

1.5 初等函数

1.5.1 基本初等函数

最常用的六种基本初等函数分别是常数函数、幂函数、指数函数、对数函数、三角函数及反三角函数.

1. 常数函数 $y=c$ (c 为常数)

常数函数的定义域为$(-\infty,+\infty)$,其图形为平行于 x 轴截距为 c 的直线,如图 1-17 所示.

2. 幂函数 $y=x^{\mu}$（μ 为实数）

幂函数的定义域随 μ 而异，但不论 μ 取何值，它在区间$(0,+\infty)$内总有定义，且图形都经过点$(1,1)$.

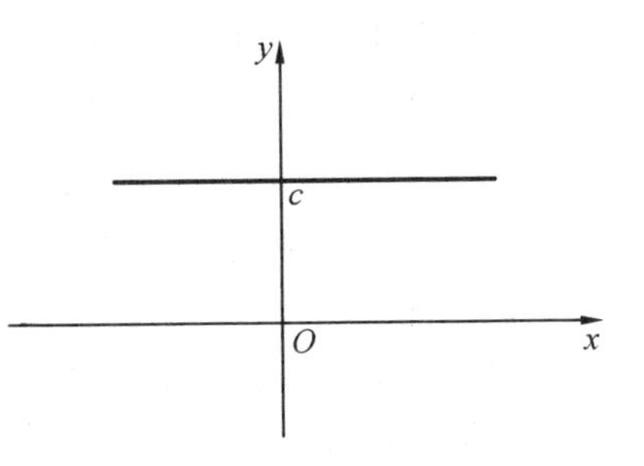

图 1-17

如 $y=x^2$，$y=x^{\frac{2}{3}}$ 等，定义域为$(-\infty,+\infty)$，图形关于 y 轴对称，如图 1-18 所示.

如 $y=x^3$，$y=x^{\frac{1}{3}}$ 等，定义域为$(-\infty,+\infty)$，图形关于原点对称，如图 1-19 所示.

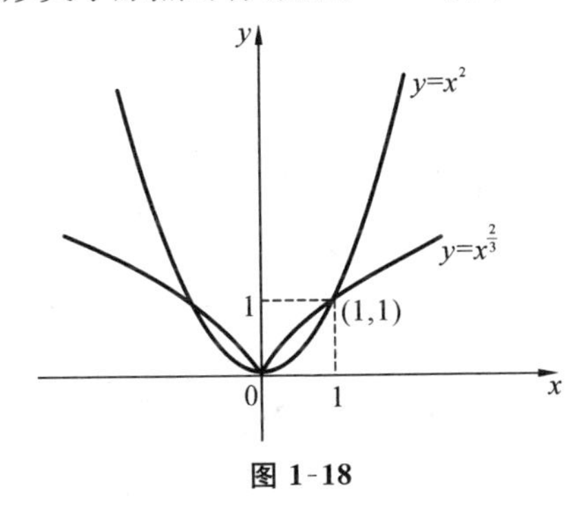

图 1-18

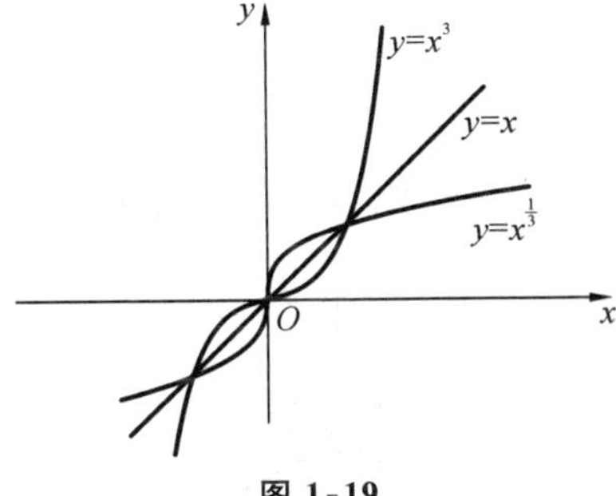

图 1-19

如 $y=x^{-1}$ 等，定义域为$(-\infty,0)\cup(0,+\infty)$，图形关于原点对称，如图 1-20 所示.

如 $y=x^{\frac{1}{2}}$ 等，定义域为$[0,+\infty)$，如图 1-21 所示.

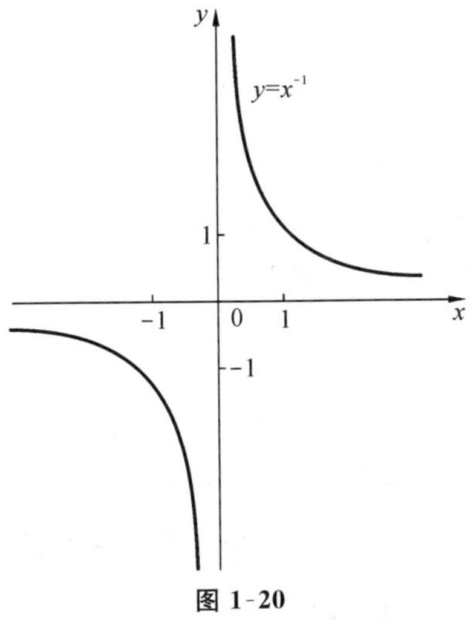

图 1-20

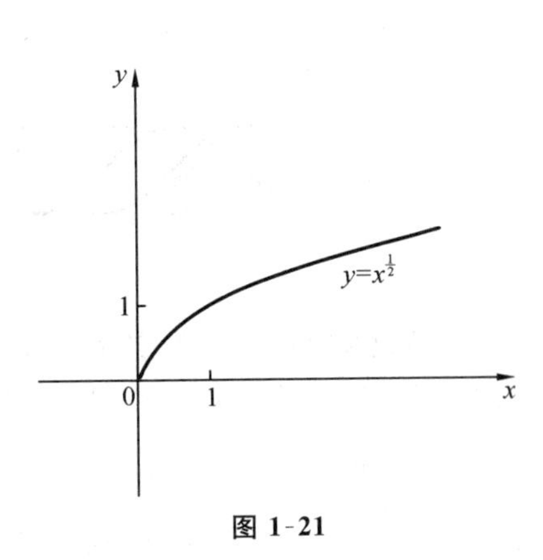

图 1-21

3. 指数函数 $y=a^x$（$a>0,a\neq1$）

指数函数的定义域为$(-\infty,+\infty)$，值域为$(0,+\infty)$，图形都通过点$(0,1)$. 当

$a>1$ 时，指数函数单调增加；当 $0<a<1$ 时，指数函数单调减少，如图 1-22 所示.

4. 对数函数 $y=\log_a x$ $(a>0, a\neq 1)$

对数函数的定义域为 $(0,+\infty)$，图形都通过点 $(1,0)$，如图 1-23 所示.

当 $a>1$ 时，指数函数在定义域内单调增加，同时在区间 $(0,1)$ 内的函数值为负，在区间 $(1,+\infty)$ 内的函数值为正.

当 $0<a<1$ 时，指数函数在定义域内单调减少，同时在区间 $(0,1)$ 内的函数值为正，在区间 $(1,+\infty)$ 内的函数值为负.

常用的对数函数有 $\lg x$，$\ln x$.

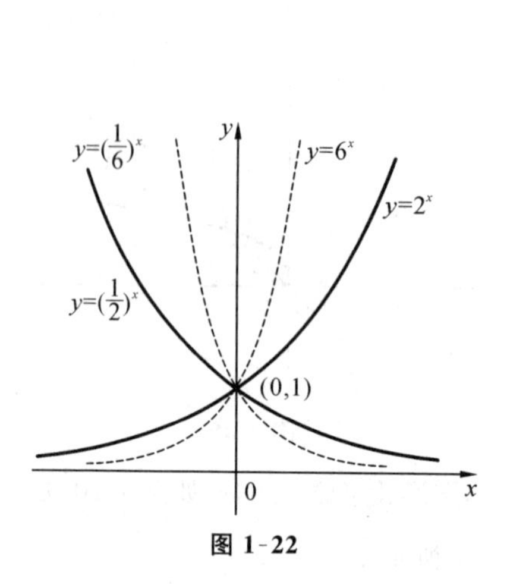

图 1-22

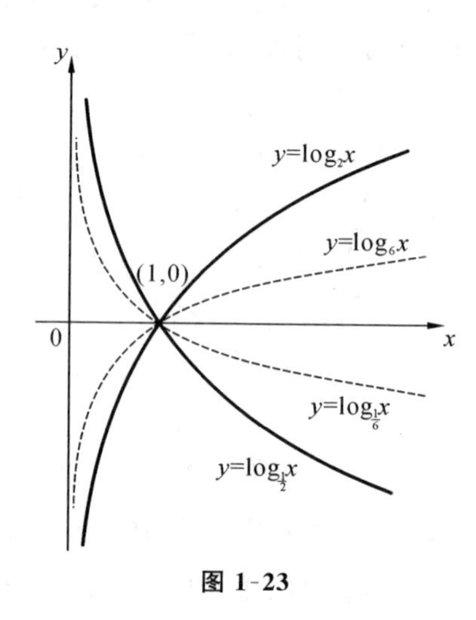

图 1-23

5. 三角函数

常用的三角函数包括正弦函数 $\sin x$（见图 1-24），余弦函数 $\cos x$（见图 1-24），正切函数 $\tan x$（见图 1-25），余切函数 $\cot x$（见图 1-26）.

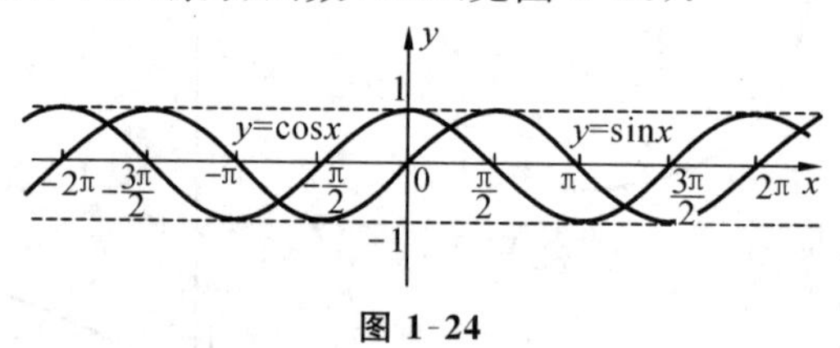

图 1-24

正弦函数和余弦函数的定义域都为区间 $(-\infty,+\infty)$，值域都为闭区间 $[-1,1]$. 它们都以 2π 为周期，其中正弦函数为奇函数，余弦函数为偶函数.

正切函数的定义域为 $D(f)=\left\{x \mid x\in R, x\neq \frac{\pi}{2}+k\pi(k\in \mathbf{Z})\right\}$，余切函数的定义域为 $D(f)=\{x \mid x\in R, x\neq k\pi(k\in \mathbf{Z})\}$，两个函数的值域都为 $(-\infty,+\infty)$.

正切函数和余切函数都以 π 为周期，且都为奇函数.

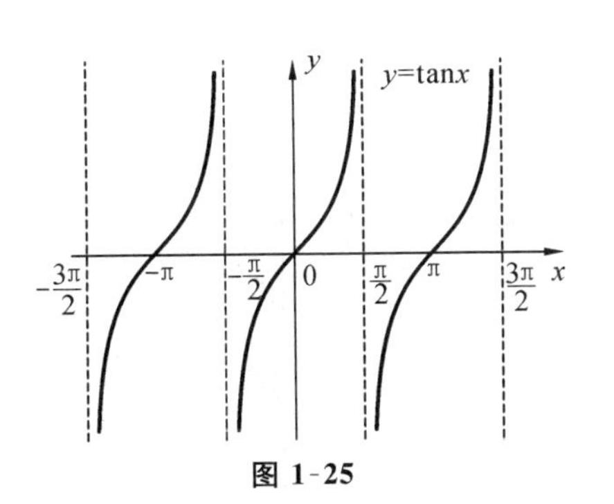

图 1-25

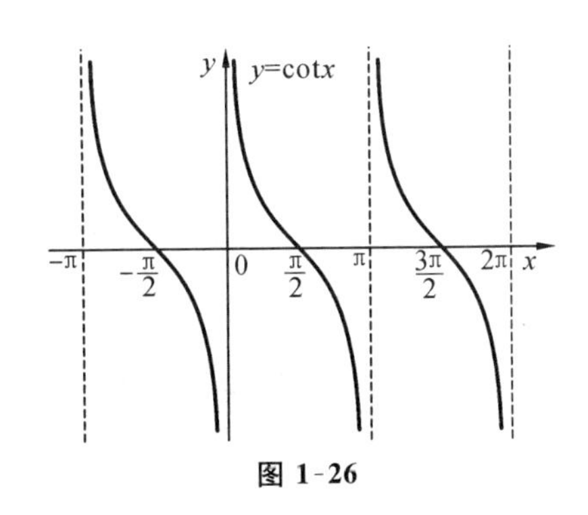

图 1-26

另外，还有正割函数 $\sec x=\frac{1}{\cos x}$，余割函数 $\csc x=\frac{1}{\sin x}$，它们都以 2π 为周期，且在 $\left(0,\frac{\pi}{2}\right)$ 内都为无界函数.

6. 反三角函数

反正弦函数　$y=\arcsin x, x\in[-1,1], y\in\left[-\frac{\pi}{2},\frac{\pi}{2}\right]$，如图 1-27 所示.

反余弦函数　$y=\arccos x, x\in[-1,1], y\in[0,\pi]$，如图 1-28 所示.

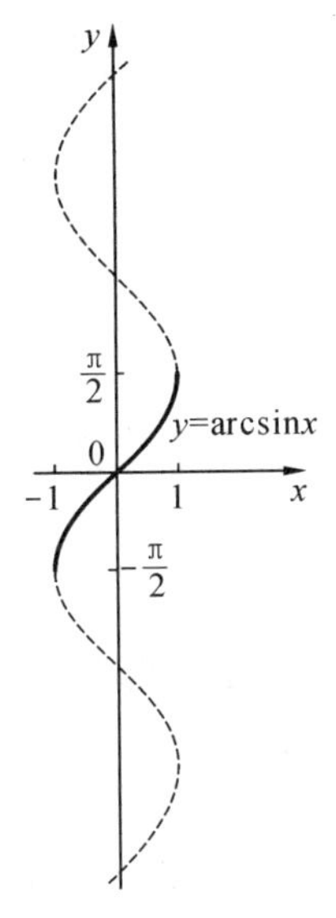

图 1-27

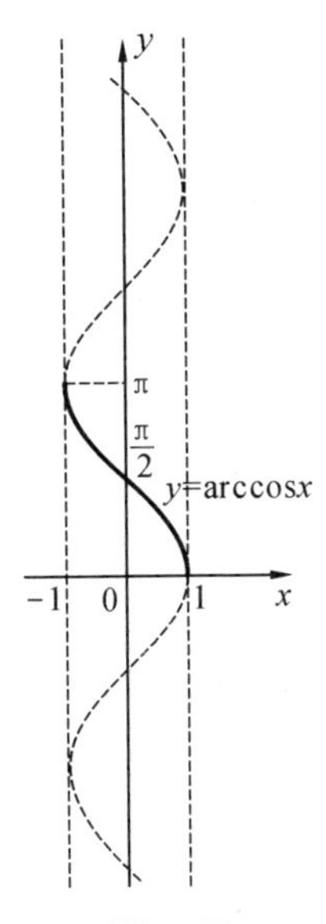

图 1-28

反正切函数　$y=\arctan x, x\in(-\infty,\infty), y\in\left(-\frac{\pi}{2},\frac{\pi}{2}\right)$，如图 1-29 所示.

反余切函数　$y=\operatorname{arccot} x, x\in(-\infty,\infty), y\in(0,\pi)$，如图 1-30 所示.

反正割函数　$y=\operatorname{arcsec} x$，反余割函数　$y=\operatorname{arccsc} x$.

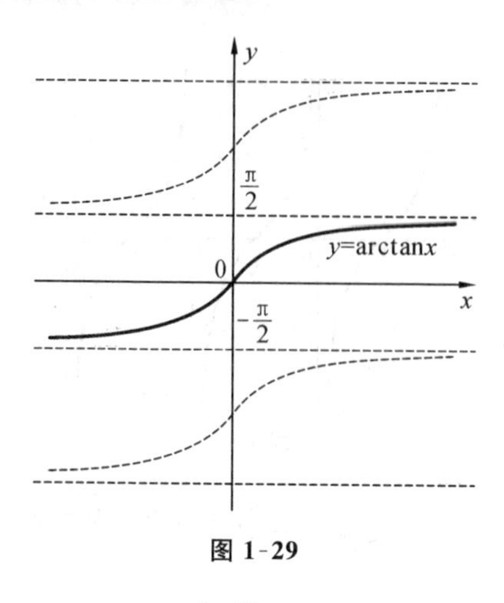

图 1-29

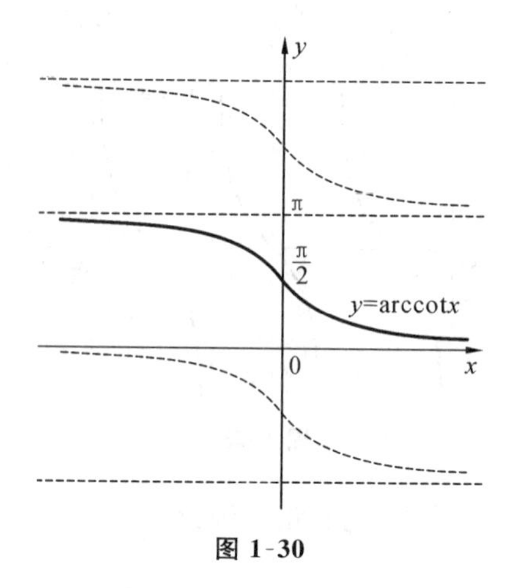

图 1-30

1.5.2 初等函数

由基本初等函数经过有限次的四则运算和有限次的函数复合步骤所构成的并能用一个式子表示的函数称为**初等函数**.

例 1 $y=2x^2-1, y=\sin\dfrac{1}{x}, y=2^{\sin x}+\ln(\sqrt{x^2}+\cos 3x)$等都是初等函数.

例 2 $f(x)=\begin{cases}\dfrac{x^2-1}{x+1}, & x\neq -1,\\ 0, & x=-1\end{cases}$不是初等函数. $f(x)=\begin{cases}6x, |x|\leqslant 1,\\ 6x, |x|>1\end{cases}$是初等函数.

1.5.3 双曲函数及反双曲函数

在工程技术中常用到双曲函数,其定义如下.

1. 双曲正弦函数

双曲正弦函数 $\mathrm{sh}x=\dfrac{\mathrm{e}^x-\mathrm{e}^{-x}}{2}$,其图形如图 1-31 所示.

双曲正弦函数的定义域为$(-\infty,+\infty)$;它为奇函数,图形通过原点且关于原点对称;双曲正弦函数在区间$(-\infty,+\infty)$内单调增加.

2. 双曲余弦函数

双曲余弦函数 $\mathrm{ch}x=\dfrac{\mathrm{e}^x+\mathrm{e}^{-x}}{2}$,其图形如图 1-31 所示.

双曲余弦函数的定义域为$(-\infty,+\infty)$;它为偶函数,图形过点$(0,1)$且关于 y 轴对称;双曲余弦函数在$(-\infty,0)$内单调减少,在$(0,+\infty)$内单调增加.

3. 双曲正切函数

双曲正切函数 $\operatorname{th}x=\dfrac{\operatorname{sh}x}{\operatorname{ch}x}=\dfrac{e^{x}-e^{-x}}{e^{x}+e^{-x}}$，其图形如图 1-32 所示. 双曲正切函数的定义域为$(-\infty,+\infty)$；它为奇函数，图形通过原点且关于原点对称；双曲正切函数在区间内$(-\infty,+\infty)$单调增加.

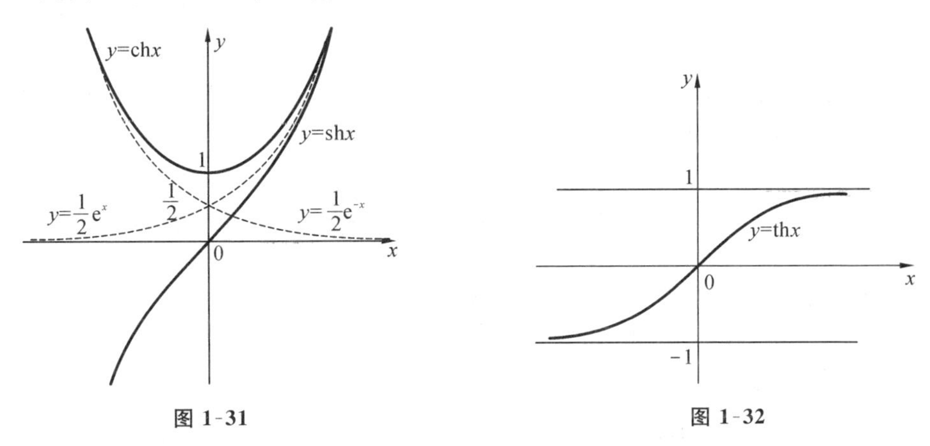

图 1-31　　图 1-32

4. 反双曲函数

反双曲正弦函数为 $y=\operatorname{arsh}x$，**反双曲余弦**函数为 $y=\operatorname{arch}x$，**反双曲正切**函数为 $y=\operatorname{arth}x$.

数学家笛卡儿简介

笛卡儿(Descartes，René)，1596 年 3 月 31 日生于法国土伦省莱耳市的一个贵族之家，他是法国数学家、科学家和哲学家，是西方近代资产阶级哲学奠基人之一，他的哲学与数学思想对历史的影响是深远的.

笛卡儿

笛卡儿的主要数学成果集中在他的《几何学》中. 在笛卡儿之前，几何与代数是数学中两个不同的研究领域. 笛卡儿站在方法论的自然哲学的高度，认为希腊人的几何学过于依赖于图形，束缚了人的想象力. 因此，他提出必须把几何与代数的优点结合起来，建立一种“真正的数学”. 1637 年，笛卡儿发表了《几何学》，创立了直角坐标系. 后来又创立了解析几何学，表明了几何问题不仅可以归结成为代数形式，而且可以通过代数变换来实现发现几何性质，证明几何性质.笛卡儿的这一天才创见，更为微积分的创立奠定了基础，从而开拓了变量数学的广阔领域.最为可贵的是，笛卡儿用运动的观点，把曲线看成点的运动的轨迹，不仅建立了点与实数的对应关系，而且把"形"(包括点、线、面)和"数"两个对立的对象统一起来，建立了曲线和方程的对应关系.这种对应关系的建立，使数学在思想方法上发生了伟大的转折——由常量数学进入变量数学.正如恩格斯所说："数学中的转折点是笛卡儿的变数.有了变数，运动进入了数学，有了变数，辩证法进入了数学，有了变数，微分和积分也就立刻成为必要了.笛卡儿的这些成就，为积分学的创立奠定了坚实的基础，为一大批数学家的新发现开辟了道路.

第1章总习题

1. 下列给出的各对函数是不是相同的函数？

(1) $f(x)=\ln x^2, g(x)=2\ln x$；

(2) $f(x)=\sqrt{x^2(x-1)}, g(x)=x\sqrt{1-x}$.

2. 判断下列函数的奇偶性：

(1) $y=\cos 2x$；　　(2) $y=\ln\left(x+\sqrt{1+x^2}\right)$；

(3) $F(x)=|f(x)|+x$，其中 $f(x)$ 为奇函数.

3. 证明：(1)两个奇函数的和是奇函数，而其积为偶函数；

(2)不恒为零的奇函数与偶函数的积是奇函数.

4. 已知 $f(x)$ 为周期函数，那么下列各函数是否都是周期函数？

(1) $f^2(x)$；　　(2) $f(2x)$.

5. 判断下列函数的单调性：

(1) $y=2x+1$；　　(2) $y=\left(\frac{1}{2}\right)^x$；

(3) $y=1-3x^2$；　　(4) $y=x+\lg x$.

6. 求下列函数的反函数：

(1) $y=2x+1$；　　(2) $y=x^3+2$；

(3) $y=1+\lg(x+2)$；　　(4) $y=\arcsin\frac{x-1}{4}$.

7. 指出下列函数的复合过程：

(1) $y=2^{\tan^2 x}$；　　(2) $y=\sqrt[3]{(1+2x)^2}$；

(3) $y=e^{\sin\sqrt{x^2+1}}$；　　(4) $y=\sin^2(1+x)$.

8. (1)设 $f(x)=x^3-x, \varphi(x)=\sin 2x$，求 $f[\varphi(x)], \varphi[f(x)]$；

(2)设 $f(x)=2^x, g(x)=x\ln x$，求 $f[g(x)]$ 和 $g[f(x)]$.

9. 设 $f(x)$ 的定义域 $D=[0,1]$，求下列函数的定义域：

(1) $f(\log_a x)$； (2) $f(\sin x)$；

(3) $f(a^{-x})$.

10. 下列函数哪些是初等函数？

(1) $y=x^2+\cos x-e^2$； (2) $y=\sqrt{x}+\ln(1+\cos x)$；

(3) $y=\begin{cases}0, & x\geqslant 0,\\ 1, & x<0.\end{cases}$

11. 生产某种产品 x 个单位的利润是 $L(x)=x-0.01x^2$，问生产多少个单位时，获得的利润最大？

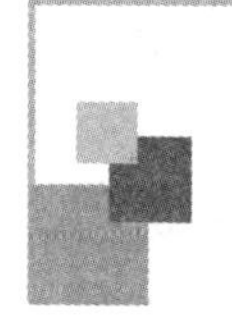

第2章　极限与连续

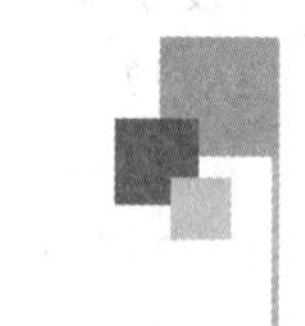

事类相推，各有攸归，故枝条虽分而同本干者，知发其一端而已. 又所析理以辞，解体用图，庶亦约而能周，通而不黩，览之者思过半矣.

——刘徽

在微积分中，极限是一个重要的基本概念，极限方法是一个基本的分析方法. 它贯穿于微积分的始终，从极限本身到函数的连续性、导数、微分、积分、级数等，均具有极限的思想. 因此，掌握极限的理论和计算方法是学习微积分的基础.

本章首先介绍数列的极限，然后研究函数的极限和连续性.

2.1　数列的极限

2.1.1　引例

极限思想是由求某些实际问题的精确解而产生的. 我国古代数学家刘徽利用圆内接正多边形来推算圆面积的方法——割圆术，就是极限思想在几何学上的应用.

设有一圆，首先作其内接正六边形，把它的面积记作 S_1；再作内接正十二边形，其面积记作 S_2；再作内接正二十四边形，其面积记作 S_3；如此进行下去，每次边数成倍数地增加，记圆内接正 $6\times 2^{n-1}$ 边形的面积为 S_n（n 为正整数）. 于是得到一系列内接正多边形的面积

$$S_1, S_2, \cdots, S_n, \cdots,$$

它们构成一列有序的数. n 越大，则圆内接正多边形的面积与圆的面积越接近，从而采用 S_n 作为圆的面积的近似值也越精确. 当 n 无限增大（记 $n\to\infty$），即内接正多边形的边数无限增加时，圆内接正多边形无限接近于圆，S_n 也无限接近某个确定的数值，这个数值就是圆的面积. 这个确定的数称为这列有序的数 $S_1, S_2, \cdots, S_n, \cdots$ 当 $n\to\infty$ 时的极限.

2.1.2 数列的概念

定义 2.1.1 按一定顺序排列的无穷多个数

$$x_1, x_2, \cdots, x_n, \cdots,$$

称为**无穷数列**,简称**数列**,记作$\{x_n\}$. 数列中的每一个数称为数列的**项**,其中 x_1 称为**首项**,x_n 称为**一般项**(**或通项**).

例 1 引例中用圆内接正 $6\times 2^{n-1}$ 边形的面积来近似代替该圆的面积时,得到数列

$$S_1, S_2, \cdots, S_n, \cdots.$$

例 2 长一尺的棒子,每天截去一半,无限地进行下去,那么剩下部分的长度构成数列$\frac{1}{2}, \frac{1}{2^2}, \frac{1}{2^3}, \cdots, \frac{1}{2^n}, \cdots$.

例 3 $1, \frac{1}{2}, \frac{1}{3}, \cdots, \frac{1}{n}, \cdots$; $1, -1, \cdots, (-1)^{n-1}, \cdots$; $2, 4, 6, \cdots, 2n, \cdots$; $2, \frac{3}{2}, \frac{4}{3}, \cdots, \frac{n+1}{n}, \cdots$都是数列,其通项分别为$\frac{1}{n}, (-1)^{n-1}, 2n, \frac{n+1}{n}$.

数列$\{x_n\}$若满足 $x_1 \leqslant x_2 \leqslant \cdots \leqslant x_n \leqslant \cdots$,则称数列$\{x_n\}$为**单调不减数列**;若满足 $x_1 \geqslant x_2 \geqslant \cdots \geqslant x_n \geqslant \cdots$,则称数列$\{x_n\}$为**单调不增数列**. 单调不减数列和单调不增数列统称为**单调数列**.

若存在正数 M,对所有的 n 都满足$|x_n| \leqslant M$,则称数列$\{x_n\}$为**有界数列**,否则称之为**无界数列**.

若存在实数 A,对一切 n 都满足 $x_n \geqslant A$,则称数列$\{x_n\}$为**有下界**,A 是$\{x_n\}$的一个下界. 同样,若存在实数 B,对一切 n 都满足 $x_n \leqslant B$,则称数列$\{x_n\}$为**有上界**,B 是$\{x_n\}$的一个上界. 显然,有界数列既有上界,又有下界;反之,同时具有上、下界的数列必为有界数列.

2.1.3 数列的极限

在数轴上,数列的每项都有相应的点与之对应. 如果将数列$\{x_n\}$依次在数轴上描出,点的变化趋势会怎么样? 显然,数列$\left\{\frac{1}{2^n}\right\}$和$\left\{\frac{1}{n}\right\}$无限接近于 0;数列$\{2n\}$无限增大;数列$\{(-1)^{n-1}\}$的项只在 1 与 -1 两点跳动,不接近任何一个常数;数列$\left\{\frac{n+1}{n}\right\}$无限接近于常数 1.

对于数列来说,最重要的是研究其在变化过程中无限接近某一常数的那种渐趋稳定的状态,这就是常说的数列的极限问题.

我们来观察数列$\left\{\frac{n+1}{n}\right\}$的极限问题.不难发现,随着 n 的增大,$\frac{n+1}{n}$无限地接近于1,亦即 n 充分大时,$\frac{n+1}{n}$与1可以任意地接近,即$\left|\frac{n+1}{n}-1\right|$可以任意地小.换言之,当 n 充分大时,$\left|\frac{n+1}{n}-1\right|$可以小于预先给定的任意小的正数 ε.

例如,取 $\varepsilon=\frac{1}{100}$,由$\left|\frac{n+1}{n}-1\right|=\frac{1}{n}<\frac{1}{100}$,得到 $n>100$,即$\left\{\frac{n+1}{n}\right\}$从第101项开始,以后的项 $x_{101}=\frac{102}{101}$,$x_{102}=\frac{103}{102}$,…都满足不等式$|x_n-1|<\frac{1}{100}$,或者说当 $n>100$时,有$\left|\frac{n+1}{n}-1\right|<\frac{1}{100}$.

同理,若取 $\varepsilon=\frac{1}{10\ 000}$,由$\left|\frac{n+1}{n}-1\right|=\frac{1}{n}<\frac{1}{10\ 000}$,得到 $n>10\ 000$,即$\left\{\frac{n+1}{n}\right\}$从第10 001项开始,以后的项 $x_{10\ 001}=\frac{10\ 002}{10\ 001}$,$x_{10\ 002}=\frac{10\ 003}{10\ 002}$,…都满足不等式$|x_n-1|<\frac{1}{10\ 000}$,或者说当 $n>10\ 000$ 时,有$\left|\frac{n+1}{n}-1\right|<\frac{1}{10\ 000}$.

一般地,不论给定的正数 ε 多么小,总存在一个正整数 N,当 $n>N$ 时,恒有$\left|\frac{n+1}{n}-1\right|<\varepsilon$ 成立.这就充分体现了当 n 越来越大时,$\frac{n+1}{n}$无限接近1这一事实.这个数"1"称为当 $n\to\infty$时数列$\left\{\frac{n+1}{n}\right\}$的极限.

定义 2.1.2 若对任意 $\varepsilon>0$(不论 ε 多么小),总存在自然数 $N>0$,使得当 $n>N$ 时,有

$$|x_n-a|<\varepsilon$$

恒成立,这时就称常数 a 是数列$\{x_n\}$的极限,或称数列$\{x_n\}$**收敛于** a,记作

$$\lim_{n\to\infty}x_n=a \quad 或 \quad x_n\to a(n\to\infty).$$

如果这样的常数 a 不存在,则称数列$\{x_n\}$**没有极限(或极限不存在)**.

如果一个数列没有极限,就称该数列是**发散**的.

为了表达方便,引入记号"$\forall$"表示"对于任意给定的"或"对于每一个",记号"$\exists$"表示"存在".于是,"对于任意给定的 $\varepsilon>0$"写成"$\forall\varepsilon>0$","存在正整数 N"写成"$\exists$正整数 N".数列极限$\lim\limits_{n\to\infty}x_n=a$ 的定义可表述为:

$\lim\limits_{n\to\infty}x_n=a\Leftrightarrow\forall\varepsilon>0$,$\exists$正整数 N,当 $n>N$ 时,恒有$|x_n-a|<\varepsilon$ 成立.

例 4 证明数列 $2,\frac{3}{2},\frac{4}{3},\cdots,\frac{n+1}{n},\cdots$收敛于1.

证明 数列的通项为 $x_n=\frac{n+1}{n}$,对于任意给定的 $\varepsilon>0$,要使得$\left|\frac{n+1}{n}-1\right|=\frac{1}{n}$

$<\varepsilon$,只须 $n>\frac{1}{\varepsilon}$,可取 $N=\left[\frac{1}{\varepsilon}\right]$,则当 $n>N$ 时,有 $\left|\frac{n+1}{n}-1\right|=\frac{1}{n}<\varepsilon$,即

$$\lim_{n\to\infty}\frac{n+1}{n}=1.$$

注 ε 是衡量 x_n 与 a 的接近程度的,除要求为正以外,无任何限制. 然而,尽管 ε 具有任意性,但一经给出,就视为不变. 另外,ε 具有任意性,那么 $\frac{\varepsilon}{2}$,2ε,ε^2 等也具有任意性,它们也可代替 ε. N 是依赖于 ε 的.

例 5 设 $|q|<1$,证明数列 $1,q,q^2,\cdots,q^{n-1},\cdots$ 的极限为 0,即 $\lim\limits_{n\to\infty}q^{n-1}=0$.

证明 若 $q=0$,结论是显然的. 现设 $0<|q|<1$,任意给定 $\varepsilon>0$(由于 ε 越小越好,不妨设 $\varepsilon<1$),要使得 $|q^{n-1}-0|<\varepsilon$,即 $|q|^{n-1}<\varepsilon$,两边取对数后得到 $(n-1)\ln|q|<\ln\varepsilon$. 因为 $0<|q|<1$,所以 $\ln|q|<0$,从而 $n-1>\frac{\ln\varepsilon}{\ln|q|}$,得到

$$n>1+\frac{\ln\varepsilon}{\ln|q|}.$$

取 $N=1+\left[\frac{\ln\varepsilon}{\ln|q|}\right]$,则当 $n>N$ 时,有 $|q^{n-1}-0|<\varepsilon$ 成立,即 $\lim\limits_{n\to\infty}q^{n-1}=0$.

2.1.4 收敛数列的性质

定理 2.1.1(唯一性) 收敛数列的极限是唯一的.

证明 设 a 和 b 均为收敛数列 $\{x_n\}$ 的极限,下面证明 $a=b$.

由极限的定义,任意给定 $\varepsilon>0$,必分别存在自然数 N_1 和 N_2,当 $n>N_1$ 时,有 $|x_n-a|<\varepsilon$;当 $n>N_2$ 时,有 $|x_n-b|<\varepsilon$. 令 $N=\max\{N_1,N_2\}$,则当 $n>N$ 时,$|x_n-a|<\varepsilon$ 和 $|x_n-b|<\varepsilon$ 同时成立. 于是

$$|a-b|=|(x_n-b)-(x_n-a)|\leqslant|x_n-b|+|x_n-a|<\varepsilon+\varepsilon=2\varepsilon,$$

由于 ε 的任意性,且 a,b 均为常数,知 $a=b$,故数列 $\{x_n\}$ 的极限只有一个.

定理 2.1.2(有界性) 若数列 $\{x_n\}$ 收敛,那么它一定有界,即对于数列 $\{x_n\}$,一定存在正数 M,对一切 n,有 $|x_n|\leqslant M$.

证明 设 $\lim\limits_{n\to\infty}x_n=a$. 由数列极限的定义,取 $\varepsilon=1$,存在正整数 N,当 $n>N$ 时,

$$|x_n-a|<\varepsilon=1,$$

所以当 $n>N$ 时,有

$$|x_n|\leqslant|x_n-a|+|a|<1+|a|,$$

令 $M=\max\{|x_1|,|x_2|,\cdots,|x_N|,1+|a|\}$,则对一切 n,$|x_n|\leqslant M$.

注 本定理的逆命题不成立,即有界数列未必收敛. 所以数列有界是数列收敛的必要条件,但不是充分条件. 例如,数列 $x_n=(-1)^{n+1}$ 是发散的.

定理 2.1.3(保号性) 若$\lim\limits_{n\to\infty}x_n=a$,且 $a>0$(或 $a<0$),则必存在正整数 N,当 $n>N$ 时,有 $x_n>0$(或 $x_n<0$).

证明 设 $a>0$,由于$\lim\limits_{n\to\infty}x_n=a$,则取 $\varepsilon=\dfrac{a}{2}$,存在正整数 N,当 $n>N$ 时,有

$$|x_n-a|<\frac{a}{2},\quad 即\quad 0<\frac{a}{2}<x_n<\frac{3}{2}a.$$

推论 若对于任意正整数 n,有 $x_n>0$(或 $x_n<0$)且$\lim\limits_{n\to\infty}x_n=a$,则 $a\geqslant 0$(或 $a\leqslant 0$).

习题 2.1

(A)

1. 观察下列数列的变化趋势,判别哪些数列有极限.如有,写出极限.

(1)$x_n=\cos\dfrac{1}{n}$;　　(2)$x_n=\dfrac{1}{a^n}(a>1)$;

(3)$x_n=(-2)^n-\dfrac{1}{n}$;　　(4)$x_n=\sin\dfrac{n\pi}{2}$;

(5)$x_n=\dfrac{n-1}{n+1}$;　　(6)$x_n=3^{(-1)^n}$.

2. 求下列极限:

(1)$\lim\limits_{n\to\infty}\left(\dfrac{n^3}{2n^2-1}-\dfrac{n^2}{2n+1}\right)$;　　(2)$\lim\limits_{n\to\infty}(\sqrt{2n}-\sqrt{2n-1})$;

(3)$\lim\limits_{n\to\infty}\left[\sqrt{n}(\sqrt{n+1}-\sqrt{n})\right]$;　　(4)$\lim\limits_{n\to\infty}\left(\dfrac{1}{n^2}+\dfrac{4}{n^2}+\dfrac{7}{n^2}+\cdots+\dfrac{3n-2}{n^2}\right)$.

3. 已知$\lim\limits_{n\to\infty}\left(\dfrac{3n^2+cn+1}{an^2+bn}-6n\right)=5$,求常数 a,b,c 的值.

(B)

1. 利用数列极限的定义证明下列极限:

(1)$\lim\limits_{n\to\infty}\dfrac{1}{n^2}=0$;　　(2)$\lim\limits_{n\to\infty}\dfrac{4n+1}{3n-1}=\dfrac{4}{3}$;

(3)$\lim\limits_{n\to\infty}\left(1-\dfrac{1}{2n}\right)=1$;　　(4)$\lim\limits_{n\to\infty}\dfrac{\sin n}{2n}=0$;

(5)$\lim\limits_{n\to\infty}\dfrac{\sqrt{n^2+a^2}}{n}=1$;　　(6)$\lim\limits_{n\to\infty}0.\underbrace{99\cdots9}_{n个}=1$.

2. 用极限性质判别下列结论是否正确,为什么?

(1)若$\{x_n\}$收敛,则$\lim\limits_{n\to\infty}x_n=\lim\limits_{n\to\infty}x_{n+k}$($k$ 为正整数);

(2)有界数列$\{x_n\}$必收敛;

(3)无界数列$\{x_n\}$必发散；

(4)发散数列$\{x_n\}$必无界.

2.2　函数的极限

2.2.1　函数极限的定义

数列可看做自变量取正整数时的函数，即$x_n=f(n)$，因此，数列是函数的一种特殊情况.本节考虑的是函数的极限，它主要表现在两个方面：

(1)当自变量x的绝对值$|x|$无限增大，或者说趋于无穷大(记作$x\to\infty$)时，相应的函数值$f(x)$的变化情况；

(2)当自变量x任意接近于某个有限值x_0，或者说趋于x_0(记作$x\to x_0$)时，相应的函数值$f(x)$的变化情况.

1. 自变量x趋向无穷大时函数的极限

定义 2.2.1　如果对于任意给定的正数ε，总存在一个正数M，使得当一切$|x|>M$时，恒有

$$|f(x)-A|<\varepsilon$$

成立，则称A为函数$f(x)$当x趋于无穷大时的**极限**，记作

$$\lim_{x\to\infty}f(x)=A \quad 或 \quad f(x)\to A(x\to\infty).$$

如果这样的常数A不存在，则称函数$f(x)$**没有极限**，即$\lim\limits_{x\to\infty}f(x)$不存在.

类似地，可以定义$\lim\limits_{x\to+\infty}f(x)=A$和$\lim\limits_{x\to-\infty}f(x)=A$.

可以证明

$$\lim_{x\to\infty}f(x)=A\Leftrightarrow\lim_{x\to+\infty}f(x)=\lim_{x\to-\infty}f(x)=A.$$

例 1　证明$\lim\limits_{x\to\infty}\dfrac{1}{x}=0$.

证明　$\forall\varepsilon>0$，因为$\left|\dfrac{1}{x}-0\right|=\dfrac{1}{|x|}$，所以要使得$\left|\dfrac{1}{x}-0\right|<\varepsilon$，只须$\dfrac{1}{|x|}<\varepsilon$，得到$|x|>\dfrac{1}{\varepsilon}$，取$M=\dfrac{1}{\varepsilon}$，则当$|x|>M$时，有$\left|\dfrac{1}{x}-0\right|<\varepsilon$，所以$\lim\limits_{x\to\infty}\dfrac{1}{x}=0$.

2. 自变量x趋于某个有限值x_0时函数的极限

定义 2.2.2　设函数$f(x)$在点x_0的某一去心邻域内有定义.如果存在常数A，对于任意给定的$\varepsilon>0$(不论ε多么小)，总存在$\delta>0$，使得当x满足不等式$0<|x-x_0|<\delta$时，函数$f(x)$满足不等式

$$|f(x)-A|<\varepsilon,$$

则称常数 A 为函数 $f(x)$ 当 $x\to x_0$ 时的**极限**，记作

$$\lim_{x\to x_0}f(x)=A \quad 或 \quad f(x)\to A(x\to x_0).$$

如果这样的常数 A 不存在，则称函数 $f(x)$ **没有极限**，即 $\lim\limits_{x\to x_0}f(x)$ 不存在.

注 (1)定义 2.2.2 中的 ε 刻画了 $f(x)$ 与 A 的接近程度，δ 刻画了 x 与 x_0 的接近程度，ε 是任意给定的，δ 一般随 ε 而确定；

(2)定义 2.2.2 中 $0<|x-x_0|$ 表示 $x\neq x_0$，这说明当 $x\to x_0$ 时，$f(x)$ 有无极限与函数 $f(x)$ 在点 x_0 是否有定义无关(可以无定义，即使有定义，也与 $f(x)$ 的极限值无关).

几何解释：$\forall\varepsilon>0$，作两条平行直线 $y=A+\varepsilon$，$y=A-\varepsilon$，由定义知，对此 ε，存在 $\delta>0$，当 $x_0-\delta<x<x_0+\delta$，且 $x\neq x_0$ 时，有 $A-\varepsilon<f(x)<A+\varepsilon$，即函数 $y=f(x)$ 的图形夹在直线 $y=A+\varepsilon$ 和 $y=A-\varepsilon$ 之间($f(x_0)$可能除外). 换言之，当 $0<|x-x_0|<\delta$ 时，$|f(x)-A|<\varepsilon$. 从图 2-1 中也可看出 δ 不唯一.

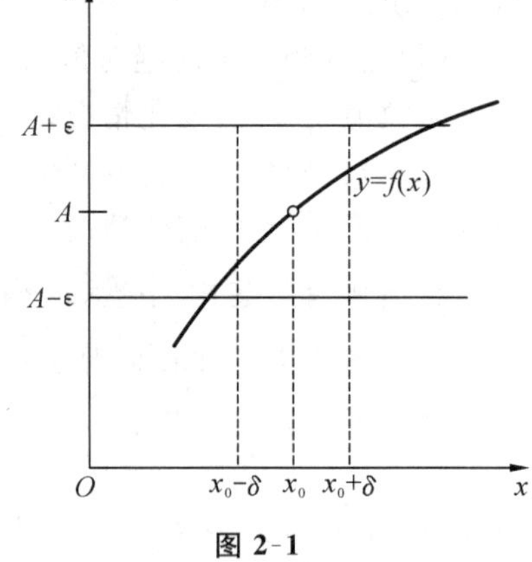

图 2-1

例 2 证明 $\lim\limits_{x\to x_0}C=C$（$C$ 为常数）.

证明 $\forall\varepsilon>0$，任取 $\delta>0$，当 $0<|x-x_0|<\delta$ 时，能使不等式

$$|f(x)-A|=|C-C|=0<\varepsilon$$

恒成立，所以

$$\lim_{x\to x_0}C=C.$$

例 3 证明 $\lim\limits_{x\to x_0}x=x_0$.

证明 $\forall\varepsilon>0$，可取 $\delta=\varepsilon$，当 $0<|x-x_0|<\delta=\varepsilon$ 时，能使不等式

$$|f(x)-A|=|x-x_0|<\varepsilon$$

恒成立，所以

$$\lim_{x\to x_0}x=x_0.$$

例 4 证明 $\lim\limits_{x\to 1}\dfrac{x^2-1}{x-1}=2$.

证明 $\forall\varepsilon>0$，要使

$$\left|\frac{x^2-1}{x-1}-2\right|=|x+1-2|=|x-1|<\varepsilon,$$

只要取 $\delta=\varepsilon$，则当 $0<|x-1|<\delta$ 时，有 $\left|\dfrac{x^2-1}{x-1}-2\right|<\varepsilon$，所以

$$\lim_{x\to 1}\frac{x^2-1}{x-1}=2.$$

3. 左、右极限

在上述 $x\to x_0$ 时函数极限的定义中，x 是既从 x_0 的左边（即从小于 x_0 的方向）趋于 x_0，也从 x_0 的右边（即从大于 x_0 的方向）趋于 x_0. 但有时只能或只需要考虑 x 从 x_0 的某一侧趋于 x_0 的极限，如分段函数及在区间的端点处的极限等. 这样，就有必要引进单侧极限的定义.

定义 2.2.3 对于任意给定的 $\varepsilon>0$，存在 $\delta>0$，当 $x_0-\delta<x<x_0$ 时（当 $x_0<x<x_0+\delta$ 时），有

$$|f(x)-A|<\varepsilon,$$

这时就称 A 为 $f(x)$ 当 $x\to x_0$ 时的**左(右)极限**，记作

$$\lim_{x\to x_0^-}f(x)=A\left(\lim_{x\to x_0^+}f(x)=A\right)\quad 或\quad f(x_0-0)=A\left(f(x_0+0)=A\right).$$

定理 2.2.1 $\lim\limits_{x\to x_0}f(x)=A\Leftrightarrow \lim\limits_{x\to x_0^-}f(x)=\lim\limits_{x\to x_0^+}f(x)=A.$

例 5 讨论符号函数

$$\operatorname{sgn}(x)=\begin{cases}1, & x>0,\\ 0, & x=0,\\ -1, & x<0\end{cases}$$

在 $x\to 0$ 的极限.

解 如图 2-2 所示，易见 $\lim\limits_{x\to 0^-}\operatorname{sgn}(x)=-1$，$\lim\limits_{x\to 0^+}\operatorname{sgn}(x)=1$，因为 $-1\neq 1$，所以 $\lim\limits_{x\to 0}\operatorname{sgn}(x)$ 不存在.

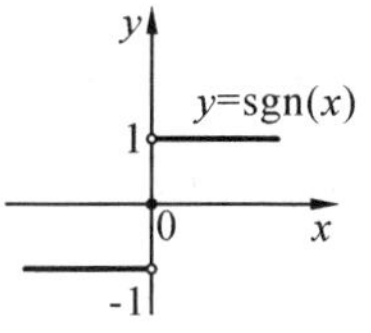

图 2-2

例 6 设 $f(x)=\begin{cases}1, & x\geqslant 0,\\ 2x+1, & x<0,\end{cases}$ 求 $\lim\limits_{x\to 0}f(x)$.

解 显然 $\lim\limits_{x\to 0^+}f(x)=\lim\limits_{x\to 0^+}1=1$，　$\lim\limits_{x\to 0^-}f(x)=\lim\limits_{x\to 0^-}(2x+1)=1$，

因为 $\lim\limits_{x\to 0^+}f(x)=\lim\limits_{x\to 0^-}f(x)=1$，所以 $\lim\limits_{x\to 0}f(x)=1$.

2.2.2 函数极限的性质

与收敛数列的性质相比较，函数极限也有一些相应的性质. 这些性质都可以根据函数极限的定义加以证明. 由于函数极限的定义按自变量的变化过程不同有不同形式，下面仅以"$\lim\limits_{x\to x_0}f(x)$"这种形式给出关于函数极限性质的一些定理.

定理 2.2.2(唯一性) 如果 $\lim\limits_{x\to x_0}f(x)$ 存在，则这个极限必唯一.

定理 2.2.3(局部有界性) 如果 $\lim\limits_{x\to x_0}f(x)=A$，那么存在常数 $M>0$ 和 $\delta>0$，使

得当 $0<|x-x_0|<\delta$ 时,有 $|f(x)|\leqslant M$.

证明 因为 $\lim\limits_{x\to x_0}f(x)=A$,所以可取 $\varepsilon=1$,则存在 $\delta>0$,当 $0<|x-x_0|<\delta$ 时,有

$$|f(x)-A|<1\Rightarrow|f(x)|\leqslant|f(x)-A|+|A|<|A|+1,$$

记 $M=|A|+1$,则定理 2.2.3 得证.

定理 2.2.4(局部保号性) 如果 $\lim\limits_{x\to x_0}f(x)=A$,且 $A>0$(或 $A<0$),那么存在常数 $\delta>0$,使得当 $0<|x-x_0|<\delta$ 时,有 $f(x)>0$(或 $f(x)<0$).

证明 只证 $A>0$ 的情形.

因为 $\lim\limits_{x\to x_0}f(x)=A$,取 $\varepsilon=\dfrac{A}{2}$,则存在 $\delta>0$,当 $0<|x-x_0|<\delta$ 时,有

$$|f(x)-A|<\varepsilon=\frac{A}{2},$$

即 $0<\dfrac{A}{2}<f(x)<\dfrac{3A}{2}$,故 $f(x)>0$.

类似可证 $A<0$ 的情形.

在定理 2.2.4 的条件下,可得下面的结论.

推论 1 如果 $\lim\limits_{x\to x_0}f(x)=A(A\neq 0)$,那么存在常数 $\delta>0$,使得当 $0<|x-x_0|<\delta$ 时,有 $|f(x)|>\dfrac{|A|}{2}$.

推论 2 如果 $\lim\limits_{x\to x_0}f(x)=A$,且在 x_0 的某去心邻域内 $f(x)\geqslant 0$(或 $f(x)\leqslant 0$),那么 $A\geqslant 0$(或 $A\leqslant 0$).

习题 2.2

(A)

1. 填空题.

(1) $f(x)$ 在 x_0 的某一去心邻域内有界是 $\lim\limits_{x\to x_0}f(x)$ 存在的________条件,$\lim\limits_{x\to x_0}f(x)$ 存在是 $f(x)$ 在 x_0 的某一去心邻域内有界的________条件.

(2) $f(x)$ 在 x_0 的某一去心邻域内无界是 $\lim\limits_{x\to x_0}f(x)=\infty$ 的________条件,$\lim\limits_{x\to x_0}f(x)=\infty$ 是 $f(x)$ 在 x_0 的某一去心邻域内无界的________条件.

(3) 当 $x\to x_0$ 时 $f(x)$ 的右极限 $f(x_0^+)$ 及左极限 $f(x_0^-)$ 都存在且相等是 $\lim\limits_{x\to x_0}f(x)$ 存在的________条件.

(4) 数列 $\{x_n\}$ 有界是数列 $\{x_n\}$ 收敛的________条件,数列 $\{x_n\}$ 收敛是数列 $\{x_n\}$ 有界的________条件.

2. 设函数 $f(x)=\frac{|x|}{x}$,回答下列问题:

(1)函数 $f(x)$ 在 $x=0$ 处的左右极限是否存在?

(2)函数 $f(x)$ 在 $x=0$ 处是否有极限?为什么?

(3)函数 $f(x)$ 在 $x=1$ 处是否有极限?为什么?

3. 设 $f(x)=\begin{cases} x, & x<3, \\ 3x-1, & x\geqslant 3,\end{cases}$ 作出 $f(x)$ 的图形,并讨论当 $x\to 3$ 时,$f(x)$ 的左右极限.

(B)

1. 证明:若 $x\to+\infty$ 及 $x\to-\infty$ 时,函数 $f(x)$ 的极限都存在且都等于 A,则 $\lim\limits_{x\to\infty}f(x)=A$.

2. 用函数极限定义证明:

(1) $\lim\limits_{x\to 2}(3x+2)=8$;　　　　(2) $\lim\limits_{x\to -2}\frac{x^2-4}{x+2}=-4$;

(3) $\lim\limits_{x\to\infty}\frac{6x^2+3}{2x^2}=3$.

3. 当 $x\to 2$ 时,$y=x^2\to 4$,问 δ 等于多少,使当 $0<|x-2|<\delta$ 时,$|y-4|<0.01$?

4. 当 $x\to\infty$ 时,$y=\frac{x^2-1}{x^2+3}\to 1$,问 M 等于多少,使当 $|x|>M$ 时,$|y-1|<0.01$?

2.3 无穷小与无穷大

2.3.1 无穷小

在极限的研究中,极限为零的函数发挥着重要的作用,因此有必要进行专门的研究.

定义 2.3.1 极限为零的量称为**无穷小量**,简称**无穷小**.

若数列 $\{x_n\}$ 满足 $\lim\limits_{n\to\infty}x_n=0$,则称数列 $\{x_n\}$ 为 $n\to\infty$ 时的无穷小.

注 (1)无穷小量是极限为零的变量,无论多么小的非零常数都不可能为无穷小量,“0”是常数中唯一的无穷小量;

(2)函数 $f(x)$ 为无穷小,必须指出自变量的变化过程.例如,$y=x^2-9$ 是当 $x\to 3$ 时的无穷小,也是当 $x\to -3$ 时的无穷小,但当 x 趋于其他值(例如 $x\to 2$)时就不是无穷小量.

例 1 因为 $\lim\limits_{x\to 2}(2x-4)=0$,所以 $2x-4$ 当 $x\to 2$ 时为无穷小;同理 $\lim\limits_{x\to\infty}\frac{\sin x}{x}=0$,

所以$\frac{\sin x}{x}$当$x\to\infty$时为无穷小;而$\lim\limits_{x\to0}(2x-4)=-4\neq0$,所以 $2x-4$ 当 $x\to0$ 时不是无穷小.

定理 2.3.1 $\lim\limits_{x\to x_0}f(x)=A\Leftrightarrow f(x)=A+\alpha(x)$,其中 $\alpha(x)$为当 $x\to x_0$ 时的无穷小量.

证明 必要性.设$\lim\limits_{x\to x_0}f(x)=A$,即$\forall\varepsilon>0$,$\exists\delta>0$,使得当$0<|x-x_0|<\delta$时,恒有

$$|f(x)-A|<\varepsilon.$$

令$\alpha(x)=f(x)-A$,当$0<|x-x_0|<\delta$时,有

$$|\alpha(x)|=|f(x)-A|<\varepsilon,$$

即

$$\lim_{x\to x_0}\alpha(x)=0.$$

充分性.设 $f(x)=A+\alpha(x)$,其中$\lim\limits_{x\to x_0}\alpha(x)=0$,于是$\forall\varepsilon>0$,$\exists\delta>0$,使得当$0<|x-x_0|<\delta$时,有

$$|\alpha(x)|=|f(x)-A|<\varepsilon,$$

即有$\lim\limits_{x\to x_0}f(x)=A$.

关于无穷小量的运算,有以下性质.

定理 2.3.2 有限个无穷小的和仍为无穷小.例如:$\lim\alpha=0$,$\lim\beta=0$,则$\lim(\alpha+\beta)=0$.

注 α与β都表示函数$\alpha(x)$与$\beta(x)$,而不是常数;"lim"下自变量的变化过程必须是同一过程.

定理 2.3.3 有界函数与无穷小的乘积仍为无穷小,即设 u 有界,且 $\lim\alpha=0$,则 $\lim u\alpha=0$.

推论 1 常数与无穷小的乘积仍为无穷小,即若 k 为常数,且 $\lim\alpha=0$,则 $\lim k\alpha=0$.

推论 2 有限个无穷小的乘积仍为无穷小,设 $\lim\alpha_1=\cdots=\lim\alpha_n=0$,则$\lim(\alpha_1\cdots\alpha_n)=0$.

注 两个无穷小量的商未必是无穷小,如 $x\to0$ 时,x 和 $2x$ 均是无穷小量,但是由$\lim\limits_{x\to0}\frac{2x}{x}=2$ 知,$\frac{2x}{x}$当 $x\to0$ 时不是无穷小量.

例 2 求$\lim\limits_{x\to0}x^2\sin\frac{1}{x}$.

解 因为$\left|\sin\frac{1}{x}\right|\leqslant1$,即 $\sin\frac{1}{x}$为有界函数,又$\lim\limits_{x\to0}x^2=0$,所以当 $x\to0$ 时,

$x^2\sin\dfrac{1}{x}$是有界量与无穷小量的乘积. 由定理 2.3.3 知,$x^2\sin\dfrac{1}{x}$为无穷小量,即 $\lim\limits_{x\to 0}x^2\sin\dfrac{1}{x}=0$.

2.3.2 无穷大

定义 2.3.2 如果函数 $f(x)$当 $x\to x_0$(或 $x\to\infty$)时,对应的函数值的绝对值 $|f(x)|$无限增大,即对于任意给定的 $M>0$,总存在 $\delta>0$(或正数 A),当 $0<|x-x_0|<\delta$(或$|x|>A$)时,有

$$|f(x)|>M,$$

就称函数 $f(x)$当 $x\to x_0$(或 $x\to\infty$)时为**无穷大量**,简称**无穷大**,记作$\lim\limits_{x\to x_0}f(x)=\infty$(或$\lim\limits_{x\to\infty}f(x)=\infty$).

特别地,若数列$\{x_n\}$满足$\lim\limits_{n\to\infty}x_n=\infty$,则称数列$\{x_n\}$为 $n\to\infty$时的**无穷大**.

注 (1)若$\lim\limits_{x\to x_0}f(x)=\infty$或$\lim\limits_{x\to\infty}f(x)=\infty$,按函数极限的定义,$f(x)$的极限不存在,但为了便于叙述函数的这一性态,我们也说"函数的极限是无穷大",无穷大量的实质是极限为无穷大的变量.

(2)无穷大量是个变量,无论多么大的常数都不可能为无穷大量,不要将其与非常大的数混淆;说函数 $f(x)$为无穷大量,必须指出自变量 x 的变化过程.

(3)如果在无穷大的定义中,把$|f(x)|>M$ 换成 $f(x)>M$(或 $f(x)<-M$),就记作

$$\lim_{\substack{x\to x_0\\(x\to\infty)}}f(x)=+\infty \quad (\text{或} \lim_{\substack{x\to x_0\\(x\to\infty)}}f(x)=-\infty).$$

例 3 可证明$\lim\limits_{x\to 0}\dfrac{1}{x^2}=\infty$,所以当 $x\to 0$ 时,$\dfrac{1}{x^2}$为无穷大.

例 4 证明$\lim\limits_{x\to 1}\dfrac{1}{x-1}=\infty$.

证明 对任意 $M>0$,要使$\left|\dfrac{1}{x-1}\right|>M$,只要$|x-1|<\dfrac{1}{M}$. 取 $\delta=\dfrac{1}{M}$,则当 x 满足不等式 $0<|x-1|<\delta=\dfrac{1}{M}$时,有$\left|\dfrac{1}{x-1}\right|>M$,即$\lim\limits_{x\to 1}\dfrac{1}{x-1}=\infty$.

定理 2.3.4 当 $x\to x_0$(或 $x\to\infty$)时,若 $f(x)$为无穷大,则$\dfrac{1}{f(x)}$为无穷小;若 $f(x)$为无穷小,且 $f(x)\neq 0$,则$\dfrac{1}{f(x)}$为无穷大.

证明 设$\lim\limits_{x\to x_0}f(x)=\infty$,则任意给定 $\varepsilon>0$,根据无穷大的定义,取 $M=\dfrac{1}{\varepsilon}$,存在

$\delta>0$,当 $0<|x-x_0|<\delta$ 时,有

$$|f(x)|>M=\frac{1}{\varepsilon},$$

从而

$$\left|\frac{1}{f(x)}\right|<\varepsilon,$$

所以$\frac{1}{f(x)}$当 $x\to x_0$ 时为无穷小.

设$\lim\limits_{x\to x_0}f(x)=0$,且 $f(x)\neq 0$,则任意给定 $M>0$,根据无穷小的定义,对于 $\varepsilon=\frac{1}{M}$,存在 $\delta>0$,当 $0<|x-x_0|<\delta$ 时,有

$$|f(x)|<\varepsilon=\frac{1}{M},$$

由于 $f(x)\neq 0$,从而

$$\left|\frac{1}{f(x)}\right|>M,$$

所以$\frac{1}{f(x)}$当 $x\to x_0$ 时为无穷大.

类似可证 $x\to\infty$时的情形.

定理 2.3.4 表明,可以将无穷大化为无穷小来研究.因此,今后着重讨论无穷小.

习题 2.3

(A)

1. 判断题.

(1)零是无穷小. ( )

(2)非常小的数是无穷小. ( )

(3)两个无穷小的商是无穷小. ( )

(4)两个无穷小的和是无穷小. ( )

(5)两个无穷大的和是无穷大. ( )

2. 以下数列在 $n\to\infty$时是否为无穷小?

(1)$y_n=(-1)^n\frac{1}{3^n}$;　　(2)$y_n=\frac{1+(-1)^n}{n}$.

3. 求下列函数的极限并说明理由:

(1)$\lim\limits_{x\to 0}x\sin\frac{1}{x}$;　　(2)$\lim\limits_{x\to\infty}\frac{\arctan x}{2x^2}$.

4. 函数 $y=\frac{1}{(x-1)^2}$ 在什么变化过程中是无穷大量？又在什么变化过程中是无穷小量？

(B)

1. 函数 $y=x\sin^2 x$ 在区间 $(0,+\infty)$ 内是否有界？又当 $x\to+\infty$ 时，这个函数是否为无穷大？
2. 根据定义证明：

(1) $y=|x-a|$ 为当 $x\to a$ 时的无穷小；

(2) $y=x\cos\frac{1}{x}$ 为当 $x\to 0$ 时的无穷小；

(3) $y=\frac{1+x}{2x}$ 为当 $x\to 0$ 时的无穷大.

2.4 极限的运算法则

由极限定义来求极限是不可取的，因此需寻求一些方法来求极限. 本节将建立极限的四则运算法则和复合函数的极限运算法则. 在下面的讨论中，记号"lim"没有标明自变量 x 的趋向，是因为下面的定理对 $x\to x_0$，$x\to\infty$ 及单侧极限都成立. 但在证明时只考虑了 $x\to x_0$ 的情形.

定理 2.4.1 若 $\lim f(x)=A$，$\lim g(x)=B$，则

(1) $\lim[f(x)\pm g(x)]=\lim f(x)\pm\lim g(x)=A\pm B$；

(2) $\lim[f(x)\cdot g(x)]=\lim f(x)\cdot\lim g(x)=A\cdot B$；

(3) 若 $B\neq 0$，则 $\lim\frac{f(x)}{g(x)}=\frac{\lim f(x)}{\lim g(x)}=\frac{A}{B}$.

证明 只证(1)和(2).

(1) 只证 $\lim[f(x)+g(x)]=A+B$，过程为 $x\to x_0$.

任意 $\varepsilon>0$，存在 $\delta_1>0$，当 $0<|x-x_0|<\delta_1$ 时，有 $|f(x)-A|<\frac{\varepsilon}{2}$. 对此 ε，存在 $\delta_2>0$，当 $0<|x-x_0|<\delta_2$ 时，有 $|g(x)-B|<\frac{\varepsilon}{2}$. 取 $\delta=\min\{\delta_1,\delta_2\}$，当 $0<|x-x_0|<\delta$ 时，有

$$\begin{aligned}|[f(x)+g(x)]-(A+B)|&=|(f(x)-A)+(g(x)-B)|\\&\leqslant|f(x)-A|+|g(x)-B|<\frac{\varepsilon}{2}+\frac{\varepsilon}{2}=\varepsilon,\end{aligned}$$

所以

$$\lim_{x\to x_0}[f(x)+g(x)]=A+B.$$

(2) 因为 $\lim f(x)=A$，$\lim g(x)=B$，由定理 2.3.1 知，

$$f(x)=A+\alpha,\quad g(x)=B+\beta,$$

其中 α,β 均为无穷小. 于是

$$f(x)g(x)=(A+\alpha)(B+\beta)=AB+(A\beta+B\alpha+\alpha\beta),$$

记 $\gamma=A\beta+B\alpha+\alpha\beta$,由定理 2.3.2 和定理 2.3.3 知,$\gamma$ 为无穷小,再由定理 2.3.1 知,

$$\lim f(x)g(x)=AB.$$

推论 1 如果 $\lim f(x)$ 存在,则 $\lim[cf(x)]=c\lim f(x)$(c 为常数).

推论 2 如果 $\lim f(x)$ 存在,则 $\lim[f(x)]^n=[\lim f(x)]^n$($n$ 为正整数).

例 1 $\lim\limits_{x\to x_0}(ax+b)=\lim\limits_{x\to x_0}ax+\lim\limits_{x\to x_0}b=a\lim\limits_{x\to x_0}x+b=ax_0+b.$

例 2 $\lim\limits_{x\to x_0}x^n=(\lim\limits_{x\to x_0}x)^n=x_0^n.$

推论 3 设 $f(x)=a_0x^n+a_1x^{n-1}+\cdots+a_{n-1}x+a_n$ 为一多项式,对任意 $x_0\in\mathbf{R}$,有 $\lim\limits_{x\to x_0}f(x)=a_0x_0^n+a_1x_0^{n-1}+\cdots+a_{n-1}x_0+a_n=f(x_0)$.

例 3 求 $\lim\limits_{x\to 2}(2x^3-3x^2+5)$.

解 $$\lim_{x\to 2}(2x^3-3x^2+5)=2\times 2^3-3\times 2^2+5=9.$$

推论 4 设 $P(x),Q(x)$ 均为多项式,且 $Q(x_0)\neq 0$,则 $\lim\limits_{x\to x_0}\dfrac{P(x)}{Q(x)}=\dfrac{P(x_0)}{Q(x_0)}$.

例 4 求 $\lim\limits_{x\to 2}\dfrac{x^4-3x-8}{2x^3-x^2+1}$.

解 因为 $\lim\limits_{x\to 2}(2x^3-x^2+1)=2\cdot 2^3-2^2+1=13\neq 0$,由定理 2.4.1 推论 4 知,

$$\lim_{x\to 2}\frac{x^4-3x-8}{2x^3-x^2+1}=\frac{\lim\limits_{x\to 2}(x^4-3x-8)}{\lim\limits_{x\to 2}(2x^3-x^2+1)}=\frac{2^4-3\times 2-8}{13}=\frac{2}{13}.$$

注 若 $Q(x_0)=0$,则不能用推论 4 来求极限,需采用其他方法.

例 5 求 $\lim\limits_{x\to 1}\dfrac{x^2+x-2}{x^2-1}$.

解 当 $x\to 1$ 时,$x^2-1\to 0$,$x^2+x-2\to 0$. 因此不能用定理 2.4.1 中商的极限的运算法则,这种两个非零无穷小的比的极限,通常记作"$\dfrac{0}{0}$",它可以通过约去分子、分母的公因式来求解.

$$\lim_{x\to 1}\frac{x^2+x-2}{x^2-1}=\lim_{x\to 1}\frac{(x-1)(x+2)}{(x-1)(x+1)}=\lim_{x\to 1}\frac{x+2}{x+1}=\frac{3}{2}.$$

例 6 求 $\lim\limits_{x\to\infty}\dfrac{x^4+3}{x^4+2x^2-1}$.

解 当 $x\to\infty$ 时分子、分母都是无穷大,所以不能直接用定理 2.4.1 中商的极限的运算法则. 这种两个无穷大的比的极限和两个无穷小的比的极限一样,通常记

作“$\frac{\infty}{\infty}$”. 因为分子、分母关于 x 的最高次幂是 x^4，所以这时可用 x^4 同时去除分子、分母，然后取极限，即

$$\lim_{x\to\infty}\frac{x^4+3}{x^4+2x^2-1}=\lim_{x\to\infty}\frac{1+3\left(\frac{1}{x}\right)^4}{1+2\left(\frac{1}{x}\right)^2-\left(\frac{1}{x}\right)^4}=1.$$

这是因为 $\lim\limits_{x\to\infty}\frac{a}{x^n}=a\lim\limits_{x\to\infty}\frac{1}{x^n}=a\left(\lim\limits_{x\to\infty}\frac{1}{x}\right)^n=0$，其中 a 为常数，n 为正整数.

例 7 求 $\lim\limits_{x\to\infty}\frac{3x^2-2x-4}{2x^3-x^2+2}$.

解
$$\lim_{x\to\infty}\frac{3x^2-2x-4}{2x^3-x^2+2}=\lim_{x\to\infty}\frac{\frac{3}{x}-\frac{2}{x^2}-\frac{4}{x^3}}{2-\frac{1}{x}+\frac{2}{x^3}}=\frac{0}{2}=0.$$

例 8 求 $\lim\limits_{x\to2}\frac{x^2}{x-2}$.

解 当 $x\to2$ 时，$x-2\to0$，故不能直接用定理 2.4.1. 又 $x^2\to4$，考虑 $\lim\limits_{x\to2}\frac{x-2}{x^2}=\frac{2-2}{4}=0$，由定理 2.3.4 知，$\lim\limits_{x\to2}\frac{x^2}{x-2}=\infty$.

例 6、例 7、例 8 是下列一般情形的特例，即当 $a_0\neq0$，$b_0\neq0$，m 和 n 为非负整数时，有

$$\lim_{x\to\infty}\frac{a_0x^n+a_1x^{n-1}+\cdots+a_n}{b_0x^m+b_1x^{m-1}+\cdots+b_m}=\begin{cases}\frac{a_0}{b_0}, & n=m,\\ 0, & n<m,\\ \infty, & n>m.\end{cases}$$

例 9 求 $\lim\limits_{n\to\infty}\left(\frac{1}{n^2}+\frac{2}{n^2}+\cdots+\frac{n}{n^2}\right)$.

解
$$\begin{aligned}\lim_{n\to\infty}\left(\frac{1}{n^2}+\frac{2}{n^2}+\cdots+\frac{n}{n^2}\right)&=\lim_{n\to\infty}\frac{1}{n^2}(1+2+\cdots+n)\\&=\lim_{n\to\infty}\frac{1}{n^2}\cdot\frac{n(n+1)}{2}=\lim_{n\to\infty}\frac{n+1}{2n}=\frac{1}{2}.\end{aligned}$$

注 例 9 说明无穷多个无穷小的和不一定是无穷小.

例 10 证明 $\lim\limits_{x\to\infty}\frac{[x]}{x}=1$，其中 $[x]$ 为 x 的整数部分.

证明 考虑 $1-\frac{[x]}{x}=\frac{x-[x]}{x}$，因为 $0\leqslant x-[x]\leqslant1$，且当 $x\to\infty$ 时，$\frac{1}{x}\to0$，由

定理 2.3.3 知,$\lim\limits_{x\to\infty}\frac{x-[x]}{x}=0$,于是$\lim\limits_{x\to\infty}\left(1-\frac{[x]}{x}\right)=0$,即$\lim\limits_{x\to\infty}\frac{[x]}{x}=1$.

例 11 求 $\lim\limits_{x\to-1}\left(\frac{1}{x+1}-\frac{3}{x^3+1}\right)$.

解 当 $x\to-1$ 时,$\frac{1}{x+1}\to\infty$,$\frac{3}{x^3+1}\to\infty$,所以不能直接用定理 2.4.1 中差的极限的运算法则.这种两个无穷大的差的极限通常记作"$\infty-\infty$".这时可以恒等变形成"$\frac{0}{0}$"或"$\frac{\infty}{\infty}$"的极限,再用前面例题的解法求解.

当 $x\neq-1$ 时,
$$\frac{1}{x+1}-\frac{3}{x^3+1}=\frac{(x+1)(x-2)}{(x+1)(x^2-x+1)}=\frac{x-2}{x^2-x+1},$$
所以
$$\lim_{x\to-1}\left(\frac{1}{x+1}-\frac{3}{x^3+1}\right)=\lim_{x\to-1}\frac{x-2}{x^2-x+1}=\frac{-1-2}{(-1)^2-(-1)+1}=-1.$$

前面已经看到,对于有理函数 $f(x)$,只要 $f(x)$在点 x_0 处有定义,那么 $x\to x_0$ 时 $f(x)$的极限必定存在且等于 $f(x)$在点 x_0 的函数值.

我们不加证明地指出:一切基本初等函数在其定义域内的每点处都具有这样的性质.也就是说,若 $f(x)$是基本初等函数,设其定义域为 D,而 $x_0\in D$,则有
$$\lim_{x\to x_0}f(x)=f(x_0).$$
例如,$f(x)=\sqrt{x}$是基本初等函数,它在点 $x=\frac{1}{4}$有定义,所以
$$\lim_{x\to\frac{1}{4}}\sqrt{x}=\sqrt{\frac{1}{4}}=\frac{1}{2}.$$

下面介绍一个关于复合函数求极限的定理.

定理 2.4.2(复合函数的极限运算法则) 设函数 $u=\varphi(x)$当 $x\to x_0$ 时的极限存在且等于 a,即$\lim\limits_{x\to x_0}\varphi(x)=a$,而函数 $y=f(u)$在点 $u=a$ 处有定义,且$\lim\limits_{u\to a}f(u)=f(a)$,那么复合函数 $y=f(\varphi(x))$当 $x\to x_0$ 时的极限也存在且等于 $f(a)$,即$\lim\limits_{x\to x_0}f(\varphi(x))=f(a)$.

因为$\lim\limits_{x\to x_0}\varphi(x)=a$,则$\lim\limits_{x\to x_0}f(\varphi(x))=f(\lim\limits_{x\to x_0}\varphi(x))$.

这个式子表明,在定理的条件下,求复合函数 $f(\varphi(x))$的极限时,函数符号与极限记号可以交换次序.在定理 2.4.2 的条件下,作代换 $u=\varphi(x)$即可把$\lim\limits_{x\to x_0}f(\varphi(x))$化为$\lim\limits_{u\to a}f(u)$,这里 $a=\lim\limits_{x\to x_0}\varphi(x)$.

例 12 求$\lim\limits_{x\to3}\sqrt{\frac{x-1}{x^2-3}}$.

解 由定理 2.4.2 知,

$$\lim_{x\to 3}\sqrt{\frac{x-1}{x^2-3}}=\sqrt{\lim_{x\to 3}\frac{x-1}{x^2-3}}=\sqrt{\frac{2}{6}}=\frac{\sqrt{3}}{3}.$$

例 13 求$\lim\limits_{x\to 0}\frac{\sqrt{1+x^2}-1}{x}$.

解 $$\lim_{x\to 0}\frac{\sqrt{1+x^2}-1}{x}=\lim_{x\to 0}\frac{(\sqrt{1+x^2}-1)(\sqrt{1+x^2}+1)}{x(\sqrt{1+x^2}+1)}$$
$$=\lim_{x\to 0}\frac{x}{\sqrt{1+x^2}+1}=\frac{0}{2}=0.$$

习题 2.4

(A)

1. 填空题.

(1) $\lim\limits_{n\to\infty}\frac{3n^2+2n+2}{n^2+n}=$________.

(2) 已知 a 和 b 为常数，$\lim\limits_{n\to\infty}\frac{an^2+bn+2}{2n-1}=2$，则 $a=$________，$b=$________.

(3) 已知 a 和 b 为常数，$\lim\limits_{x\to 1}\frac{ax+b}{x-1}=2$，则 $a=$________，$b=$________.

2. 求下列极限：

(1) $\lim\limits_{n\to\infty}\frac{3n^2+1}{4n^2+n}$；

(2) $\lim\limits_{n\to\infty}\frac{3^n+(-2)^n}{3^{n+1}+(-2)^{n+1}}$；

(3) $\lim\limits_{n\to\infty}\frac{1+\frac{1}{2}+\frac{1}{2^2}+\cdots+\frac{1}{2^n}}{1+\frac{1}{3}+\frac{1}{3^2}+\cdots+\frac{1}{3^n}}$；

(4) $\lim\limits_{n\to\infty}\left(\frac{1}{n^2}+\frac{3}{n^2}+\cdots+\frac{2n-1}{n^2}\right)$；

(5) $\lim\limits_{n\to\infty}\left(\frac{1}{1\cdot 2}+\frac{3}{2\cdot 3}+\cdots+\frac{1}{n(n+1)}\right)$；

(6) $\lim\limits_{n\to\infty}\sqrt{n}(\sqrt{2n+1}-\sqrt{2n})$.

3. 求下列极限：

(1) $\lim\limits_{x\to 0}x^2\sin\frac{1}{x}$；

(2) $\lim\limits_{x\to\infty}\frac{\arctan x}{x}$；

(3) $\lim\limits_{x\to 4}\frac{4x}{(x-4)^2}$；

(4) $\lim\limits_{x\to\infty}\frac{2x^2-5}{x+4}$；

(5) $\lim\limits_{x\to\infty}(3x^2-5x+1)$；

(6) $\lim\limits_{x\to 0^+}\ln x$.

(7) $\lim\limits_{x\to 2}\frac{x^2-x-2}{x^2-4}$；

(8) $\lim\limits_{x\to\infty}\frac{2x^2+2x+1}{x^2+3x+2}$；

(9) $\lim\limits_{x\to\infty}\left(3+\frac{1}{x}\right)\left(4-\frac{1}{x^2}\right)$；

(10) $\lim\limits_{x\to\infty}\frac{2x^3+3x+1}{x^5+2x+5}$.

(B)

1. 求下列极限：

(1) $\lim\limits_{h\to 0}\dfrac{(x+2h)^3-x^3}{h}$；

(2) $\lim\limits_{x\to\infty}\dfrac{(2x-3)^{10}(x+2)^{20}}{(2x+1)^{30}}$；

(3) $\lim\limits_{x\to 2}\dfrac{\sqrt{1+x}-\sqrt{5-x}}{x^2-4}$；

(4) $\lim\limits_{x\to 1}\left(\dfrac{1}{1-x}-\dfrac{3}{1-x^3}\right)$；

(5) $\lim\limits_{x\to 1}\dfrac{x^m-1}{x^n-1}$ (m,n 是自然数)；

(6) $\lim\limits_{x\to -2}\dfrac{x^3+3x^2+2x}{x^2-x-6}$；

(7) $\lim\limits_{x\to 0}\dfrac{(1+x)(1+2x)(1+3x)-1}{x}$；

(8) $\lim\limits_{x\to +\infty}(\sqrt{(x+3)(x-1)}-x)$.

2.5　极限存在准则和两个重要极限

2.5.1　极限存在准则

下面的准则Ⅰ和准则Ⅰ′均称为极限的**夹逼准则**.

定理 2.5.1(准则Ⅰ)　如果数列$\{x_n\}$,$\{y_n\}$,$\{z_n\}$满足下列条件：

(1) $y_n\leqslant x_n\leqslant z_n$　$(n=1,2,\cdots)$；

(2) $\lim\limits_{n\to\infty}y_n=\lim\limits_{n\to\infty}z_n=a$,

那么数列$\{x_n\}$的极限存在，且$\lim\limits_{n\to\infty}x_n=a$.

证明　因为$\lim\limits_{n\to\infty}y_n=\lim\limits_{n\to\infty}z_n=a$,所以：

任意给定 $\varepsilon>0$,存在 $N_1>0$,当 $n>N_1$ 时，有 $|y_n-a|<\varepsilon$,即 $a-\varepsilon<y_n<a+\varepsilon$；

任意给定 $\varepsilon>0$,存在 $N_2>0$,当 $n>N_2$ 时，有 $|z_n-a|<\varepsilon$,即 $a-\varepsilon<z_n<a+\varepsilon$.

又由于 $y_n\leqslant x_n\leqslant z_n$,于是当 $n>N=\max\{N_1,N_2\}$时，有

$$a-\varepsilon<y_n\leqslant x_n\leqslant z_n<a+\varepsilon,$$

即 $a-\varepsilon<x_n<a+\varepsilon$,也即$|x_n-a|<\varepsilon$,所以$\lim\limits_{n\to\infty}x_n=a$.

例 1　利用准则Ⅰ证明$\lim\limits_{n\to\infty}\left(\dfrac{1}{\sqrt{n^2+1}}+\dfrac{1}{\sqrt{n^2+2}}+\cdots+\dfrac{1}{\sqrt{n^2+n}}\right)=1$.

证明　易见，

$$\frac{n}{\sqrt{n^2+n}}\leqslant\frac{1}{\sqrt{n^2+1}}+\frac{1}{\sqrt{n^2+2}}+\cdots+\frac{1}{\sqrt{n^2+n}}\leqslant\frac{n}{\sqrt{n^2+1}},$$

而且

$$\lim_{n\to\infty}\frac{n}{\sqrt{n^2+n}}=\lim_{n\to\infty}\frac{n}{\sqrt{n^2+1}}=1,$$

根据准则Ⅰ,得

$$\lim_{n\to\infty}\left(\frac{1}{\sqrt{n^2+1}}+\frac{1}{\sqrt{n^2+2}}+\cdots+\frac{1}{\sqrt{n^2+n}}\right)=1.$$

上述数列极限存在准则可以推广到函数的极限.

准则Ⅰ′　如果函数 $f(x), g(x), h(x)$ 满足下列条件：

(1) 当 $0<|x-x_0|<\delta$（或 $|x|>M$）时，有 $g(x)\leqslant f(x)\leqslant h(x)$；

(2) $\lim\limits_{\substack{x\to x_0\\(x\to\infty)}} g(x)=A$，$\lim\limits_{\substack{x\to x_0\\(x\to\infty)}} h(x)=A$，

那么 $\lim\limits_{\substack{x\to x_0\\(x\to\infty)}} f(x)$ 存在且 $\lim\limits_{\substack{x\to x_0\\(x\to\infty)}} f(x)=A$.

定理 2.5.2（准则Ⅱ）　单调有界数列必有极限.

准则Ⅱ′　单调不减且有上界的数列必有极限，单调不增且有下界的数列必有极限.

例 2　设数列 $x_1=\sqrt{3}, x_2=\sqrt{3+x_1}, \cdots, x_n=\sqrt{3+x_{n-1}}, \cdots$，求 $\lim\limits_{n\to\infty}x_n$.

解　设函数 $y=\sqrt{3+x}$，易知这个函数关于自变量 x 单调增加，于是得知数列 $\{x_n\}$ 单调增加. 下面用数学归纳法证明数列 $\{x_n\}$ 有界.

因为 $x_1=\sqrt{3}<3$，假定 $x_k<3$，则有 $x_{k+1}=\sqrt{3+x_k}<\sqrt{3+3}<3$，故 $\{x_n\}$ 是有界的. 由准则Ⅱ知，$\lim\limits_{n\to\infty}x_n$ 存在.

设 $\lim\limits_{n\to\infty}x_n=l$，由于 $x_n=\sqrt{3+x_{n-1}}$，所以 $\lim\limits_{n\to\infty}x_n=\lim\limits_{n\to\infty}\sqrt{3+x_{n-1}}=\sqrt{3+\lim\limits_{n\to\infty}x_{n-1}}$，即 $l=\sqrt{3+l}$，解得 $l=\dfrac{1\pm\sqrt{13}}{2}$，所以 $\lim\limits_{n\to\infty}x_n=\dfrac{1+\sqrt{13}}{2}$（因为 $l>0$）.

2.5.2　两个重要极限

1. $\lim\limits_{x\to 0}\dfrac{\sin x}{x}=1$

注　此重要极限有两个特征：第一，在给定的极限过程中，分子、分母均为无穷小量，简记作“$\dfrac{0}{0}$”型；第二，正弦符号下的变量与分母中的变量完全相同.

只要所求极限符合这两个特征就可以判断其极限为 1.

证明　作单位圆，如图 2-3 所示.

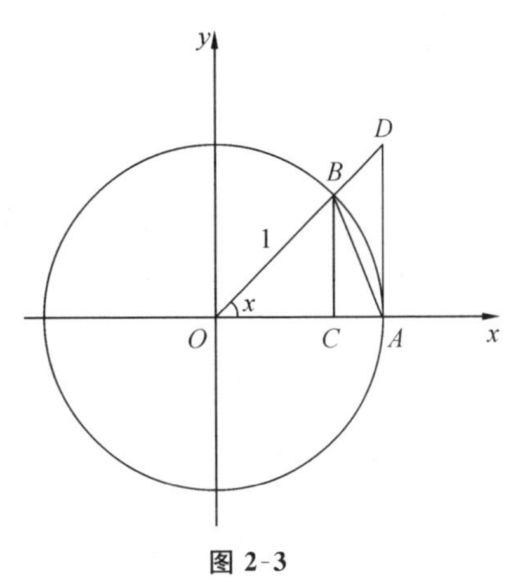

图 2-3

设 x 为圆心角 $\angle AOB$，并设 $0<x<\dfrac{\pi}{2}$. 由图 2-3 不难发现，

$$S_{\triangle AOB}<S_{\text{扇形}AOB}<S_{\triangle AOD},$$

即

$$\frac{1}{2}\sin x<\frac{1}{2}x<\frac{1}{2}\tan x,$$

也即 $\sin x<x<\tan x$，推得 $1<\dfrac{x}{\sin x}<\dfrac{1}{\cos x}$，

从而

$$\cos x<\frac{\sin x}{x}<1. \tag{2.5.1}$$

当 x 改变符号时，$\cos x$，$\frac{x}{\sin x}$ 及 1 的值均不变，故对满足 $0<|x|<\frac{\pi}{2}$ 的一切 x，有 $\cos x<\frac{\sin x}{x}<1$. 又 $\lim\limits_{x\to 0}\cos x=1$，$\lim\limits_{x\to 0}1=1$，所以由不等式(2.5.1)及准则 I′知，$\lim\limits_{x\to 0}\frac{\sin x}{x}=1$.

例 3 求 $\lim\limits_{x\to 0}\frac{\tan x}{x}$.

解 $\lim\limits_{x\to 0}\frac{\tan x}{x}=\lim\limits_{x\to 0}\left(\frac{\sin x}{x}\cdot\frac{1}{\cos x}\right)=\lim\limits_{x\to 0}\frac{\sin x}{x}\cdot\lim\limits_{x\to 0}\frac{1}{\cos x}=1.$

例 4 求 $\lim\limits_{x\to 0}\frac{1-\cos x}{x^2}$.

解 $\lim\limits_{x\to 0}\frac{1-\cos x}{x^2}=\lim\limits_{x\to 0}\frac{2\sin^2\frac{x}{2}}{x^2}=\frac{1}{2}\lim\limits_{x\to 0}\frac{\sin^2\frac{x}{2}}{\left(\frac{x}{2}\right)^2}=\frac{1}{2}\cdot 1=\frac{1}{2}.$

例 5 求 $\lim\limits_{x\to 0}\frac{\arcsin x}{x}$.

解 令 $t=\arcsin x$，则 $x=\sin t$，当 $x\to 0$ 时，有 $t\to 0$. 由复合函数的极限运算法则得，

$$\lim_{x\to 0}\frac{\arcsin x}{x}=\lim_{t\to 0}\frac{t}{\sin t}=1.$$

例 6 求 $\lim\limits_{x\to \pi}\frac{\sin x}{x-\pi}$.

解 令 $t=x-\pi$，则 $\lim\limits_{x\to \pi}\frac{\sin x}{x-\pi}=\lim\limits_{t\to 0}\frac{\sin(\pi+t)}{t}=\lim\limits_{t\to 0}\frac{-\sin t}{t}=-1.$

2. $\lim\limits_{x\to\infty}\left(1+\frac{1}{x}\right)^x=\mathrm{e}$

注 此重要极限也有两个特征：第一，对于给定的极限过程，底数为“1＋无穷小”的形式，这一给定的极限过程可以是 $x\to\infty$，也可以是 $x\to x_0$，甚至可以是单边的极限过程；第二，指数在给定的极限过程下为无穷大并且是底数中无穷小的倒数，满足这两个条件的极限必等于 e.

下面来证明极限 $\lim\limits_{x\to\infty}\left(1+\frac{1}{x}\right)^x$ 是存在的.

设 $x_n=\left(1+\frac{1}{n}\right)^n$，我们来证数列 $\{x_n\}$ 单调增加并且有界.

$$\begin{aligned}x_n &=\left(1+\frac{1}{n}\right)^n\\ &=1+\frac{n}{1!}\cdot\frac{1}{n}+\frac{n(n-1)}{2!}\cdot\frac{1}{n^2}+\frac{n(n-1)(n-2)}{3!}\cdot\frac{1}{n^3}\\ &\quad+\cdots+\frac{n(n-1)\cdots(n-n+1)}{n!}\cdot\frac{1}{n^n}\\ &=1+1+\frac{1}{2!}\left(1-\frac{1}{n}\right)+\frac{1}{3!}\left(1-\frac{1}{n}\right)\left(1-\frac{2}{n}\right)\\ &\quad+\cdots+\frac{1}{n!}\left(1-\frac{1}{n}\right)\left(1-\frac{2}{n}\right)\cdots\left(1-\frac{n-1}{n}\right),\end{aligned}$$

类似地，有

$$\begin{aligned}x_{n+1}=&1+1+\frac{1}{2!}\left(1-\frac{1}{n+1}\right)+\frac{1}{3!}\left(1-\frac{1}{n+1}\right)\left(1-\frac{2}{n+1}\right)+\cdots\\ &+\frac{1}{n!}\left(1-\frac{1}{n+1}\right)\left(1-\frac{2}{n+1}\right)\cdots\left(1-\frac{n-1}{n+1}\right)\\ &+\frac{1}{(n+1)!}\left(1-\frac{1}{n+1}\right)\left(1-\frac{2}{n+1}\right)\cdots\left(1-\frac{n}{n+1}\right),\end{aligned}$$

比较 x_n 和 x_{n+1} 的展开式，可以看到除前两项外，x_n 的每一项都小于 x_{n+1} 的对应项，并且 x_{n+1} 还多了最后一项，其值大于 0，因此

$$x_n<x_{n+1}.$$

这就说明数列 $\{x_n\}$ 是单调增加的. 这个数列同时还是有界的，因为如果 x_n 的展开式各项括号内的数用较大的数 1 代替，就得

$$x_n<1+1+\frac{1}{2!}+\frac{1}{3!}+\cdots+\frac{1}{n!}<1+1+\frac{1}{2}+\frac{1}{2^2}+\cdots+\frac{1}{2^{n-1}}=1+\frac{1-\frac{1}{2^n}}{1-\frac{1}{2}}=3-\frac{1}{2^{n-1}}<3,$$

这就说明数列 $\{x_n\}$ 是有界的. 根据极限存在准则 Ⅱ，这个数列 $\{x_n\}$ 的极限存在，通常用字母 e 来表示它，即

$$\lim_{n\to\infty}\left(1+\frac{1}{n}\right)^n=\mathrm{e}. \tag{2.5.2}$$

可以证明，当 x 取实数并趋向 ∞ 时，函数 $\left(1+\frac{1}{x}\right)^x$ 的极限都存在且等于 e，因此

$$\lim_{x\to\infty}\left(1+\frac{1}{x}\right)^x=\mathrm{e}. \tag{2.5.3}$$

这个数 e 是无理数，e=2.718 281 828 459 045…. 指数函数 $y=\mathrm{e}^x$ 及自然对数函数 $y=\ln x$ 中的底 e 就是这个数.

利用代换 $z=\frac{1}{x}$，则当 $x\to\infty$ 时，$z\to 0$，于是式(2.5.3)又可写成

$$\lim_{z\to 0}(1+z)^{\frac{1}{z}}=\mathrm{e}.$$

例 7 求 $\lim\limits_{x\to\infty}\left(1+\frac{2}{x}\right)^{x}$.

解 $\lim\limits_{x\to\infty}\left(1+\frac{2}{x}\right)^{x}=\lim\limits_{x\to\infty}\left[\left(1+\frac{1}{x/2}\right)^{x/2}\right]^{2}=\left[\lim\limits_{x\to\infty}\left(1+\frac{1}{x/2}\right)^{x/2}\right]^{2}=\mathrm{e}^{2}$.

例 8 求 $\lim\limits_{x\to\infty}\left(1-\frac{1}{x}\right)^{x+1}$.

解

$$\lim_{x\to\infty}\left(1-\frac{1}{x}\right)^{x+1}=\lim_{x\to\infty}\left\{\left[\left(1+\frac{1}{-x}\right)^{-x}\right]^{-1}\left(1-\frac{1}{x}\right)\right\}$$

$$=\left[\lim_{x\to\infty}\left(1+\frac{1}{-x}\right)^{-x}\right]^{-1}\cdot\lim_{x\to\infty}\left(1-\frac{1}{x}\right)=\mathrm{e}^{-1}\cdot 1=\frac{1}{\mathrm{e}}.$$

例 9 求 $\lim\limits_{x\to a}\frac{\ln x-\ln a}{x-a}$.

解

$$\lim_{x\to a}\frac{\ln x-\ln a}{x-a}=\lim_{x\to a}\frac{\ln\frac{x}{a}}{x-a}=\lim_{x\to a}\ln\left(1+\frac{x-a}{a}\right)^{\frac{1}{x-a}}$$

$$=\lim_{x\to a}\frac{1}{a}\ln\left(1+\frac{x-a}{a}\right)^{\frac{a}{x-a}}=\frac{1}{a}.$$

例 10 求 $\lim\limits_{n\to\infty}\left(\frac{2n-1}{2n+1}\right)^{n}$.

解

$$\lim_{n\to\infty}\left(\frac{2n-1}{2n+1}\right)^{n}=\lim_{n\to\infty}\left(1-\frac{2}{2n+1}\right)^{n}$$

$$=\lim_{n\to\infty}\left(1-\frac{1}{n+\frac{1}{2}}\right)^{n+\frac{1}{2}}\cdot\lim_{n\to\infty}\left(1-\frac{1}{n+\frac{1}{2}}\right)^{-\frac{1}{2}}=\frac{1}{\mathrm{e}}\cdot 1^{-\frac{1}{2}}=\frac{1}{\mathrm{e}}.$$

2.5.3 连续复利

设一笔贷款 A_0（称本金），年利率为 r，则：

一年后的本利和为 $A_1=A_0(1+r)$；

两年后的本利和为 $A_2=A_1(1+r)=A_0(1+r)^2$；

k 年后的本利和为 $A_k=A_0(1+r)^k$.

如果一年分 n 期计息，年利率仍为 r，则每期利率为 $\frac{r}{n}$，于是一年后的本利和为

$$A_1=A_0\left(1+\frac{r}{n}\right)^n,$$

则 k 年后的本利和为 $$A_k=A_0\left(1+\frac{r}{n}\right)^{nk}.$$

如果计息期数 $n\to\infty$，即每时每刻计算复利（称为连续复利），则 k 年后的本利和为

$$A_k=\lim_{n\to\infty}A_0\left(1+\frac{r}{n}\right)^{nk}=\lim_{n\to\infty}A_0\left[\left(1+\frac{r}{n}\right)^{\frac{n}{r}}\right]^{rk}=A_0\mathrm{e}^{rk},$$

这个式子称为**连续复利公式**.

习题 2.5

(A)

1. 求下列极限：

(1) $\lim\limits_{x\to 0}\dfrac{\sin 5x}{\sin 2x}$；　　(2) $\lim\limits_{x\to 0}x\cot 4x$；

(3) $\lim\limits_{x\to 0}\dfrac{1-\cos 2x}{2x\sin x}$；　　(4) $\lim\limits_{n\to\infty}2^{n-1}\sin\dfrac{x}{2^n}(x\neq 0)$；

(5) $\lim\limits_{x\to 0}\dfrac{x-\sin x}{x+\sin x}$；　　(6) $\lim\limits_{x\to 0}\dfrac{1-\cos x}{x\ln(1+x)}$.

2. 求下列极限：

(1) $\lim\limits_{x\to\infty}\left(1-\dfrac{2}{x}\right)^{\frac{x}{2}-1}$；　　(2) $\lim\limits_{x\to 0}\left(\dfrac{2-x}{2}\right)^{\frac{2}{x}}$；

(3) $\lim\limits_{x\to+\infty}\left(1-\dfrac{1}{x}\right)^{\sqrt{x}}$；　　(4) $\lim\limits_{x\to 0}(1+2\tan^2 x)^{\cot^2 x}$；

(5) $\lim\limits_{x\to 0}\dfrac{\log_a(1+x)}{x}$.

3. 利用极限存在准则证明：

(1) $\lim\limits_{n\to\infty}n\left(\dfrac{1}{n^2+\mathrm{e}}+\dfrac{1}{n^2+2\mathrm{e}}+\cdots+\dfrac{1}{n^2+n\mathrm{e}}\right)=1$；

(2) 设 $A=\max\{a_1,a_2,\cdots,a_m\}(a_i>0,i=1,2,\cdots,m)$，则有 $\lim\limits_{n\to\infty}\sqrt[n]{a_1^n+a_2^n+\cdots+a_m^n}=A$.

(B)

1. 求下列极限：

(1) $\lim\limits_{x\to 0}\dfrac{\tan x-\sin x}{x^3}$；　　(2) $\lim\limits_{x\to a}\dfrac{\sin x-\sin a}{x-a}$；

(3) $\lim\limits_{x\to\frac{\pi}{3}}\dfrac{\sin\left(x-\frac{\pi}{3}\right)}{1-2\cos x}$；　(4) $\lim\limits_{x\to1}(1-x)\tan\dfrac{\pi x}{2}$.

2. 求下列极限：

(1) $\lim\limits_{x\to\infty}\left(\dfrac{x-1}{x+1}\right)^x$；　(2) $\lim\limits_{x\to\infty}\left(\dfrac{x^2}{x^2-1}\right)^x$；

(3) $\lim\limits_{x\to0}\dfrac{\ln(1+2x)}{\sin3x}$；　(4) $\lim\limits_{n\to\infty}\{n[\ln(n+2)-\ln n]\}$.

3. 利用极限存在准则证明：

(1)数列 $x_1=\sqrt{2},x_2=\sqrt{2+\sqrt{2}},\cdots,x_n=\sqrt{2+x_{n-1}},\cdots$ 的极限存在并求 $\lim\limits_{n\to\infty}x_n$；

(2)数列 $x_1=2,\cdots,x_{n+1}=\dfrac{1}{2}\left(x_n+\dfrac{1}{x_n}\right),\cdots$ 的极限存在.

4. 某企业计划发行公司债券，规定以年利率 6.5%的连续复利计算利息，10 年后每份债券一次偿还本息 1 000 元，问发行时每份债券的价格应定为多少元？

2.6　无穷小的比较

在 2.4 节中我们讨论了无穷小的和、差、积的情况，对于其商会出现不同的情况，例如：

$$\lim_{x\to0}\frac{ax^n}{bx^m}=\lim_{x\to0}x^{n-m}\cdot\frac{a}{b}=\begin{cases}\dfrac{a}{b}, & m=n,\\ 0, & m<n,\\ \infty, & m>n\end{cases}\quad (a,b\text{ 为常数},m,n\text{ 为自然数}).$$

可见，当 m,n 取不同数时，ax^n 与 bx^m 趋于零的速度不一样，为此有必要对无穷小进行比较或分类.

定义 2.6.1　设 α 与 β 为 x 在同一变化过程中的两个无穷小.

(1)若 $\lim\dfrac{\beta}{\alpha}=0$，就称 β 是比 α 高阶的无穷小，记作 $\beta=o(\alpha)$；

(2)若 $\lim\dfrac{\beta}{\alpha}=\infty$，就称 β 是比 α 低阶的无穷小；

(3)若 $\lim\dfrac{\beta}{\alpha}=C\neq0$($C$ 为常数)，就称 β 是与 α 同阶的无穷小；

(4)若 $\lim\dfrac{\beta}{\alpha^k}=C\neq0$($C$ 为常数)，就称 β 是关于 α 的 k 阶无穷小；

(5)若 $\lim\dfrac{\beta}{\alpha}=1$，就称 β 与 α 是等价无穷小，记作 $\alpha\sim\beta$.

显然，等价无穷小是同阶无穷小的特殊情形，即 $C=1$ 的情形.

例 1 当 $x\to0$ 时,x^2 是 x 的高阶无穷小,即 $x^2=o(x)$;反之 x 是 x^2 的低阶无穷小;x^2 与 $1-\cos x$ 是同阶无穷小;x 与 $\sin x$ 是等价无穷小,即 $x\sim\sin x$.

注 (1)高阶无穷小不具有等价代换性,即 $x^2=o(x)$,$x^2=o(\sqrt{x})$,但 $o(x)\neq o(\sqrt{x})$,因为 $o(\cdot)$不是一个量,而是高阶无穷小的记号;

(2)等价无穷小具有传递性:若 $\alpha\sim\beta,\beta\sim\gamma$,则 $\alpha\sim\gamma$.

关于等价无穷小,有以下两个定理.

定理 2.6.1 β 与 α 是等价无穷小的充分必要条件为 $\beta=\alpha+o(\alpha)$.

证明 必要性.设 $\alpha\sim\beta$,则

$$\lim\frac{\beta-\alpha}{\alpha}=\lim\left(\frac{\beta}{\alpha}-1\right)=\lim\frac{\beta}{\alpha}-1=0,$$

因此 $\beta-\alpha=o(\alpha)$,即 $\beta=\alpha+o(\alpha)$.

充分性.设 $\beta=\alpha+o(\alpha)$,则

$$\lim\frac{\beta}{\alpha}=\lim\frac{\alpha+o(\alpha)}{\alpha}=\lim\left[1+\frac{o(\alpha)}{\alpha}\right]=1,$$

因此 $\alpha\sim\beta$.

例 2 因为当 $x\to0$ 时,$\sin x\sim x,\tan x\sim x,1-\cos x\sim\frac{1}{2}x^2$,所以当 $x\to0$ 时有

$$\sin x=x+o(x),\tan x=x+o(x),1-\cos x=\frac{1}{2}x^2+o(x).$$

定理 2.6.2 若 $\alpha,\beta,\alpha',\beta'$ 均为无穷小,且 $\alpha\sim\alpha',\beta\sim\beta'$,及 $\lim\frac{\beta'}{\alpha'}$存在,那么 $\lim\frac{\beta}{\alpha}$存在,且 $\lim\frac{\beta}{\alpha}=\lim\frac{\beta'}{\alpha'}$.

证明 $\lim\frac{\beta}{\alpha}=\lim\left(\frac{\beta}{\beta'}\cdot\frac{\beta'}{\alpha'}\cdot\frac{\alpha'}{\alpha}\right)=\lim\frac{\beta}{\beta'}\cdot\lim\frac{\beta'}{\alpha'}\cdot\lim\frac{\alpha'}{\alpha}=\lim\frac{\beta'}{\alpha'}$.

注 (1)根据定理 2.6.2,利用等价无穷小可以简化极限的运算.

(2)当 $x\to0$ 时,常用的等价无穷小有:

$$x\sim\sin x\sim\tan x\sim\arcsin x\sim\arctan x\sim\ln(1+x)\sim e^x-1,$$

$$1-\cos x\sim\frac{1}{2}x^2,\sqrt[n]{1+x}-1\sim\frac{1}{n}x.$$

(3)等价无穷小代换适用于乘、除,而对于加、减须谨慎.

例 3 证明当 $x\to0$ 时,$\sqrt[n]{1+x}-1\sim\frac{1}{n}x$.

证明 因为

$$\lim_{x\to0}\frac{\sqrt[n]{1+x}-1}{\frac{1}{n}x}=\lim_{x\to0}\frac{(\sqrt[n]{1+x})^n-1}{\frac{1}{n}x\left[\sqrt[n]{(1+x)^{n-1}}+\sqrt[n]{(1+x)^{n-2}}+\cdots+1\right]}$$

$$=\lim_{x\to 0}\frac{n}{\sqrt[n]{(1+x)^{n-1}}+\sqrt[n]{(1+x)^{n-2}}+\cdots+1}=1,$$

所以当 $x\to 0$ 时，$\sqrt[n]{1+x}-1\sim\frac{1}{n}x$.

例 4 求$\lim\limits_{x\to 0}\frac{\tan 2x}{\sin 5x}$.

解 当 $x\to 0$ 时，$\tan 2x\sim 2x$，$\sin 5x\sim 5x$，所以

$$\lim_{x\to 0}\frac{\tan 2x}{\sin 5x}=\frac{2x}{5x}=\frac{2}{5}.$$

例 5 求$\lim\limits_{x\to 0}\frac{(1+x^2)^{\frac{1}{3}}-1}{\cos x-1}$.

解 当 $x\to 0$ 时，$(1+x^2)^{\frac{1}{3}}-1\sim\frac{1}{3}x^2$，$\cos x-1\sim-\frac{1}{2}x^2$，所以

$$\lim_{x\to 0}\frac{(1+x^2)^{\frac{1}{3}}-1}{\cos x-1}=\lim_{x\to 0}\frac{\frac{1}{3}x^2}{-\frac{1}{2}x^2}=-\frac{2}{3}.$$

例 6 求$\lim\limits_{x\to 0}\frac{1-\cos x}{\sin^2 x}$.

解 因为当 $x\to 0$ 时，$1-\cos x\sim\frac{1}{2}x^2$，$\sin^2 x\sim x^2$，所以

$$\lim_{x\to 0}\frac{1-\cos x}{\sin^2 x}=\lim_{x\to 0}\frac{\frac{1}{2}x^2}{x^2}=\frac{1}{2}.$$

例 7 求$\lim\limits_{x\to 0}\frac{\arcsin 2x}{x^2+2x}$.

解 因为当 $x\to 0$ 时，$\arcsin 2x\sim 2x$，所以

$$\lim_{x\to 0}\frac{\arcsin 2x}{x^2+2x}=\lim_{x\to 0}\frac{2x}{x^2+2x}=\lim_{x\to 0}\frac{2}{x+2}=1.$$

习题 2.6

(A)

1. 当 $x\to 0$ 时，下列各函数都是无穷小，试确定哪些是 x 的高阶无穷小，同阶无穷小，等价无穷小？

(1) x^2+x；　(2) $x+\sin x$；　(3) $x-\sin x$；

(4) $1-\cos 2x$；　(5) $\tan x$；　(6) $\ln(1+x^2)$.

2. 利用等价无穷小的性质，求下列极限：

(1) $\lim\limits_{x\to 0}\frac{\sin 2x\cdot(e^x-1)}{\tan x^2}$；　(2) $\lim\limits_{x\to 0}\frac{\ln(1-2x)}{\sin 5x}$；

(3) $\lim\limits_{x\to 0}\dfrac{\tan x-\sin x}{\sin^3 x}$.

(B)

1. 利用等价无穷小的性质，求下列极限：

(1) $\lim\limits_{x\to 0}\dfrac{\sqrt{1+x\tan x}-1}{1-\cos x}$；

(2) $\lim\limits_{x\to 0}\dfrac{1}{x}\left(\dfrac{1}{\sin x}-\dfrac{1}{\tan x}\right)$；

(3) $\lim\limits_{x\to 0}\dfrac{1-\cos mx}{x^2}$；

(4) $\lim\limits_{x\to 0}(\cos x)^{\frac{1}{\ln(1+x^2)}}$.

2. 证明当 $x\to 0$ 时，有：

(1) $\arctan x\sim x$；

(2) $\sec x-1\sim\dfrac{1}{2}x^2$；

(3) $\sqrt{1+x\sin x}-1\sim\dfrac{1}{2}x^2$；

(4) $\sqrt{1+x^2}-\sqrt{1-x^2}\sim x^2$.

3. 证明无穷小的等价关系具有下列性质：

(1) $\alpha\sim\alpha$（自反性）；

(2) 若 $\alpha\sim\beta$，则 $\beta\sim\alpha$（对称性）；

(3) 若 $\alpha\sim\beta$，$\beta\sim\gamma$，则 $\alpha\sim\gamma$（传递性）.

4. 求极限 $\lim\limits_{x\to\infty}x\sin\dfrac{2x}{x^2+1}$.

2.7 函数的连续性

2.7.1 函数的连续性

连续性是函数的重要性态之一，也是客观存在的自然现象，例如气温的变化、植物的生长、物体的运动路程与时间的关系都是连续不断变化的. 它们有一个共同的特点：当自变量变化微小时，函数的变化也是很微小的. 函数的这种特征就是所谓的**连续性**.

设变量 u 由初值 u_1 变到终值 u_2，终值 u_2 与初值 u_1 的差 u_2-u_1 称为 u 的**增量**或**改变量**，记作 Δu，即 $\Delta u=u_2-u_1$；增量 Δu 可正、可负，也可为零，这取决于 u_1 与 u_2 的大小.

设 $x-x_0$ 为自变量 x 在点 x_0 的增量，记作 Δx，即 $\Delta x=x-x_0$，则

$$x\to x_0\Leftrightarrow\Delta x\to 0;$$

相应的函数值的差 $f(x)-f(x_0)$ 称为函数 $f(x)$ 在点 x_0 的增量，记作 Δy，即 $\Delta y=y-y_0=f(x)-f(x_0)$，于是

$$f(x)\to f(x_0)\Leftrightarrow f(x_0+\Delta x)-f(x_0)\to 0\Leftrightarrow\Delta y\to 0.$$

定义 2.7.1 设 $y=f(x)$ 在 x_0 的某邻域内有定义，如果当 $\Delta x\to 0$ 时，有 $\Delta y\to 0$，即

$$\lim_{\Delta x\to 0}\Delta y=\lim_{\Delta x\to 0}[f(x_0+\Delta x)-f(x_0)]=0,\tag{2.7.1}$$

那么就称 $f(x)$ 在点 x_0 连续（见图 2-4）.

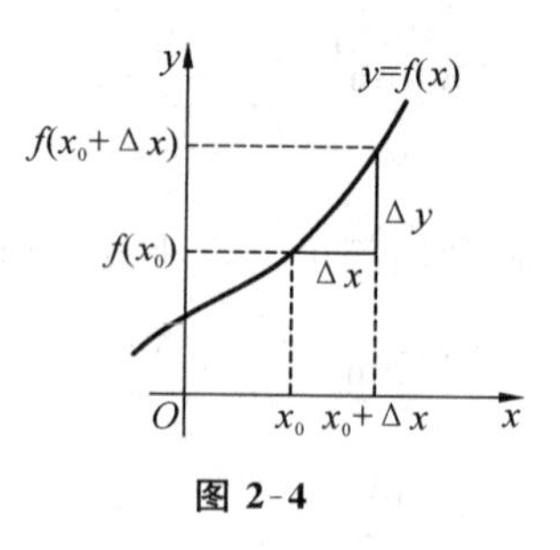

图 2-4

定义 2.7.1 的等价定义为：

定义 2.7.1′ 设 $y=f(x)$ 在 x_0 的某邻域内有定义，若

$$\lim_{x\to x_0}f(x)=f(x_0),\tag{2.7.2}$$

则称函数 $y=f(x)$ 在点 x_0 处连续.

$f(x)$ 在点 x_0 连续，不仅要求 $f(x)$ 在点 x_0 有意义，$\lim\limits_{x\to x_0}f(x)$ 存在，而且要求 $\lim\limits_{x\to x_0}f(x)=f(x_0)$，即极限值等于函数值.

利用函数极限的 ε-δ 定义，由式(2.7.2)所表示的连续定义还可改写为：

设 $y=f(x)$ 在 x_0 的某邻域内有定义，若对任意给定的 $\varepsilon>0$，必有 $\delta>0$，当 $|x-x_0|<\delta$ 时，有

$$|f(x)-f(x_0)|<\varepsilon,$$

就称函数 $f(x)$ 在点 x_0 连续.

定义 2.7.2 若 $\lim\limits_{x\to x_0^-}f(x)=f(x_0)$，就称函数 $f(x)$ 在点 x_0 **左连续**；若 $\lim\limits_{x\to x_0^+}f(x)=f(x_0)$，就称函数 $f(x)$ 在点 x_0 **右连续**.

定义 2.7.3 如果 $f(x)$ 在区间 I 上的每一点处都连续，就称 **$f(x)$ 在区间 I 上连续**，并称 $f(x)$ 为 I 上的连续函数；若 I 包含端点，那么 $f(x)$ 在左端点连续是指右连续，在右端点连续是指左连续.

下面再给出连续性定义的另一种形式.

定理 2.7.1 如果 $f(x)$ 在点 x_0 既左连续又右连续，则 $f(x)$ 在点 x_0 处连续.

例 1 证明 $y=x^3$ 在 $x=x_0$ 处连续.

证明 函数 $y=x^3$ 在 $x=x_0$ 处的增量为

$$\Delta y=(x_0+\Delta x)^3-x_0{}^3=3x_0{}^2\Delta x+3x_0(\Delta x)^2+(\Delta x)^3,$$

由于 $\lim\limits_{\Delta x\to 0}\Delta y=\lim\limits_{\Delta x\to 0}[3x_0{}^2\Delta x+3x_0(\Delta x)^2+(\Delta x)^3]=0$，即式(2.7.1)成立，所以函数 $y=x^3$ 在 $x=x_0$ 处连续.

例 2 多项式函数在 $(-\infty,+\infty)$ 内是连续的，所以 $\lim\limits_{x\to x_0}f(x)=f(x_0)$，有理函数在分母不等于零的点处是连续的，即在定义域内是连续的.

例 3 证明 $y=\sin x$ 在它的定义区间 $(-\infty,+\infty)$ 内处处连续.

证明 在函数 $y=\sin x$ 的定义区间内任意取一点 x_0，给 x_0 以增量 Δx，相应的

函数的增量为

$$\Delta y = f(x_0+\Delta x)-f(x_0)=\sin(x_0+\Delta x)-\sin x_0$$
$$=2\cos\left(x_0+\frac{\Delta x}{2}\right)\sin\frac{\Delta x}{2}.$$

由于$\lim\limits_{\Delta x\to 0}\sin\dfrac{\Delta x}{2}=0$，又$\left|2\cos\left(x_0+\dfrac{\Delta x}{2}\right)\right|\leqslant 2$，根据有界量乘无穷小依然是无穷小，得$\lim\limits_{\Delta x\to 0}\Delta y=0$，所以 $\sin x$ 在 x_0 处连续. 但 x_0 为任意取定的一点，因此 $\sin x$ 在它的定义区间$(-\infty,+\infty)$内处处连续.

例 4 证明 $f(x)-|x|$在点 $x=0$ 处连续.

证明 $\lim\limits_{x\to 0^-}|x|=\lim\limits_{x\to 0^-}(-x)=0$，$\lim\limits_{x\to 0^+}|x|=\lim\limits_{x\to 0^+}x=0$，

又 $f(0)=0$，所以由定理 2.7.1 知 $f(x)=|x|$在点 $x=0$ 处连续.

例 5 讨论函数 $y=\begin{cases}x+2, x\geqslant 0,\\ x-2, x<0\end{cases}$在 $x=0$ 处的连续性.

解 $\lim\limits_{x\to 0^-}y=\lim\limits_{x\to 0^-}(x-2)=0-2=-2$，$\lim\limits_{x\to 0^+}y=\lim\limits_{x\to 0^+}(x+2)=0+2=2$，

因为$-2\neq 2$，所以该函数在点 $x=0$ 处不连续，又因为 $f(0)=2$，所以该函数在 $x=0$ 处右连续.

例 6 已知 $f(x)=\begin{cases}\dfrac{\ln(\cos x)}{x^2}, & x\neq 0,\\ a, & x=0\end{cases}$在 $x=0$ 处连续，求 a.

解 由于 $x\to 0$ 时，

$$\ln(\cos x)=\ln[1+(\cos x-1)]\sim\cos x-1\sim-\frac{x^2}{2},$$

所以
$$\lim_{x\to 0}f(x)=\lim_{x\to 0}\frac{\ln(\cos x)}{x^2}=\lim_{x\to 0}\frac{-\frac{x^2}{2}}{x^2}=-\frac{1}{2}=f(0)=a.$$

2.7.2 函数的间断点

简单地说，若 $f(x)$在点 x_0 处不连续，就称 x_0 为 $f(x)$的间断点或不连续点. 为方便起见，在此要求 x_0 的任一邻域均含有 $f(x)$的定义域中非 x_0 的点. 函数的间断点有下列三种情况：

(1) $f(x)$在 $x=x_0$ 处没有定义；

(2) $f(x)$在 $x=x_0$ 处有定义，但$\lim\limits_{x\to x_0}f(x)$不存在；

(3) $f(x)$在 $x=x_0$ 处有定义，且$\lim\limits_{x\to x_0}f(x)$存在，但$\lim\limits_{x\to 0}f(x)\neq f(x_0)$.

下面举例说明几种常见的间断点类型.

例 7　函数 $y=\sin\dfrac{1}{x}$ 在点 $x=0$ 无定义，且当 $x\to0$ 时，函数值在 -1 与 $+1$ 之间无限次地振荡，这种间断点称为振荡间断点.

一般来说，在 $x\to x_0$ 的过程中，若函数值 $f(x)$ 无限地在两个不同数之间变动，就把 x_0 叫做 $f(x)$ 的**振荡间断点**.

例 8　$f(x)=\begin{cases}0, & x\in Q,\\ 1, & x\notin Q,\end{cases}$ 则任意 x 均为 $f(x)$ 的振荡间断点.

例 9　$f(x)=\dfrac{1}{x^2}$ 在点 $x=0$ 处无定义，又当 $x\to0$ 时，$f(x)\to\infty$，即极限不存在，所以 $x=0$ 为函数 $f(x)$ 的间断点. 由于 $\lim\limits_{x\to0}\dfrac{1}{x^2}=\infty$，因此称 $x=0$ 为 $f(x)$ 的无穷间断点.

如果 x_0 是函数 $f(x)$ 的间断点，且 $\lim\limits_{x\to x_0}f(x)=\infty$，则把 x_0 叫做 $f(x)$ 的**无穷间断点**.

例 10　正切函数 $y=\tan x$ 在 $x=\dfrac{\pi}{2}$ 处没有定义，且因为 $\lim\limits_{x\to\frac{\pi}{2}}\tan x=\infty$，故称 $x=\dfrac{\pi}{2}$ 是函数 $y=\tan x$ 的无穷间断点，如图 2-5 所示.

例 11　$y=\dfrac{\sin x}{x}$ 在点 $x=0$ 无定义，所以 $x=0$ 为其间断点，又 $\lim\limits_{x\to0}\dfrac{\sin x}{x}=1$，若补充定义 $f(0)=1$，那么函数在点 $x=0$ 就连续了. 这种间断点称为可去间断点.

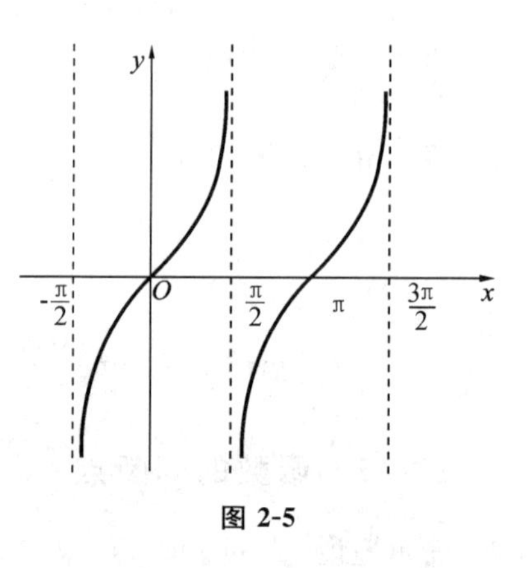

图 2-5

一般地，如果 x_0 是函数 $f(x)$ 的间断点，而极限 $\lim\limits_{x\to x_0}f(x)$ 存在，则称 x_0 是函数 $f(x)$ 的**可去间断点**. 只要补充定义 $f(x_0)$ 或重新定义 $f(x_0)$，令 $f(x_0)=\lim\limits_{x\to x_0}f(x)$，则函数 $f(x)$ 将在 x_0 处连续. 由于函数在 x_0 处的间断性通过再定义 $f(x_0)$ 就能去除，故而称 x_0 是可去间断点.

例 12　函数 $f(x)=\begin{cases}x, & x\neq1,\\ 2, & x=1\end{cases}$ 在 $x=1$ 处有定义，$f(1)=2$，但是 $\lim\limits_{x\to1}f(x)=\lim\limits_{x\to1}x=1$，可见 $\lim\limits_{x\to1}f(x)\neq f(1)$，故 $x=1$ 是 $f(x)$ 的间断点. 如果改变函数在 $x=1$ 处的定义，令 $f(1)=1$，则 $f(x)$ 在 $x=1$ 处连续. 因此，$x=1$ 为该函数的可去间断点.

例 13　符号函数 $y=\operatorname{sgn}x$ 在点 $x=0$ 处不连续，但左、右极限均存在，且都不

等于 $f(0)$，故 $x=0$ 为该函数的间断点，这种间断点称为跳跃间断点.

如果 x_0 是函数的间断点，而函数在 x_0 处的左极限与右极限都存在但不相等，则把 x_0 叫做函数的**跳跃间断点**. $y=f(x)$ 的图形在 $x=x_0$ 处有一个跳跃的现象，因此而得名.

例 14 函数 $f(x)=\begin{cases} x^2+1, & x<0, \\ 0, & x=0, \\ x-1, & x>0, \end{cases}$ 由于

$$\lim_{x\to 0^-} f(x)=\lim_{x\to 0^-}(x^2+1)=1, \quad \lim_{x\to 0^+} f(x)=\lim_{x\to 0^+}(x-1)=-1,$$

该函数在 $x=0$ 处的左、右极限均存在但不相等，故当 $x\to 0$ 时，$f(x)$ 没有极限，因此 $x=0$ 是函数的间断点，这个间断点为跳跃间断点(见图 2-6).

综合上面的分析可以把间断点归纳如下：

(1) $\lim\limits_{x\to x_0} f(x)=\infty$，$x_0$ 为无穷间断点；

(2) $\lim\limits_{x\to x_0} f(x)$ 振荡不存在，x_0 为振荡间断点；

(3) $\lim\limits_{x\to x_0} f(x)=A\neq f(x_0)$，$x_0$ 为可去间断点；

(4) $\lim\limits_{x\to x_0^-} f(x)\neq \lim\limits_{x\to x_0^+} f(x)$，$x_0$ 为跳跃间断点.

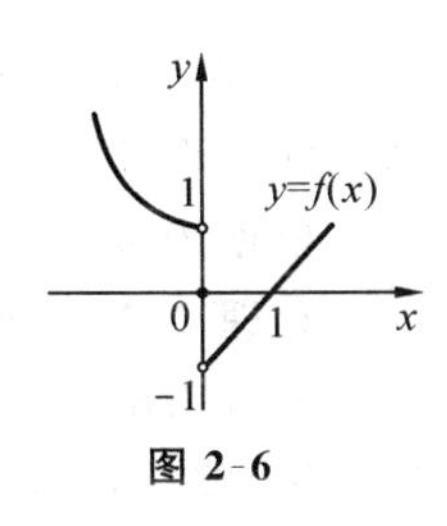

图 2-6

如果 $f(x)$ 在间断点 x_0 处的左右极限都存在，就称 x_0 为 $f(x)$ 的**第一类间断点**，显然它包含可去间断点和跳跃间断点；否则就称为**第二类间断点**，它包含无穷间断点和振荡间断点.

2.7.3 连续函数的运算

由函数在某点连续的定义和极限的四则运算法则，立即可得出下面的定理.

定理 2.7.2(连续函数的四则运算法则) 若 $f(x)$，$g(x)$ 均在 x_0 处连续，则 $f(x)\pm g(x)$，$f(x)\cdot g(x)$ 及 $\dfrac{f(x)}{g(x)}$(要求 $g(x_0)\neq 0$)都在 x_0 处连续.

例 15 因 $\tan x=\dfrac{\sin x}{\cos x}$，$\cot x=\dfrac{\cos x}{\sin x}$，而 $\sin x$ 和 $\cos x$ 都在区间 $(-\infty,+\infty)$ 内连续，故由定理 2.7.2 知 $\tan x$ 和 $\cot x$ 在其定义域内是连续的.

定理 2.7.3(反函数的连续性) 如果 $y=f(x)$ 在区间 I_x 上单调增加(或减少)且连续，那么反函数 $x=f^{-1}(y)$ 也在对应的区间 $I_y=\{y\,|\,y=f(x),x\in I_x\}$ 上单调增加(或减少)且连续.

从几何上看，若函数 $y=f(x)$ 在区间 $[a,b]$ 上单调增加且连续(见图 2-7)，则函数 $y=f(x)$ 的图形是一条上升且不间断的曲线，$y=f(x)$ 与其反函数 $x=f^{-1}(y)$ 的图形是同一条曲线，可见 $x=f^{-1}(y)$ 在对应区间 $[f(a),f(b)]$ 上单调增加且连续.

例 16 由于 $y=x^m$（m 为正整数）在 $[0,+\infty)$ 上单调且连续，由定理 2.7.3，其反函数 $y=x^{\frac{1}{m}}$ 在 $[0,+\infty)$ 上也严格单调且连续，进而得有理幂函数 $y=x^a\left(a=\dfrac{q}{p},p\neq0,p,q\text{ 为正整数}\right)$ 在定义域内是连续的.

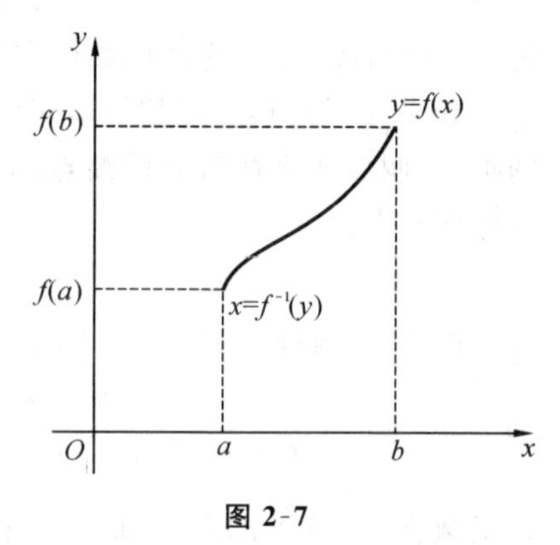

图 2-7

例 17 讨论函数 $y=\arcsin x$（$x\in[-1,1]$）的连续性.

解 由于 $y=\sin x$ 在 $\left[-\dfrac{\pi}{2},\dfrac{\pi}{2}\right]$ 上单调增加且连续，由定理 2.7.3，$y=\sin x$ 的反函数 $x=\arcsin y$ 在 $[-1,1]$ 上连续，因此函数 $y=\arcsin x$ 在 $[-1,1]$ 上连续. 类似地，$y=\arccos x$，$y=\arctan x$，$y=\mathrm{arccot}\, x$ 都在定义区间上连续.

根据函数在一点连续的定义和复合函数极限的运算法则可得到以下定理.

定理 2.7.4（复合函数的连续性） 设函数 $u=\varphi(x)$ 在点 $x=x_0$ 处连续，且 $\varphi(x_0)=u_0$，函数 $y=f(u)$ 在点 u_0 处连续，那么复合函数 $y=f[\varphi(x)]$ 在点 $x=x_0$ 处连续，即 $\lim\limits_{x\to x_0}f[\varphi(x)]=f[\lim\limits_{x\to x_0}\varphi(x))]=f[\varphi(x_0)]$.

例 18 讨论函数 $y=\sin\dfrac{1}{x}$ 的连续性.

解 函数 $y=\sin\dfrac{1}{x}$ 可看做由 $y=\sin u$ 及 $u=\dfrac{1}{x}$ 复合而成. $\sin u$ 当 $-\infty<u<+\infty$ 时是连续的，$\dfrac{1}{x}$ 当 $-\infty<x<0$ 和 $0<x<+\infty$ 时是连续的. 根据定理 2.7.4 函数 $\sin\dfrac{1}{x}$ 在区间 $(-\infty,0)$ 和 $(0,+\infty)$ 内是连续的.

例 19 求 $\lim\limits_{x\to0}\sqrt{2-\dfrac{\sin x}{x}}$.

解 因为 $\lim\limits_{x\to0}\dfrac{\sin x}{x}=1$，又 $\sqrt{2-u}$ 在点 $u=1$ 处连续，故由定理 2.7.4，得

$$\lim_{x\to0}\sqrt{2-\frac{\sin x}{x}}=\sqrt{2-\lim_{x\to0}\frac{\sin x}{x}}=\sqrt{2-1}=1.$$

我们已知道 $y=\sin x$，$y=\cos x$ 在其定义域内是连续的，由定理 2.7.3 知，其反函数 $y=\arcsin x$ 和 $y=\arccos x$ 在其定义域内也是连续的.

可证明指数函数 $y=a^x$（$a>0,a\neq1$）在其定义域 $(-\infty,+\infty)$ 内是单调且连续的，进而有对数函数 $y=\log_a x$（$a>0,a\neq1$）在其定义域 $(0,+\infty)$ 内是连续的.

函数 $y=x^\mu=a^{\mu\log_a x}$（μ 为常数），由定理 2.7.4 知复合函数 $y=x^\mu$ 在 $(0,+\infty)$

内是连续的.

综合以上结果得到以下定理.

定理 2.7.5　基本初等函数在其定义域上都是连续的,一般初等函数在其定义区间上都是连续的.

例如,点 $x_0=\frac{\pi}{2}$ 是初等函数 $f(x)=\ln\sin x$ 的一个定义区间 $(0,\pi)$ 内的点,所以

$$\lim_{x\to\frac{\pi}{2}}\ln\sin x=\ln\sin\frac{\pi}{2}=0.$$

例 20　求 $\lim\limits_{x\to 1}e^{\sin(2\arctan x)}$.

解

$$\lim_{x\to 1}e^{\sin(2\arctan x)}=e^{\sin(2\arctan 1)}=e.$$

例 21　求 $\lim\limits_{x\to a}\frac{\sin x-\sin a}{x-a}$.

解　$$\lim_{x\to a}\frac{\sin x-\sin a}{x-a}=\lim_{x\to a}\frac{2\sin\frac{x-a}{2}\cos\frac{x+a}{2}}{x-a}=\lim_{x\to a}\frac{\sin\frac{x-a}{2}}{\frac{x-a}{2}}\cdot\cos\frac{x+a}{2}$$

$$=\lim_{t\to 0}\frac{\sin t}{t}\cdot\cos(t+a)=\cos a.$$

习题 2.7

(A)

1. 研究下列函数的连续性,并画出函数的图形:

(1) $f(x)=\begin{cases}-1, & x<-1,\\ x^2, & -1\leqslant x\leqslant 1,\\ 1, & x>1;\end{cases}$　　(2) $f(x)=\begin{cases}x^2, & 0\leqslant x\leqslant 1,\\ 2-x, & 1<x\leqslant 2.\end{cases}$

2. 确定常数 a,b 使下列函数连续:

(1) $f(x)=\begin{cases}e^x, & x\leqslant 0,\\ x+a, & x>0;\end{cases}$　　(2) $f(x)=\begin{cases}\dfrac{\ln(1-3x)}{bx}, & x<0,\\ 2, & x=0,\\ \dfrac{\sin ax}{x}, & x>0.\end{cases}$

3. 下列函数在指定点处间断,说明这些间断点属于哪一类型,如果是可去间断点,则补充或改变函数的定义使它连续:

(1) $y=\dfrac{x^2-4}{x^2-5x+6}$, $x=2$, $x=3$;　　(2) $y=\dfrac{x}{\sin x}$, $x=k\pi$　$(k=0,\pm 1,\pm 2,\cdots)$;

(3) $y=\cos^3\dfrac{5}{x}$, $x=0$;　　(4) $y=\begin{cases}2x-1, & x\leqslant 1,\\ 4-5x, & x>1,\end{cases}$ $x=1$.

(B)

1. 求函数 $f(x)=\dfrac{x^3+3x^2-x-3}{x^2+x-6}$ 的连续区间,并求极限 $\lim\limits_{x\to 0}f(x)$,$\lim\limits_{x\to -3}f(x)$ 及 $\lim\limits_{x\to 2}f(x)$.

2. 下列陈述中,哪些是对的,哪些是错的?如果是对的,说明理由;如果是错的,试给出一个反例.

   (1)函数 $f(x)$在 a 连续,那么$|f(x)|$也在 a 连续;

   (2)函数$|f(x)|$在 a 连续,那么 $f(x)$也在 a 连续.

3. 讨论函数 $f(x)=\lim\limits_{n\to\infty}\dfrac{x+x^2\mathrm{e}^{\frac{n}{x}}}{1+\mathrm{e}^{\frac{n}{x}}}$ 的连续性,若有间断点,判断其类型.

2.8 闭区间上连续函数的性质

函数 $f(x)$在闭区间$[a,b]$上连续是指 $f(x)$在该区间内的每一点处都连续,并且在两个端点单侧连续.

闭区间$[a,b]$上的连续函数 $y=f(x)$的图形是一条从点 $A(a,f(a))$到点 $B(b,f(b))$的连续不间断的曲线,如图 2-8 所示.

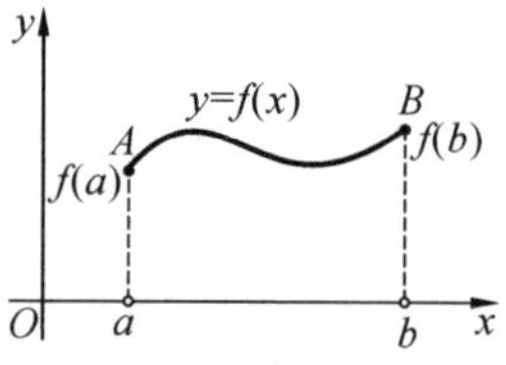

图 2-8

2.8.1 有界性与最大值和最小值定理

定义 2.8.1 设 $f(x)$在区间 I 上有定义,若有 $x_0\in I$,使得对任意 $x\in I$,有

$$f(x)\leqslant f(x_0)\quad (f(x)\geqslant f(x_0)),$$

就称 $f(x_0)$是函数 $f(x)$在区间 I 上的**最大值**(**最小值**),称 x_0 为**最大值点**(**最小值点**),最大值和最小值统称为**最值**.

例如,$y=1+\sin x$,在$[0,2\pi]$上,$y_{\max}=2$,$y_{\min}=0$. $y=\mathrm{sgn}x$,在$(-\infty,+\infty)$上,$y_{\max}=1$,$y_{\min}=-1$;在$(0,+\infty)$上,$y_{\max}=y_{\min}=1$.

注 不是所有的函数都存在最值.例如,$f(x)=x$ 在$(-1,1)$上既无最大值,也无最小值.

定理 2.8.1(有界性与最大值和最小值定理) 闭区间$[a,b]$上的连续函数一定存在最大值和最小值(见图 2-9).

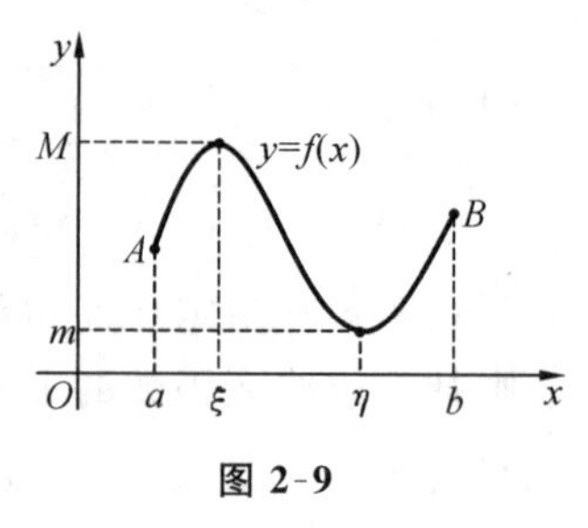

图 2-9

定理 2.8.1 的"闭区间"与"连续"两个条件缺一不可.例如,函数 $f(x)=x$ 在$(-1,1)$上连续,但非闭区间,因此它既无最大值,也无

最小值;又如分段函数

$$y=f(x)=\begin{cases}1-x, & 0<x\leqslant 1,\\ 0, & x=0,\\ -1-x, & -1\leqslant x<0\end{cases}$$

在闭区间$[-1,1]$上不连续,也无最值(见图2-10).

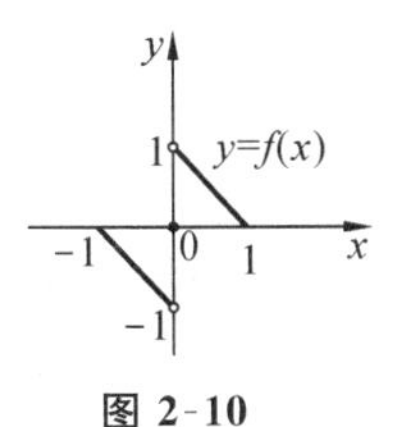

图 2-10

2.8.2　零点定理与介值定理

若 x_0 使得 $f(x_0)=0$,就称 x_0 为函数 $f(x)$ 的**零点**(或 $f(x)=0$ 的根).

定理 2.8.2(零点定理)　设函数 $f(x)$ 在$[a,b]$上连续,且 $f(a)$ 与 $f(b)$ 异号(即 $f(a)\cdot f(b)<0$),则在开区间(a,b)内至少存在一点 ξ,使得 $f(\xi)=0$,即 $f(x)$ 在(a,b)内至少有一个零点.

从几何上看,如图2-11所示,点$(a,f(a))$与点$(b,f(b))$分别在 x 轴的上下两侧,由于 $f(x)$ 连续,在开区间(a,b)内 $f(x)$ 的图形与 x 轴至少相交一次,相交点为定理中的零点.

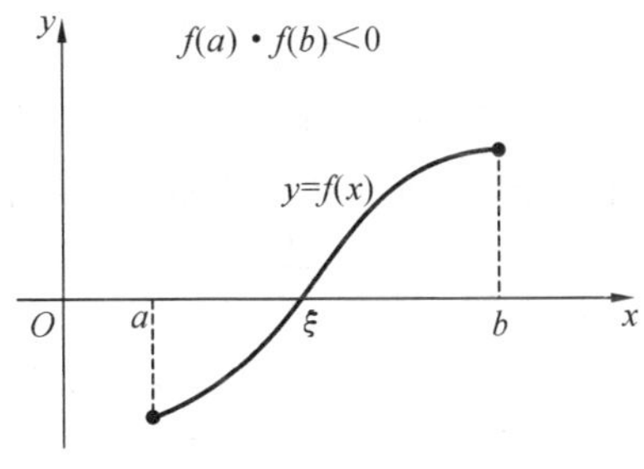

图 2-11

例 1　验证方程 $4x=2^x$ 有一根在 0 与 $\frac{1}{2}$ 之间.

证明　令 $f(x)=4x-2^x$,则 $f(0)=-1<0$,$f\left(\frac{1}{2}\right)=4\times\frac{1}{2}-2^{\frac{1}{2}}=2-\sqrt{2}>0$.

又 $f(x)$ 在$\left[0,\frac{1}{2}\right]$上是连续的,由零点定理知,$\exists\,\xi\in\left(0,\frac{1}{2}\right)$,使得 $f(\xi)=0$,即 $4\xi=2^{\xi}$,所以方程 $4x=2^x$ 有一根在 0 与$\frac{1}{2}$之间.

例 2　证明方程 $x=a\sin x+b$(其中 $a>0,b>0$)至少存在一个正根,并且它不超过 $a+b$.

证明　设 $f(x)=x-a\sin x-b$,则 $f(0)=-b<0$,又

$$f(a+b)=a+b-a\sin(a+b)-b=a[1-\sin(a+b)]\geqslant 0.$$

(1)若 $f(a+b)=0$,即 $a+b$ 是 $f(x)$ 的零点,亦即方程 $x=a\sin x+b$ 的根,得证;
(2)若 $f(a+b)\neq 0$,必有 $f(a+b)>0$,因为 $f(x)$ 在$[0,a+b]$上是连续的,所以由零点定理,至少 $\exists\,\xi\in(0,a+b)$,使得 $f(\xi)=0$,即 ξ 为 $x=a\sin x+b$ 的根,得证.

定理 2.8.3(介值定理)　设函数 $f(x)$ 在闭区间$[a,b]$上连续,且 $f(a)\neq f(b)$,那么对于 $f(a)$ 与 $f(b)$ 之间的任意常数 C,在(a,b)内至少存在一点 ξ,使得

$$f(\xi)=C\quad(a<\xi<b).$$

证明 作辅助函数 $g(x)=f(x)-C$，则 $g(x)$ 为闭区间 $[a,b]$ 上的连续函数，且由于常数 C 介于 $f(a)$ 与 $f(b)$ 之间，则

$$g(a)g(b)=[f(a)-C][f(b)-C]<0,$$

由零点定理知，至少存在一点 $\xi\in(a,b)$，使 $g(\xi)=0$，即 $f(\xi)=C(a<\xi<b)$.

若 $f(x)$ 在 $[a,b]$ 上连续，且 $f(a)<f(b)$，则 $[f(a),f(b)]\subset f([a,b])$.

推论 1 设在闭区间 $[a,b]$ 上的连续函数 $f(x)$ 有最大值 M 和最小值 m，那么对于任意 $C\in(m,M)$，必存在 $\xi\in(a,b)$，使得 $f(\xi)=C$.

例 3 若 $f(x)$ 在 $[a,b]$ 上连续，$a<x_1<x_2<\cdots<x_n<b$，试证：存在 $\xi\in(x_1,x_n)$，使得

$$f(\xi)=\frac{f(x_1)+f(x_2)+\cdots+f(x_n)}{n}.$$

证明 由于 $f(x)$ 在 $[a,b]$ 上连续，$a<x_1<x_2<\cdots<x_n<b$，且 $[x_1,x_n]\subset[a,b]$，所以 $f(x)$ 在 $[x_1,x_n]$ 上连续. 由定理 2.8.1 知，函数 $f(x)$ 在闭区间 $[x_1,x_n]$ 上有最大值 M 和最小值 m，即 $m\leqslant f(x)\leqslant M(\forall x\in[x_1,x_n])$，其中 $m=\min\limits_{x\in[x_1,x_n]}f(x)$，$M=\max\limits_{x\in[x_1,x_n]}f(x)$. 由于

$$m=\frac{nm}{n}\leqslant\frac{f(x_1)+f(x_2)+\cdots+f(x_n)}{n}\leqslant\frac{nM}{n}=M,$$

记 $\mu=\dfrac{f(x_1)+f(x_2)+\cdots+f(x_n)}{n}$，则 $m\leqslant\mu\leqslant M$，由介值定理的推论 1 知，必存在 $\xi\in(x_1,x_n)$ 使得 $f(\xi)=\mu=\dfrac{f(x_1)+f(x_2)+\cdots+f(x_n)}{n}$.

习题 2.8

(A)

1. 试证下列方程在指定区间内至少有一个实根：

   (1) $x^5-3x-1=0,x\in(1,2)$；

   (2) $x=e^x-2,x\in(0,2)$.

2. 证明方程 $5x=4^x$ 在 0 与 $\dfrac{1}{2}$ 之间必有一根.

3. 证明 $\sin x+x+1=0$ 在 $\left(-\dfrac{\pi}{2},\dfrac{\pi}{2}\right)$ 内至少有一个实根.

4. 设函数 $f(x)$ 在区间 $[0,2a]$ 上连续，且 $f(0)=f(2a)$，证明在 $[0,a]$ 上至少存在一点 ξ，使 $f(\xi)=f(\xi+a)$.

(B)

1. 设 $f(x)$ 在 $[a,b]$ 上连续，且 $a<c<d<b$，证明在 $[a,b]$ 上必存在一点 ξ，使

$mf(c)+nf(d)=(m+n)f(\xi)$,其中 m 和 n 为自然数.

数学家刘徽简介

刘徽

刘徽(生于公元 250 年左右),是中国数学史上一个非常伟大的数学家,在世界数学史上也占有杰出的地位.他的杰作《九章算术注》和《海岛算经》,是我国最宝贵的数学遗产.

《九章算术》约成书于东汉之初,共有 246 个问题的解法.在许多方面,如解联立方程、分数四则运算、正负数运算、几何图形的体积面积计算等,都位于世界先进之列,但解法比较原始,缺乏必要的证明,而刘徽则对此均作了补充证明.这些证明,显示了他在多方面的创造性的贡献.他是世界上最早提出十进小数概念的人,并用十进小数来表示无理数的立方根.在代数方面,他正确地提出了正负数的概念及其加减运算的法则;改进了线性方程组的解法;在几何方面,提出了“割圆术”,即将圆周用内接或外切正多边形穷竭的一种求圆面积和圆周长的方法.他利用割圆术科学地求出了圆周率 $\pi=3.14$ 的结果.刘徽在割圆术中提出的“割之弥细,所失弥少,割之又割以至于不可割,则与圆合体而无所失矣”,这可视为中国古代极限观念的佳作.

在《海岛算经》一书中,刘徽精心选编了九个测量问题,这些题目的创造性、复杂性和富有代表性,都在当时为西方所瞩目.

刘徽思维敏捷,方法灵活,既提倡推理又主张直观.他是我国最早明确主张用逻辑推理的方式来论证数学命题的人.

刘徽的一生是为数学刻苦探求的一生.他虽然地位低下,但品格高尚.他不是沽名钓誉的庸人,而是学而不厌的伟人,他给我们中华民族留下了宝贵的财富.

第2章总习题

1. 填空题.

(1) $\lim\limits_{n\to\infty}\dfrac{2n^2+1}{3n^2+2n}=$ ________, $\lim\limits_{n\to\infty}\dfrac{C_n^2+2C_n^{n-2}}{(n+1)^2}=$ ________.

(2) $\lim\limits_{n\to\infty}\dfrac{1+3+5+\cdots+(2n-1)}{2+4+6+\cdots+2n}=$ ________.

(3) $0<a<1$,计算 $\lim\limits_{n\to\infty}(1+a)(1+a^2)(1+a^4)\cdots(1+a^{2n})=$ ________.

(4) s 和 t 分别表示 $(1+2x)^n$ 和 $(1+3x)^n$ 展开式中各项系数和,则 $\lim\limits_{n\to\infty}\dfrac{s-t}{s+t}=$ ________.

(5) 若 $\lim\limits_{x\to3}\dfrac{x^2-2x+k}{x-3}=4$,则 $k=$ ________.

(6) 若当 $x\to0$ 时,$\sqrt{1+ax^2}-1$ 与 $\sin^2x$ 为等价无穷小,则 $a=$ ________.

(7) (2016年考研题)已知函数 $f(x)$ 满足 $\lim\limits_{x\to0}\dfrac{\sqrt{1+f(x)\sin2x}-1}{e^{3x}-1}=2$,则 $\lim\limits_{x\to0}f(x)=$ ________.

(8) (2015年考研题) $\lim\limits_{x\to0}\dfrac{\ln(\cos x)}{x^2}=$ ________.

2. 选择题.

(1) 已知 a,b 是互不相等的正数,则 $\lim\limits_{n\to\infty}\dfrac{a^n-b^n}{a^n+b^n}=$ (　　).

A. 1　　B. -1 或 1　　C. 0　　D. -1 或 0

(2) a_n 是 $(1+x)^n$ 展开式中含 x^2 的项的系数,则 $\lim\limits_{n\to\infty}\left(\dfrac{1}{a_2}+\dfrac{1}{a_3}+\cdots+\dfrac{1}{a_n}\right)$ 等于(　　).

A. 2　　B. 1　　C. $\dfrac{1}{2}$　　D. $\dfrac{1}{3}$

(3) 已知 a,b,c 是实常数,且 $\lim\limits_{n\to\infty}\dfrac{an+c}{bn-c}=2$, $\lim\limits_{n\to\infty}\dfrac{bn^2-c}{cn^2-b}=3$,则 $\lim\limits_{n\to\infty}\dfrac{an^2+c}{cn^2+a}$ 的值是(　　).

A. $\frac{1}{12}$　　B. $\frac{1}{6}$　　C. $\frac{3}{2}$　　D. 6

(4)在等比数列中，$a_1>1$，前 n 项和 S_n 满足 $\lim\limits_{n\to\infty}S_n=\frac{1}{a_1}$，那么 a_1 的取值范围是(　　).

A. $(1,+\infty)$　　B. $(1,4)$　　C. $(1,2)$　　D. $(1,\sqrt{2})$

(5)在等比数列$\{a_n\}$中，$a_1=-1$，前 n 项和为 S_n，若$\frac{S_{10}}{S_5}=\frac{31}{32}$，则$\lim\limits_{n\to\infty}S_n=$(　　).

A. $\frac{2}{3}$　　B. $-\frac{2}{3}$　　C. 2　　D. -2

(6)已知数列$\{a_n\}$中，$a_1=1,2a_{n+1}=a_n(n=1,2,3,\cdots)$，则这个数列前 n 项和的极限是(　　).

A. 2　　B. $\frac{1}{2}$　　C. 3　　D. $\frac{1}{3}$

(7)$\lim\limits_{n\to\infty}\frac{1+2+3+\cdots+n}{n^2}=$(　　).

A. 2　　B. 4　　C. $\frac{1}{2}$　　D. 0

(8)当 $x\to0$ 时，下列变量中(　　)与 x 为等价无穷小量.

A. $\frac{\sin x}{\sqrt{x}}$　　B. $\frac{\sin x}{x}$　　C. $\sqrt{1+x}-\sqrt{1-x}$　　D. $x\sin\frac{1}{x}$

(9)下列极限存在的是(　　).

A. $\lim\limits_{x\to\infty}\frac{x(x+1)}{x^2}$　　B. $\lim\limits_{x\to0}\frac{1}{2^x-1}$　　C. $\lim\limits_{x\to0}e^{\frac{1}{x}}$　　D. $\lim\limits_{x\to+\infty}\sqrt{\frac{x^2+1}{x}}$

(10)当 $x\to\infty$时，若$\frac{1}{ax^2+bx+c}$与$\frac{1}{x+1}$等价，则 a,b,c 之值一定为(　　).

A. $a=0,b=1,c=1$　　B. $a=0,b=1,c$ 为任意常数

C. $a=0,b,c$ 为任意常数　　D. a,b,c 为任意常数

(11)(2013 年考研题)函数 $f(x)\frac{|x|^x-1}{x(x+1)\ln|x|}$的可去间断点的个数为(　　).

A. 0　　B. 1　　C. 2　　D. 3

3. 求下列极限：

(1)$\lim\limits_{n\to\infty}2^n\sin\frac{x}{2^n}$；　　(2)$\lim\limits_{x\to+\infty}x(\sqrt{x^2+1}-x)$；

(3)$\lim\limits_{x\to+\infty}\frac{\sqrt{x^2+2x}-\sqrt{x-1}}{x}$；　　(4)$\lim\limits_{x\to+\infty}\frac{x\cos\sqrt{x}}{1+x^2}$；

(5) $\lim\limits_{x\to+\infty}(\sin\sqrt{x+1}-\sin\sqrt{x})$； (6) $\lim\limits_{x\to\infty}x^2\left(1-\cos\dfrac{1}{x}\right)$；

(7) $\lim\limits_{x\to1}\dfrac{\sqrt[3]{x}-1}{\sqrt{x}-1}$； (8) $\lim\limits_{x\to0}\dfrac{x^2\tan^2x}{(1-\cos x)^2}$；

(9) $\lim\limits_{x\to\infty}\left(\dfrac{x+a}{x-a}\right)^x$； (10) $\lim\limits_{x\to0}\dfrac{\sqrt{1+\tan x}-\sqrt{1+\sin x}}{x^3}$；

(11) $\lim\limits_{x\to e}\dfrac{\ln x-1}{x-e}$； (12) $\lim\limits_{n\to\infty}\left(\dfrac{2+3}{6}+\dfrac{2^2+3^2}{6^2}+\dfrac{2^3+3^3}{6^3}+\cdots+\dfrac{2^n+3^n}{6^n}\right)$.

4. 试确定常数 a 和 b，满足：

(1) $\lim\limits_{x\to\infty}\left(ax+b-\dfrac{x^3+1}{x^2+1}\right)=1$； (2) $\lim\limits_{x\to+\infty}(\sqrt{x^2-x+1}-ax-b)=0$；

(3) $\lim\limits_{x\to1}\dfrac{x^2+bx+a}{1-x}=5$； (4) $\lim\limits_{x\to\infty}\left(\dfrac{x+2a}{x-2a}\right)^x=16$.

5. 已知 $f(x)=\dfrac{px^2-2}{x^2+1}+3qx+5$，当 $x\to\infty$ 时，p,q 取何值 $f(x)$ 为无穷小量？p,q 取何值 $f(x)$ 为无穷大量？

6. 当 $x\to0$ 时，下列无穷小量与 x 相比是什么阶的无穷小量？

(1) $x+\sin x^2$； (2) $\sqrt{x}+\sin x$； (3) $\dfrac{(x+1)x}{4+\sqrt[3]{x}}$； (4) $\ln(1+2x)$.

7. 利用夹逼定理证明 $\lim\limits_{n\to\infty}\left(\dfrac{1}{n^2}+\dfrac{1}{(n+1)^2}+\cdots+\dfrac{1}{(2n)^2}\right)=0$.

8. 利用单调有界必有极限的准则证明下列数列的极限存在并求极限：

(1) 设 $x_1=10$，$x_{n+1}=\sqrt{6+x_n}\ (n=1,2,\cdots)$；

(2) 设 $x_1>0$，且 $x_{n+1}=\dfrac{1}{2}\left(x_n+\dfrac{a}{x_n}\right)(a>0)(n=1,2,\cdots)$.

9. 求下列函数的间断点并确定其所属类型，如果是可去间断点则补充定义使其连续：

(1) $y=\dfrac{1-\cos x}{x^2}$； (2) $y=\dfrac{\cos\frac{\pi}{2}x}{x^2(x-1)}$；

(3) $y=\dfrac{\sqrt[3]{1+4x}-1}{2\sin x}$； (4) $y=\sin x\sin\dfrac{1}{x}$；

(5) $y=\arctan\dfrac{1}{x}$； (6) $y=\dfrac{1}{1+e^{\frac{1}{1-x}}}$.

10. 证明方程 $x\cdot4^x=2$ 至少有一个小于 1 的正根.

11. 证明若 $f(x)$ 和 $g(x)$ 都在 $[a,b]$ 上连续，且 $f(a)<g(a)$，$f(b)>g(b)$，则存在

点 $c\in(a,b)$ 使得 $f(c)=g(c)$.

12. 一片森林现有木材 $a\ \mathrm{m}^3$,若以年增长率 1.2%的速度增长,问 t 年后,这片森林有木材多少?

13. (2013 年考研题)当 $x\to 0$ 时,$1-\cos x\cos 2x\cos 3x$ 与 ax^n 是等价无穷小,求常数 a,n.

14. (2016 年考研题)求极限 $\lim\limits_{x\to\infty}(\cos 2x+2x\sin x)^{\frac{1}{x^4}}$.

15. (2015 年考研题)设函数 $f(x)=x+a\ln(1+x)+bx\sin x$, $g(x)=c=kx^3$ 若 $f(x)$ 与 $g(x)$ 在 $x\to 0$ 时是等价无穷小,求 a,b,k 的值.

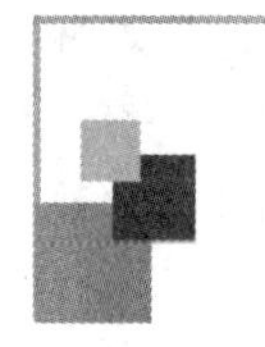
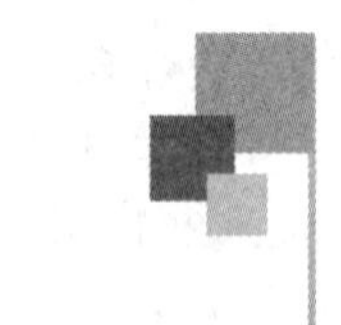

第3章　导数与微分

你若想获得知识，你该下苦功；你若想获得食物，你该下苦功；你若想得到快乐，你也该下苦功，因为辛苦是获得一切的定律.

——牛顿

在科学与实际生活中，我们不仅需要了解变量之间的函数关系，还经常需要讨论以下问题：

(1)求给定函数 y 相对于自变量 x 的变化率；

(2)当自变量 x 发生微小变化时，求函数 y 的相应改变量的近似值.

这两个问题分别引出了导数与微分的概念，它们是微分学中的基本概念. 本章主要讨论导数与微分的概念及其计算方法.

3.1　导数概念

3.1.1　引例

1. 切线问题

求曲线 $y=f(x)$ 在点 $M(x_0,y_0)$ 处的切线的斜率.

如图 3-1 所示，设有曲线 l 及 l 上的一点 M，在点 M 外另取 l 上一点 N，作割线 MN. 当点 N 沿曲线 l 趋于点 M 时，如果割线 MN 绕点 M 旋转而趋于极限位置 MT，直线 MT 就称为曲线 l 在点 M 处的**切线**.

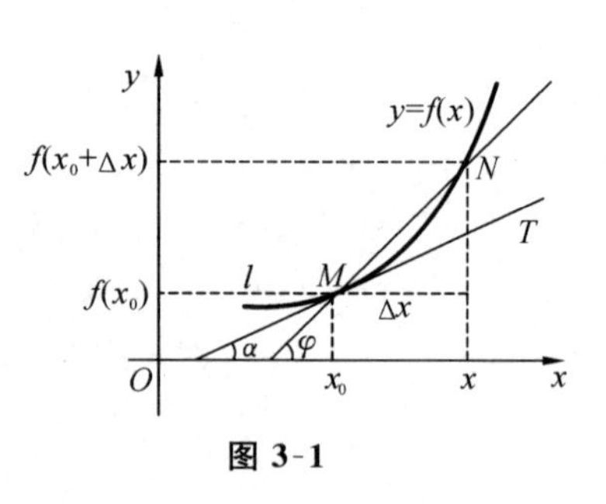

图 3-1

设曲线 l 就是函数 $y=f(x)$ 的图形. 现在要确定曲线 l 在点 $M(x_0,f(x_0))$ 处的切线，只须求出切线的斜率即可. 为此，在点 M 外另取 l 上一点 $N(x,y)$，于是割线 MN 的斜率为

$$\tan\varphi=\frac{f(x)-f(x_0)}{x-x_0},$$

其中 φ 为割线 MN 的倾斜角. 当点 N 沿曲线 l 趋于点 M 时,$x\to x_0$. 如果当 $x\to x_0$ 时,上式的极限存在,设为 k,即

$$k=\lim_{x\to x_0}\frac{f(x)-f(x_0)}{x-x_0}$$

存在,则此极限 k 是割线斜率的极限,也就是切线的斜率. 这里 $k=\tan\alpha$,其中 α 是切线 MT 的倾斜角. 于是,通过点 $M(x_0,f(x_0))$ 且以 k 为斜率的直线 MT 便是曲线 l 在点 M 处的切线.

令 $\Delta x=x-x_0$,则 $\Delta y=f(x_0+\Delta x)-f(x_0)=f(x)-f(x_0)$,$x\to x_0$ 相当于 $\Delta x\to 0$,

$$k=\lim_{x\to x_0}\frac{f(x)-f(x_0)}{x-x_0}$$

成为

$$k=\lim_{\Delta x\to 0}\frac{\Delta y}{\Delta x}\quad 或 \quad k=\lim_{\Delta x\to 0}\frac{f(x_0+\Delta x)-f(x_0)}{\Delta x}.$$

2. 变速直线运动的速度

设一质点在数轴上作非匀速运动,时刻 t 时质点所在位置的坐标为 s,s 是 t 的函数(称为**位置函数**):$s=s(t)$,求动点在时刻 t_0 的速度.

考虑比值

$$\frac{s-s_0}{t-t_0}=\frac{s(t)-s(t_0)}{t-t_0},$$

这个比值可认为是动点在时间间隔 $t-t_0$ 内的平均速度. 如果时间间隔较短,这个比值在实践中也可用来说明动点在时刻 t_0 的速度. 但这样做是不精确的,更精确的应当这样:令 $t-t_0\to 0$,取比值 $\frac{s(t)-s(t_0)}{t-t_0}$ 的极限,如果这个极限存在,设为 v,即

$$v=\lim_{t\to t_0}\frac{s(t)-s(t_0)}{t-t_0},$$

这时就把这个极限值 v 称为动点在 t_0 时刻的(瞬时)速度.

令 $\Delta t=t-t_0$,则 $\Delta s=s(t_0+\Delta t)-s(t_0)=s(t)-s(t_0)$,$t\to t_0$ 相当于 $\Delta t\to 0$,于是

$$v=\lim_{t\to t_0}\frac{s(t)-s(t_0)}{t-t_0}$$

成为

$$v=\lim_{\Delta t\to 0}\frac{\Delta s}{\Delta t}\quad 或 \quad v=\lim_{\Delta t\to 0}\frac{s(t_0+\Delta t)-s(t_0)}{\Delta t}.$$

3. 产品总成本的变化率

设某产品的总成本 C 是产量 Q 的函数，即 $C=C(Q)$，当产量 Q 从 Q_0 变到 $Q_0+\Delta Q$ 时，总成本相应的改变量为 $\Delta C=C(Q_0+\Delta Q)-C(Q_0)$. 当产量 Q 从 Q_0 变到 $Q_0+\Delta Q$ 时，总成本的平均变化率为

$$\frac{\Delta C}{\Delta Q}=\frac{C(Q_0+\Delta Q)-C(Q_0)}{\Delta Q},$$

当 ΔQ 趋于零（即 $\Delta Q\to 0$）时，如果极限

$$\lim_{\Delta Q\to 0}\frac{\Delta C}{\Delta Q}=\lim_{\Delta Q\to 0}\frac{C(Q_0+\Delta Q)-C(Q_0)}{\Delta Q}$$

存在，则称此极限为当产量为 Q_0 时总成本的变化率.

上面几个实例的具体含义是不相同的. 但从抽象的数量关系来看，它们的实质是一样的，都归结为计算函数改变量与自变量改变量的比，当自变量改变量趋于零时的极限. 这种特殊的极限叫做函数的导数.

3.1.2　导数的定义

1. 导数的概念

定义 3.1.1　设函数 $y=f(x)$ 在点 x_0 的某个邻域内有定义，当自变量 x 在 x_0 处取得增量 Δx（或称改变量）时，相应的函数 y 取得增量（或称改变量）$\Delta y=f(x_0+\Delta x)-f(x_0)$. 当 $\Delta x\to 0$ 时，如果 $\frac{\Delta y}{\Delta x}$ 的极限存在，则称函数 $y=f(x)$ 在点 x_0 处**可导**，并称这个极限为函数 $y=f(x)$ 在点 x_0 处的**导数**（或**微商**），记为 $f'(x_0)$，即

$$f'(x_0)=\lim_{\Delta x\to 0}\frac{\Delta y}{\Delta x}=\lim_{\Delta x\to 0}\frac{f(x_0+\Delta x)-f(x_0)}{\Delta x},\tag{3.1.1}$$

也可记为 $y'|_{x=x_0}$，$\left.\frac{\mathrm{d}y}{\mathrm{d}x}\right|_{x=x_0}$ 或 $\left.\frac{\mathrm{d}f(x)}{\mathrm{d}x}\right|_{x=x_0}$.

如果上述极限不存在，则称函数 $f(x)$ 在点 x_0 处**不可导**.

函数 $f(x)$ 在点 x_0 处可导有时也说成 $f(x)$ 在点 x_0 具有导数或导数存在.

导数的定义式也可取不同的形式，常见的有

$$f'(x_0)=\lim_{h\to 0}\frac{f(x_0+h)-f(x_0)}{h},\tag{3.1.2}$$

$$f'(x_0)=\lim_{x\to x_0}\frac{f(x)-f(x_0)}{x-x_0}.\tag{3.1.3}$$

在实际应用中，需要讨论各种具有不同意义的变量的变化“快慢”问题，在数学上就是所谓函数的变化率问题. $\frac{\Delta y}{\Delta x}=\frac{f(x_0+\Delta x)-f(x_0)}{\Delta x}$ 反映的是自变量 x 从 x_0

改变到 $x_0+\Delta x$ 时，函数 $f(x)$ 的平均变化速度，称为函数的**平均变化率**；而导数 $f'(x_0)=\lim\limits_{\Delta x\to 0}\dfrac{\Delta y}{\Delta x}$ 反映的是函数在点 x_0 处的变化速度，称为函数在点 x_0 处的**变化率**. 导数概念就是函数变化率这一概念的精确描述.

由导数的定义可知，曲线 $y=f(x)$ 在点 $M(x_0,y_0)$ 处的切线的斜率为

$$k=\lim_{\Delta x\to 0}\frac{f(x_0+\Delta x)-f(x_0)}{\Delta x}=f'(x_0);$$

运动规律(或位置函数)为 $s=s(t)$ 的动点在时刻 t_0 的速度为

$$v=\lim_{\Delta t\to 0}\frac{s(t_0+\Delta t)-s(t_0)}{\Delta t}=s'(t_0);$$

总成本 C 在产量为 Q_0 时的变化率为

$$\lim_{\Delta Q\to 0}\frac{\Delta C}{\Delta Q}=\lim_{\Delta Q\to 0}\frac{C(Q_0+\Delta Q)-C(Q_0)}{\Delta Q}=C'(Q_0).$$

例 1 求函数 $y=x^2$ 在点 $x=2$ 处的导数.

解 当 x 从 2 改变到 $2+\Delta x$ 时，函数的改变量为

$$\Delta y=(2+\Delta x)^2-2^2=4\Delta x+(\Delta x)^2,$$

因此

$$\frac{\Delta y}{\Delta x}=4+\Delta x,\qquad y'\Big|_{x=2}=\lim_{\Delta x\to 0}\frac{\Delta y}{\Delta x}=\lim_{\Delta x\to 0}(4+\Delta x)=4.$$

如果函数 $y=f(x)$ 在开区间 I 内的每点处都可导，就称函数 $f(x)$ 在开区间 I 内可导. 这时，对于任一 $x\in I$，都对应着 $f(x)$ 的一个确定的导数值，这样就构成了一个新的函数，这个函数叫做函数 $y=f(x)$ 的**导函数**(简称**导数**)，记作 y'，$f'(x)$，$\dfrac{\mathrm{d}y}{\mathrm{d}x}$ 或 $\dfrac{\mathrm{d}f(x)}{\mathrm{d}x}$.

不难看出，导函数有定义式

$$y'=\lim_{\Delta x\to 0}\frac{f(x+\Delta x)-f(x)}{\Delta x}=\lim_{h\to 0}\frac{f(x+h)-f(x)}{h},$$

且函数 $f(x)$ 在点 x_0 处的导数 $f'(x_0)$ 就是导函数 $f'(x)$ 在点 $x=x_0$ 处的函数值，即

$$f'(x_0)=f'(x)\big|_{x=x_0}.$$

2. 求导数举例

由导数的定义可将求函数 $f(x)$ 导数的方法概括为以下几个步骤：

(1)求出对应于自变量改变量 Δx 的函数改变量

$$\Delta y=f(x+\Delta x)-f(x);$$

(2)作出比值

$$\frac{\Delta y}{\Delta x}=\frac{f(x+\Delta x)-f(x)}{\Delta x};$$

(3)求 $\Delta x\to 0$ 时$\frac{\Delta y}{\Delta x}$的极限，即

$$y'=f'(x)=\lim_{\Delta x\to 0}\frac{\Delta y}{\Delta x}=\lim_{\Delta x\to 0}\frac{f(x+\Delta x)-f(x)}{\Delta x}.$$

例 2 求函数 $y=C$（C 为常数）的导数.

解 (1) $$\Delta y=f(x+\Delta x)-f(x)=C-C=0;$$

(2) $$\frac{\Delta y}{\Delta x}=\frac{0}{\Delta x}=0;$$

(3) $$y'=f'(x)=\lim_{\Delta x\to 0}\frac{\Delta y}{\Delta x}=\lim_{\Delta x\to 0}0=0,$$

即
$$(C)'=0. \tag{3.1.4}$$

例 3 求函数 $f(x)=\frac{1}{x}$的导数.

解 (1)$\Delta f=f(x+\Delta x)-f(x)=\frac{1}{x+\Delta x}-\frac{1}{x}=\frac{-\Delta x}{x(x+\Delta x)}$;

(2)$\frac{\Delta f}{\Delta x}=-\frac{1}{x(x+\Delta x)}$;

(3)$f'(x)=\lim\limits_{\Delta x\to 0}\frac{\Delta f}{\Delta x}=\lim\limits_{\Delta x\to 0}\left[-\frac{1}{x(x+\Delta x)}\right]=-\frac{1}{x^2}$,

即
$$\left(\frac{1}{x}\right)'=-\frac{1}{x^2}.$$

例 4 求函数 $f(x)=\sqrt{x}$的导数.

解
$$f'(x)=\lim_{\Delta x\to 0}\frac{f(x+\Delta x)-f(x)}{\Delta x}=\lim_{\Delta x\to 0}\frac{\sqrt{x+\Delta x}-\sqrt{x}}{\Delta x}$$
$$=\lim_{\Delta x\to 0}\frac{\Delta x}{\Delta x(\sqrt{x+\Delta x}+\sqrt{x})}=\lim_{\Delta x\to 0}\frac{1}{\sqrt{x+\Delta x}+\sqrt{x}}=\frac{1}{2\sqrt{x}}.$$

例 5 设函数 $f(x)=x^3$，求 $f'(x)$，$f'(0)$，$f'(1)$，$f'(x_0)$.

解
$$f'(x)=\lim_{h\to 0}\frac{f(x+h)-f(x)}{h}=\lim_{h\to 0}\frac{(x+h)^3-x^3}{h}$$
$$=\lim_{h\to 0}\frac{h(3x^2+3xh+h^2)}{h}=\lim_{h\to 0}(3x^2+3xh+h^2)=3x^2,$$

由此可得
$$f'(0)=0,\quad f'(1)=3,\quad f'(x_0)=3x_0^2.$$

例 6 求函数 $f(x)=x^{\mu}$ 的导数.

解 由 $(1+x)^{\alpha}-1\sim\alpha x\ (x\to 0)$得

$$f'(x)=\lim_{h\to 0}\frac{f(x+h)-f(x)}{h}=\lim_{h\to 0}\frac{(x+h)^{\mu}-x^{\mu}}{h}$$

$$=\lim_{h\to 0}\frac{x^{\mu}\left[\left(1+\frac{h}{x}\right)^{\mu}-1\right]}{h}=\lim_{h\to 0}\frac{x^{\mu}\mu\ \frac{h}{x}}{h}=\lim_{h\to 0}\mu x^{\mu-1}=\mu x^{\mu-1},$$

即

$$(x^{\mu})'=\mu x^{\mu-1}. \tag{3.1.5}$$

例 7 求函数 $f(x)=a^{x}(a>0,a\neq 1)$ 的导数.

解 由 $e^{x}-1\sim x(x\to 0)$ 得

$$f'(x)=\lim_{h\to 0}\frac{f(x+h)-f(x)}{h}=\lim_{h\to 0}\frac{a^{x+h}-a^{x}}{h}$$

$$=\lim_{h\to 0}\frac{a^{x}(a^{h}-1)}{h}=\lim_{h\to 0}\frac{a^{x}(e^{h\ln a}-1)}{h}$$

$$=\lim_{h\to 0}\frac{a^{x}h\ln a}{h}=\lim_{h\to 0}a^{x}\ln a=a^{x}\ln a,$$

即

$$(a^{x})'=a^{x}\ln a. \tag{3.1.6}$$

特别地，

$$(e^{x})'=e^{x}. \tag{3.1.7}$$

例 8 求函数 $f(x)=\log_{a}x(a>0,a\neq 1)$ 的导数.

解 由 $\ln(1+x)\sim x(x\to 0)$ 得

$$f'(x)=\lim_{h\to 0}\frac{f(x+h)-f(x)}{h}=\lim_{h\to 0}\frac{\log_{a}(x+h)-\log_{a}x}{h}$$

$$=\lim_{h\to 0}\frac{\log_{a}\left(1+\frac{h}{x}\right)}{h}=\lim_{h\to 0}\frac{\ln\left(1+\frac{h}{x}\right)}{h\ln a}$$

$$=\lim_{h\to 0}\frac{\frac{h}{x}}{h\ln a}=\lim_{h\to 0}\frac{1}{x\ln a}=\frac{1}{x\ln a},$$

即

$$(\log_{a}x)'=\frac{1}{x\ln a}. \tag{3.1.8}$$

特别地，

$$(\ln x)'=\frac{1}{x}. \tag{3.1.9}$$

例 9 求函数 $f(x)=\sin x$ 的导数.

解

$$f'(x)=\lim_{h\to 0}\frac{f(x+h)-f(x)}{h}=\lim_{h\to 0}\frac{\sin(x+h)-\sin x}{h}$$

$$=\lim_{h\to 0}\frac{2\cos\left(x+\frac{h}{2}\right)\sin\frac{h}{2}}{h}=\lim_{h\to 0}\frac{\sin\frac{h}{2}}{\frac{h}{2}}\cos\left(x+\frac{h}{2}\right)$$

$$=\lim_{h\to 0}\frac{\sin\frac{h}{2}}{\frac{h}{2}}\lim_{h\to 0}\cos\left(x+\frac{h}{2}\right)=\cos x,$$

即
$$(\sin x)' = \cos x. \tag{3.1.10}$$
同理可得
$$(\cos x)' = -\sin x. \tag{3.1.11}$$

例 10 讨论函数 $f(x)=|x|$（见图 3-2）在点 $x=0$ 处的可导性.

解 $\lim\limits_{h\to 0}\dfrac{f(0+h)-f(0)}{h}=\lim\limits_{h\to 0}\dfrac{|h|-0}{h}=\lim\limits_{h\to 0}\dfrac{|h|}{h}$，

当 $h<0$ 时，$\dfrac{|h|}{h}=-1$，故 $\lim\limits_{h\to 0^-}\dfrac{|h|}{h}=-1$；当 $h>0$ 时，$\dfrac{|h|}{h}=1$，故 $\lim\limits_{h\to 0^+}\dfrac{|h|}{h}=1$. 所以，$\lim\limits_{h\to 0}\dfrac{f(0+h)-f(0)}{h}$ 不存在，即函数 $f(x)=|x|$ 在点 $x=0$ 处不可导.

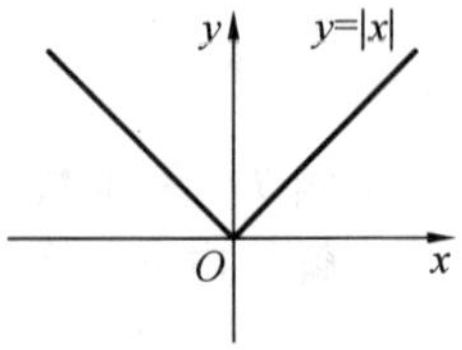

图 3-2

3. 单侧导数

根据函数 $f(x)$ 在点 x_0 处的导数定义，导数
$$f'(x_0)=\lim_{h\to 0}\frac{f(x_0+h)-f(x_0)}{h}$$
是一个极限，而极限存在的充分必要条件是左、右极限都存在且相等，因此 $f'(x_0)$ 存在即 $f(x)$ 在点 x_0 处可导的充分必要条件是左、右极限
$$\lim_{h\to 0^-}\frac{f(x_0+h)-f(x_0)}{h} \quad 及 \quad \lim_{h\to 0^+}\frac{f(x_0+h)-f(x_0)}{h}$$
都存在且相等. 这两个极限分别称为函数 $f(x)$ 在点 x_0 处的**左导数**和**右导数**，记作 $f'_-(x_0)$ 及 $f'_+(x_0)$，即
$$f'_-(x_0)=\lim_{h\to 0^-}\frac{f(x_0+h)-f(x_0)}{h}, \tag{3.1.12}$$
$$f'_+(x_0)=\lim_{h\to 0^+}\frac{f(x_0+h)-f(x_0)}{h}. \tag{3.1.13}$$
于是有，**函数 $f(x)$ 在点 x_0 处可导的充分必要条件是左导数 $f'_-(x_0)$ 和右导数 $f'_+(x_0)$ 都存在且相等.**

函数 $f(x)=|x|$ 在点 $x=0$ 处的左导数 $f'_-(x_0)=-1$，右导数 $f'_+(x_0)=1$，虽然都存在，但不相等，故 $f(x)$ 在点 $x=0$ 处不可导.

左导数和右导数统称为**单侧导数**.

如果函数 $f(x)$ 在开区间 (a,b) 内可导，且 $f'_+(a)$ 与 $f'_-(b)$ 都存在，则称函数 $f(x)$ 在闭区间 $[a,b]$ 上可导.

4. 导数的几何意义

由引例中第 1 个例子切线问题的讨论及导数的定义可知：函数 $y=f(x)$ 在点 $x=x_0$ 处的导数 $f'(x_0)$ 在几何上表示曲线 $y=f(x)$ 在点 $M(x_0,f(x_0))$ 处切线的斜率，即

$$f'(x_0)=\tan\alpha,$$

其中 a 是切线的倾斜角(见图 3-1). 曲线 $y=f(x)$ 在点 $M(x_0,f(x_0))$ 处的切线方程为

$$y-f(x_0)=f'(x_0)(x-x_0), \tag{3.1.14}$$

法线方程为

$$y-f(x_0)=-\frac{1}{f'(x_0)}(x-x_0). \tag{3.1.15}$$

如果函数 $y=f(x)$ 在点 x_0 处的导数为无穷大,这时曲线 $y=f(x)$ 的割线以垂直于 x 轴的直线 $x=x_0$ 为极限位置,即曲线 $y=f(x)$ 在点 $M(x_0,f(x))$ 处具有垂直于 x 轴的切线 $x=x_0$.

例 11 求等边双曲线 $y=\dfrac{1}{x}$ 在点(1,1)处的切线方程与法线方程.

解 因为 $f'(x)=-\dfrac{1}{x^2}$, $f'(1)=-1$,所以,所求的切线方程为

$$y-1=-(x-1),\quad 即\quad x+y-2=0,$$

法线方程为

$$y-1=1\cdot(x-1),\quad 即\quad x-y=0.$$

5. 可导与连续的关系

定理 3.1.1 如果函数 $y=f(x)$ 在点 x_0 处可导,则 $y=f(x)$ 在点 x_0 处一定连续.

证明 因为 $f(x)$ 在点 x_0 处可导,故有 $f'(x_0)=\lim\limits_{\Delta x\to 0}\dfrac{\Delta y}{\Delta x}$. 由 $\Delta y=\dfrac{\Delta y}{\Delta x}\Delta x$,可得

$$\lim_{\Delta x\to 0}\Delta y=\lim_{\Delta x\to 0}\frac{\Delta y}{\Delta x}\Delta x=\lim_{\Delta x\to 0}\frac{\Delta y}{\Delta x}\cdot\lim_{\Delta x\to 0}\Delta x=f'(x_0)\cdot 0=0,$$

故函数 $y=f(x)$ 在点 x_0 处连续.

这个定理的逆命题不成立,即函数 $y=f(x)$ 在点 x_0 处连续,但函数 $y=f(x)$ 在点 x_0 处不一定可导. 例如函数 $y=|x|$ 在点 $x=0$ 处连续但不可导.

例 12 讨论下面函数 $f(x)$ 在点 $x=0$, $x=1$ 及 $x=2$ 处的连续性与可导性.

$$f(x)=\begin{cases} x-1, & x\leqslant 0,\\ 2x, & 0<x\leqslant 1,\\ x^2+1, & 1<x\leqslant 2,\\ \dfrac{1}{2}x+4, & x>2.\end{cases}$$

解 在点 $x=0$ 处,

$$\lim_{x\to 0^-}f(x)=\lim_{x\to 0^-}(x-1)=-1,$$

$$\lim_{x\to 0^+} f(x)=\lim_{x\to 0^+} 2x=0,$$

$$\lim_{x\to 0^-} f(x)\neq\lim_{x\to 0^+} f(x),$$

所以$\lim\limits_{x\to 0} f(x)$不存在. 因此，在点 $x=0$ 处 $f(x)$不连续，从而在点 $x=0$ 处 $f(x)$不可导.

在点 $x=1$ 处，

$$\lim_{x\to 1^-} f(x)=\lim_{x\to 1^-} 2x=2,$$

$$\lim_{x\to 1^+} f(x)=\lim_{x\to 1^+} (x^2+1)=2 \quad 且 \quad f(1)=2,$$

于是有$\lim\limits_{x\to 1} f(x)=2=f(1)$，因此在点 $x=1$ 处 $f(x)$连续.

$$f'_-(1)=\lim_{h\to 0^-}\frac{f(1+h)-f(1)}{h}=\lim_{h\to 0^-}\frac{2(1+h)-2}{h}=\lim_{h\to 0^-}\frac{2h}{h}=2,$$

$$f'_+(1)=\lim_{h\to 0^+}\frac{f(1+h)-f(1)}{h}=\lim_{h\to 0^+}\frac{[(1+h)^2+1]-2}{h}=\lim_{h\to 0^+}(2+h)=2,$$

$f'_-(1)=f'_+(1)=2$，所以在点 $x=1$ 处 $f(x)$可导，且 $f'(1)=2$.

在点 $x=2$ 处，

$$\lim_{x\to 2^-} f(x)=\lim_{x\to 2^-} (x^2+1)=5,$$

$$\lim_{x\to 2^+} f(x)=\lim_{x\to 2^+} \left(\frac{1}{2}x+4\right)=5 \quad 且 \quad f(2)=5,$$

于是有$\lim\limits_{x\to 2} f(x)=5=f(2)$，因此在点 $x=2$ 处 $f(x)$连续.

$$f'_-(2)=\lim_{h\to 0^-}\frac{f(2+h)-f(2)}{h}$$

$$=\lim_{h\to 0^-}\frac{[(2+h)^2+1]-5}{h}=\lim_{h\to 0^-}(4+h)=4,$$

$$f'_+(2)=\lim_{h\to 0^+}\frac{f(2+h)-f(2)}{h}$$

$$=\lim_{h\to 0^+}\frac{\left[\frac{1}{2}(2+h)+4\right]-5}{h}=\lim_{h\to 0^+}\frac{1}{2}=\frac{1}{2},$$

$f'_-(2)\neq f'_+(2)$，所以在点 $x=2$ 处 $f(x)$不可导.

习题 3.1

(A)

1. 填空题.

(1)设 $f(x)$在 $x=x_0$ 处可导，即 $f'(x_0)$存在，则

$\lim\limits_{\Delta x\to 0}\dfrac{f(x_0+\Delta x)-f(x_0)}{\Delta x}=$________;

$\lim\limits_{\Delta x\to 0}\dfrac{f(x_0-\Delta x)-f(x_0)}{\Delta x}=$________;

$\lim\limits_{\Delta x\to 0}\dfrac{f(x_0+\Delta x)-f(x_0-2\Delta x)}{\Delta x}=$________;

$\lim\limits_{\Delta x\to 0}\dfrac{f(x_0+\alpha\Delta x)-f(x_0+\beta\Delta x)}{\Delta x}=$________　($\alpha,\beta$ 为不为零的常数).

(2)设 $f(x)=x^2$,则 $f[f'(x)]=$________,$f'[f(x)]=$________.

2.给定函数 $f(x)=ax^2+bx+c$,其中 a,b,c 为常数,求:

(1)$f'(x)$;　(2)$f'(0)$;

(3)$f'\left(\dfrac{1}{2}\right)$;　(4)$f'\left(-\dfrac{b}{2a}\right)$.

3.求抛物线 $y=x^2+1$ 在点(1,2)处的切线方程和法线方程.

4.求下列函数的导数:

(1)$y=\sqrt[5]{x^2}$;　(2)$y=\dfrac{x\sqrt[3]{x^2}}{\sqrt{x^3}}$;　(3)$y=a^x e^{2x}$;

(4)$y=\lg x$;　(5)$y=\sqrt{x\sqrt{x\sqrt{x}}}$;　(6)$y=\dfrac{1}{\sqrt{x}}$.

5.设函数 $f(x)=\begin{cases}\sin x, & x<0,\\ x, & x\geqslant 0,\end{cases}$ 求 $f'(x)$.

6.已知 $f(x)=\begin{cases}-x, & x<0,\\ x^2, & x\geqslant 0,\end{cases}$ 求 $f'_-(0)$ 和 $f'_+(0)$,并回答 $f'(0)$是否存在.

7.函数 $f(x)=\begin{cases}x^3+1, & x<1,\\ 3x-1, & x\geqslant 1\end{cases}$ 在点 $x=1$ 处是否可导?为什么?

8.设 $f(x)=\sin x$,求 $f'(0)$和$[f(0)]'$.

9.证明$(\cos x)'=-\sin x$,并求$(\cos x)'\big|_{x=0}$.

(B)

1.根据导数的定义求下列函数的导数:

(1)$y=1-2x^2$;　(2)$y=\dfrac{1}{x^2}$;　(3)$y=\sqrt[3]{x^2}$.

2.在下列各题中均假定 $f'(x_0)$存在,按照导数的定义观察下列极限,分析并指出 A 表示什么?

(1)$\lim\limits_{x\to x_0}\dfrac{f(x)-f(x_0)}{x-x_0}=A$;

(2)$\lim\limits_{x\to 0}\dfrac{f(x)}{x}=A$,其中 $f(0)=0$ 且 $f'(0)$存在;

(3)$\lim\limits_{h\to 0}\dfrac{f(x_0+h)-f(x_0-h)}{h}=A$.

3. 证明:若 $f(x)$为偶函数且 $f'(0)$存在,则 $f'(0)=0$.

4. 设函数 $f(x)=\begin{cases}x^k\sin\dfrac{1}{x}, & x\neq 0,\\ 0, & x=0.\end{cases}$ 问 k 满足什么条件,$f(x)$在 $x=0$ 处:(1)连续;(2)可导;(3)导数连续.

5. 设函数 $f(x)=\begin{cases}x^2, & x\leqslant 1,\\ ax+b, & x>1,\end{cases}$ 为了使函数 $f(x)$在 $x=1$ 处连续且可导,a,b 应取什么值?

6. 证明:双曲线 $xy=a^2$ 上任一点处的切线与两坐标轴构成的三角形的面积都等于 $2a^2$.

7. 已知函数 $f(x)$在点 $x=1$ 处连续,且$\lim\limits_{x\to 1}\dfrac{f(x)}{x-1}=2$,求 $f'(1)$.

8. 已知函数 $f(x)=(x-a)g(x)$,其中 $g(x)$在 a 处连续,求 $f'(a)$.

9. 求过点(2,0)的一条直线,使它与曲线 $y=\dfrac{1}{x}$相切.

10. 已知作直线运动的物体的运动方程为 $s=10+t^3$,求该物体在 $t=2$ 时的瞬时速度.

11. 某种产品生产 x 单位时的总成本 C 为 x 的函数:$C=C(x)=5+3\sqrt{x}$,求生产 x_0 个单位时总成本的变化率.

12. 设函数 $f(x)$在点 $x=0$ 处连续,且$\lim\limits_{x\to 0}\dfrac{f(x)-1}{x}=-1$.

(1)求 $f(0)$.

(2)$f(x)$在点 $x=0$ 处是否可导?

13. 设 $f(x)=(x-n)\cdots(x-2)(x-1)x(x+1)(x+2)\cdots(x+n)$,求 $f'(0)$.

14. 讨论函数 $f(x)=\min\left\{x,\dfrac{1}{x}\right\}$在区间(0,2)内的可导性,并给出 $f'(x)$的表达式.

15. 证明:

(1)偶函数的导数是奇函数;

(2)奇函数的导数是偶函数.

3.2 函数的求导法则

在 3.1 节,我们不仅阐明了导数概念,也给出了根据定义求函数导数的方法,但是,如果对每一个函数都直接按定义去求其导数,那将是极为复杂和困难的.因此在本节中,我们将介绍求导数的几个基本法则以及3.1节未讨论过的几个基本初等函数的导数公式.借助于这些基本初等函数的导数公式和求导的基本法则,就能比较方便地求出常见的初等函数的导数.

3.2.1 函数的和、差、积、商的求导法则

定理3.2.1 如果函数 $u=u(x)$ 及 $v=v(x)$ 都在点 x 处可导,那么它们的和、差、积、商(除分母为零的点外)都在点 x 处可导,且

(1)
$$[u(x)\pm v(x)]'=u'(x)\pm v'(x), \tag{3.2.1}$$

(2)
$$[u(x)v(x)]'=u'(x)v(x)+u(x)v'(x), \tag{3.2.2}$$

(3)
$$\left[\frac{u(x)}{v(x)}\right]'=\frac{u'(x)v(x)-u(x)v'(x)}{v^2(x)}\quad (v(x)\neq 0). \tag{3.2.3}$$

证明 (1)
$$\begin{aligned}[u(x)\pm v(x)]'&=\lim_{h\to 0}\frac{[u(x+h)\pm v(x+h)]-[u(x)\pm v(x)]}{h}\\&=\lim_{h\to 0}\frac{u(x+h)-u(x)}{h}\pm\lim_{h\to 0}\frac{v(x+h)-v(x)}{h}\\&=u'(x)\pm v'(x),\end{aligned}$$

于是式(3.2.1)得证.式(3.2.1)可简单地表示为

$$(u\pm v)'=u'\pm v'.$$

(2)
$$\begin{aligned}[u(x)v(x)]'&=\lim_{h\to 0}\frac{u(x+h)v(x+h)-u(x)v(x)}{h}\\&=\lim_{h\to 0}\frac{[u(x+h)v(x+h)-u(x)v(x+h)]+[u(x)v(x+h)-u(x)v(x)]}{h}\\&=\lim_{h\to 0}\frac{u(x+h)v(x+h)-u(x)v(x+h)}{h}+\lim_{h\to 0}\frac{u(x)v(x+h)-u(x)v(x)}{h}\\&=\lim_{h\to 0}\frac{u(x+h)-u(x)}{h}v(x+h)+\lim_{h\to 0}u(x)\frac{v(x+h)-v(x)}{h}\\&=\lim_{h\to 0}\frac{u(x+h)-u(x)}{h}\lim_{h\to 0}v(x+h)+u(x)\lim_{h\to 0}\frac{v(x+h)-v(x)}{h}\\&=u'(x)v(x)+u(x)v'(x),\end{aligned}$$

于是式(3.2.2)得证,式(3.2.2)可简单地表示为

$$(uv)'=u'v+uv'.$$

(3)
$$\begin{aligned}\left[\frac{u(x)}{v(x)}\right]'&=\lim_{h\to 0}\frac{\dfrac{u(x+h)}{v(x+h)}-\dfrac{u(x)}{v(x)}}{h}\\&=\lim_{h\to 0}\frac{u(x+h)v(x)-u(x)v(x+h)}{v(x+h)v(x)h}\end{aligned}$$

$$=\lim_{h\to 0}\frac{[u(x+h)v(x)-u(x)v(x)]-[u(x)v(x+h)-u(x)v(x)]}{v(x+h)v(x)h}$$

$$=\lim_{h\to 0}\frac{\frac{u(x+h)-u(x)}{h}v(x)-u(x)\frac{v(x+h)-v(x)}{h}}{v(x+h)v(x)}$$

$$=\frac{u'(x)v(x)-u(x)v'(x)}{v^2(x)},$$

于是式(3.2.3)得证,式(3.2.3)可简单地表示为

$$\left(\frac{u}{v}\right)'=\frac{u'v-uv'}{v^2}\quad(v\neq 0).$$

定理3.2.1中的式(3.2.1)和式(3.2.2)可推广到有限个可导函数的情形:

$$\left(\sum_{i=1}^{n}u_i\right)'=\sum_{i=1}^{n}u'_i,\tag{3.2.4}$$

$$\left(\prod_{i=1}^{n}u_i\right)'=\sum_{i=1}^{n}u_1\cdots u_{i-1}u'_iu_{i+1}\cdots u_n.\tag{3.2.5}$$

例如:

$$(u+v+w)'=u'+v'+w',$$

$$(uvw)'=u'vw+uv'w+uvw'.$$

在式(3.2.2)中,当 $v(x)=C$(C 为常数)时,有

$$[Cu(x)]'=Cu'(x).\tag{3.2.6}$$

在式(3.2.3)中,当 $u(x)=C$(C 为常数)时,有

$$\left[\frac{C}{v(x)}\right]'=-C\frac{v'(x)}{v^2(x)}.\tag{3.2.7}$$

例1 已知 $y=2x^3-5x^2+3x-7$,求 y'.

解

$$\begin{aligned}y'&=(2x^3-5x^2+3x-7)'\\&=(2x^3)'-(5x^2)'+(3x)'-(7)'\\&=2(x^3)'-5(x^2)'+3(x)'-0\\&=2\cdot 3x^2-5\cdot 2x+3\\&=6x^2-10x+3.\end{aligned}$$

例2 $f(x)=e^x(\sin x+\cos x)$,求 $f'(x)$.

解

$$\begin{aligned}f'(x)&=[e^x(\sin x+\cos x)]'\\&=(e^x)(\sin x+\cos x)+e^x(\sin x+\cos x)'\\&=e^x(\sin x+\cos x)+e^x(\cos x-\sin x)\\&=2e^x\cos x.\end{aligned}$$

例3 $y=\tan x$,求 y'.

解

$$y'=(\tan x)'=\left(\frac{\sin x}{\cos x}\right)'=\frac{(\sin x)'\cos x-\sin x(\cos x)'}{\cos^2 x}$$

$$=\frac{\cos x\cos x-\sin x(-\sin x)}{\cos^2 x}=\frac{1}{\cos^2 x}=\sec^2 x.$$

即
$$(\tan x)'=\frac{1}{\cos^2 x}=\sec^2 x. \tag{3.2.8}$$

例 4 $y=\sec x$,求 y'.

解
$$y'=(\sec x)'=\left(\frac{1}{\cos x}\right)'=\frac{-(\cos x)'}{\cos^2 x}$$
$$=\frac{-(-\sin x)}{\cos^2 x}=\frac{\sin x}{\cos^2 x}=\sec x\tan x.$$

即
$$(\sec x)'=\sec x\tan x. \tag{3.2.9}$$

用类似的方法,可以得到
$$(\cot x)'=-\frac{1}{\sin^2 x}=-\csc^2 x. \tag{3.2.10}$$
$$(\csc x)'=-\csc x\cot x. \tag{3.2.11}$$

3.2.2 反函数的求导法则

定理 3.2.2 如果函数 $x=f(y)$ 在区间 I_y 内单调、可导且 $f'(y)\neq 0$,则它的反函数 $y=f^{-1}(x)$ 在区间 $I_x=\{x\,|\,x=f(y),y\in I_y\}$ 内也可导,且
$$[f^{-1}(x)]'=\frac{1}{f'(y)} \quad 或 \quad \frac{\mathrm{d}y}{\mathrm{d}x}=\frac{1}{\frac{\mathrm{d}x}{\mathrm{d}y}} \tag{3.2.12}$$

证明 由于 $x=f(y)$ 在 I_y 内单调、可导(从而连续),所以 $x=f(y)$ 的反函数 $y=f^{-1}(x)$ 存在,且 $f^{-1}(x)$ 在 I_x 内也单调、连续.任取 $x\in I_x$,给 x 以增量 $\Delta x(\Delta x\neq 0,x+\Delta x\in I_x)$,由 $y=f^{-1}(x)$ 的单调性可知
$$\Delta y=f^{-1}(x+\Delta x)-f^{-1}(x)\neq 0,$$
于是有
$$\frac{\Delta y}{\Delta x}=\frac{1}{\frac{\Delta x}{\Delta y}}.$$
因为 $y=f^{-1}(x)$ 连续,故
$$\lim_{\Delta x\to 0}\Delta y=0,$$
从而
$$[f^{-1}(x)]'=\lim_{\Delta x\to 0}\frac{\Delta y}{\Delta x}=\lim_{\Delta y\to 0}\frac{1}{\frac{\Delta x}{\Delta y}}=\frac{1}{f'(y)}.$$

上述结论可以简单地说成:反函数的导数等于直接函数导数的倒数.

下面用上述结论来求反三角函数的导数.

例 5 求函数 $y=\arcsin x(-1<x<1)$ 的导数 y'.

解 由 $y=\arcsin x(-1<x<1)$ 得 $x=\sin y\left(y\in\left(-\frac{\pi}{2},\frac{\pi}{2}\right)\right)$. 函数 $x=\sin y$ 在开区间 $\left(-\frac{\pi}{2},\frac{\pi}{2}\right)$ 内单调、可导，且 $(\sin y)'=\cos y>0$. 因此，由反函数的求导法则，在对应区间 $I_x=(-1,1)$ 内有

$$y'=(\arcsin x)'=\frac{1}{\frac{\mathrm{d}(\sin y)}{\mathrm{d}y}}=\frac{1}{\cos y}=\frac{1}{\sqrt{1-\sin^2 y}}=\frac{1}{\sqrt{1-x^2}},$$

即
$$(\arcsin x)'=\frac{1}{\sqrt{1-x^2}}. \tag{3.2.13}$$

类似地有
$$(\arccos x)'=-\frac{1}{\sqrt{1-x^2}}. \tag{3.2.14}$$

例 6 求函数 $y=\arctan x$ 的导数.

解 由 $y=\arctan x$ 得 $x=\tan y\left(-\frac{\pi}{2}<y<\frac{\pi}{2}\right)$. 函数 $x=\tan y$ 在开区间 $\left(-\frac{\pi}{2},\frac{\pi}{2}\right)$ 内单调、可导，且 $(\tan y)'=\sec^2 y$. 因此，由反函数的求导法则，在对应区间 $(-\infty,+\infty)$ 内有

$$y'=(\arctan x)'=\frac{1}{\frac{\mathrm{d}(\tan y)}{\mathrm{d}y}}=\frac{1}{\sec^2 y}=\frac{1}{1+\tan^2 y}=\frac{1}{1+x^2}.$$

所以
$$(\arctan x)'=\frac{1}{1+x^2}. \tag{3.2.15}$$

类似地有
$$(\operatorname{arccot} x)'=-\frac{1}{1+x^2}. \tag{3.2.16}$$

3.2.3 复合函数的求导法则——锁链法则

定理 3.2.3 如果 $u=g(x)$ 在点 x 处可导，函数 $y=f(u)$ 在点 $u=g(x)$ 处可导，则复合函数 $y=f(g(x))$ 在点 x 处可导，且其导数为

$$\frac{\mathrm{d}y}{\mathrm{d}x}=f'(u)\cdot g'(x) \quad 或 \quad \frac{\mathrm{d}y}{\mathrm{d}x}=\frac{\mathrm{d}y}{\mathrm{d}u}\cdot\frac{\mathrm{d}u}{\mathrm{d}x}. \tag{3.2.17}$$

证明 当 $u=g(x)$ 在点 x 的某邻域内为常数时，$y=f(g(x))$ 也是常数，此时导数为零，结论自然成立.

当 $u=g(x)$ 在点 x 的某邻域内不等于常数，即 $\Delta u\neq 0$ 时，此时有

$$\frac{\Delta y}{\Delta x}=\frac{f(g(x+\Delta x))-f(g(x))}{\Delta x}$$

$$=\frac{f(g(x+\Delta x))-f(g(x))}{g(x+\Delta x)-g(x)}\cdot\frac{g(x+\Delta x)-g(x)}{\Delta x}$$

$$=\frac{f(u+\Delta u)-f(u)}{\Delta u}\cdot\frac{g(x+\Delta x)-g(x)}{\Delta x},$$

$$\frac{\mathrm{d}y}{\mathrm{d}x}=\lim_{\Delta x\to 0}\frac{\Delta y}{\Delta x}=\lim_{\Delta u\to 0}\frac{f(u+\Delta u)-f(u)}{\Delta u}\cdot\lim_{\Delta x\to 0}\frac{g(x+\Delta x)-g(x)}{\Delta x}$$

$$=f'(u)\cdot g'(x).$$

例 7 求函数 $y=(1+2x)^{30}$ 的导数.

解 函数 $y=(1+2x)^{30}$ 视为由 $y=u^{30}$ 与 $u=1+2x$ 复合而成,因为

$$\frac{\mathrm{d}y}{\mathrm{d}u}=30u^{29},\quad \frac{\mathrm{d}u}{\mathrm{d}x}=2,$$

所以由式(3.2.17)得

$$y'=\frac{\mathrm{d}y}{\mathrm{d}u}\cdot\frac{\mathrm{d}u}{\mathrm{d}x}=30u^{29}\cdot 2=60(1+2x)^{29}.$$

例 8 求函数 $y=\ln\sin x$ 的导数.

解 因为函数 $y=\ln\sin x$ 由 $y=\ln u$ 与 $u=\sin x$ 复合而成,所以有

$$\frac{\mathrm{d}y}{\mathrm{d}x}=\frac{\mathrm{d}y}{\mathrm{d}u}\cdot\frac{\mathrm{d}u}{\mathrm{d}x}=\frac{1}{u}\cdot\cos x=\frac{1}{\sin x}\cos x=\cot x.$$

例 9 设 $y=\cos nx$,求 y'.

解 因为函数 $y=\cos nx$ 由 $y=\cos u$ 与 $u=nx$ 复合而成,所以有

$$y'=\frac{\mathrm{d}y}{\mathrm{d}x}=\frac{\mathrm{d}y}{\mathrm{d}u}\cdot\frac{\mathrm{d}u}{\mathrm{d}x}=-\sin u\cdot n=-n\sin nx.$$

注 (1)如果所给函数能分解成比较简单的函数,而这些简单函数的导数我们已经会求,那么应用复合函数求导法则就可以求出所给函数的导数了.

(2)复合函数的求导法则可以推广到多个中间变量的情形. 设 $y=f(u)$,$u=\varphi(v)$,$v=\psi(x)$,则复合函数 $y=f(\varphi(\psi(x)))$的导数为

$$\frac{\mathrm{d}y}{\mathrm{d}x}=\frac{\mathrm{d}y}{\mathrm{d}u}\cdot\frac{\mathrm{d}u}{\mathrm{d}v}\cdot\frac{\mathrm{d}v}{\mathrm{d}x}.$$

(3)使用锁链法则时,要从外向内逐层求导,不能遗漏,也不能重复.

(4)对每一层函数求导时,要特别注意它是对哪一个变量求导,然后这个变量作为函数对下一个变量求导,直到对最终自变量求导为止.

对复合函数的分解比较熟练后,计算时就不必再写出中间变量.

例 10 求函数 $y=\left(\frac{x}{1+2x}\right)^n$ 的导数.

解
$$y'=n\left(\frac{x}{1+2x}\right)^{n-1}\left(\frac{x}{1+2x}\right)'=n\left(\frac{x}{1+2x}\right)^{n-1}\frac{1+2x-x\cdot 2}{(1+2x)^2}$$

$$=n\left(\frac{x}{1+2x}\right)^{n-1}\frac{1}{(1+2x)^2}=\frac{nx^{n-1}}{(1+2x)^{n+1}}.$$

例 11 $y=\sqrt[3]{1-2x^2}$,求$\frac{\mathrm{d}y}{\mathrm{d}x}$.

解 $\frac{\mathrm{d}y}{\mathrm{d}x}=[(1-2x^2)^{\frac{1}{3}}]'=\frac{1}{3}(1-2x^2)^{-\frac{2}{3}}\cdot(1-2x^2)'=\frac{-4x}{3\sqrt[3]{(1-2x^2)^2}}$.

例 12 $y=\ln(x+\sqrt{a^2+x^2})$,求$\frac{\mathrm{d}y}{\mathrm{d}x}$.

解 $\frac{\mathrm{d}y}{\mathrm{d}x}=\frac{1}{x+\sqrt{a^2+x^2}}\left(1+\frac{(a^2+x^2)'}{2\sqrt{a^2+x^2}}\right)=\frac{1}{x+\sqrt{a^2+x^2}}\left(1+\frac{2x}{2\sqrt{a^2+x^2}}\right)$

$$=\frac{1}{x+\sqrt{a^2+x^2}}\left(\frac{\sqrt{a^2+x^2}+x}{\sqrt{a^2+x^2}}\right)=\frac{1}{\sqrt{a^2+x^2}}.$$

例 13 $y=\ln\cos(\mathrm{e}^x)$,求$\frac{\mathrm{d}y}{\mathrm{d}x}$.

解
$$\frac{\mathrm{d}y}{\mathrm{d}x}=[\ln\cos(\mathrm{e}^x)]'=\frac{1}{\cos(\mathrm{e}^x)}\cdot[\cos(\mathrm{e}^x)]'$$
$$=\frac{1}{\cos(\mathrm{e}^x)}\cdot[-\sin(\mathrm{e}^x)]\cdot(\mathrm{e}^x)'=-\mathrm{e}^x\tan(\mathrm{e}^x).$$

例 14 $y=\mathrm{e}^{\sin\frac{1}{x}}$,求$\frac{\mathrm{d}y}{\mathrm{d}x}$.

解 $\frac{\mathrm{d}y}{\mathrm{d}x}=(\mathrm{e}^{\sin\frac{1}{x}})'=\mathrm{e}^{\sin\frac{1}{x}}\cdot\left(\sin\frac{1}{x}\right)'=\mathrm{e}^{\sin\frac{1}{x}}\cdot\cos\frac{1}{x}\cdot\left(\frac{1}{x}\right)'=-\frac{1}{x^2}\cdot\mathrm{e}^{\sin\frac{1}{x}}\cos\frac{1}{x}$.

例 15 设 $x>0$,用复合函数求导法则证明幂函数的导数公式:$(x^\mu)'=\mu x^{\mu-1}$.

证明 $(x^\mu)'=(\mathrm{e}^{\mu\ln x})'=\mathrm{e}^{\mu\ln x}(\mu\ln x)'=x^\mu\frac{\mu}{x}=\mu x^{\mu-1}$.

3.2.4 基本求导法则与导数公式

1. 基本初等函数的导数

(1) $(C)'=0$;

(2) $(x^\mu)'=\mu x^{\mu-1}$;

(3) $(\sin x)'=\cos x$;

(4) $(\cos x)'=-\sin x$;

(5) $(\tan x)'=\sec^2 x$;

(6) $(\cot x)'=-\csc^2 x$;

(7) $(\sec x)'=\sec x\tan x$;

(8) $(\csc x)'=-\csc x\cot x$;

(9) $(a^x)'=a^x\ln a\quad(a>0,a\neq1)$;

(10) $(\mathrm{e}^x)'=\mathrm{e}^x$;

(11) $(\log_a x)'=\frac{1}{x\ln a}\quad(a>0,a\neq1)$;

(12) $(\ln x)'=\frac{1}{x}$;

(13) $(\arcsin x)'=\frac{1}{\sqrt{1-x^2}}$;

(14) $(\arccos x)'=-\frac{1}{\sqrt{1-x^2}}$;

(15) $(\arctan x)'=\frac{1}{1+x^2}$;

(16) $(\mathrm{arccot}\, x)'=-\frac{1}{1+x^2}$.

2. 函数的和、差、积、商的求导法则

设 $u=u(x)$，$v=v(x)$都可导，则

(1) $(u\pm v)'=u'\pm v'$；

(2) $(Cu)'=Cu'$（C 为常数）；

(3) $(uv)'=u'v+uv'$；

(4) $\left(\dfrac{u}{v}\right)'=\dfrac{u'v-uv'}{v^2}$.

3. 反函数的求导法则

设 $x=f(y)$在区间 I_y 内单调、可导且 $f'(y)\neq 0$，则它的反函数 $y=f^{-1}(x)$在 $I_x=f(I_y)$内也可导，并且

$$[f^{-1}(x)]'=\frac{1}{f'(y)} \quad 或 \quad \frac{dy}{dx}=\frac{1}{\frac{dx}{dy}}.$$

4. 复合函数的求导法则

设 $y=f(u)$，$u=g(x)$，且 $f(u)$及 $g(x)$都可导，则复合函数 $y=f(g(x))$的导数为

$$\frac{dy}{dx}=\frac{dy}{du}\cdot\frac{du}{dx} \quad 或 \quad y'(x)=f'(u)\cdot g'(x).$$

习题 3.2

(A)

1. 求下列函数的导数：

(1) $f(x)=x^{100}-5x+2$；

(2) $g(t)=(t^2+1)(2t-2)$；

(3) $F(y)=y^2+\dfrac{1}{y^2}$；

(4) $y=5x^2+2^x-3e^x+\sin 1$；

(5) $y=x^5\sin x$；

(6) $y=\tan x\sec x$；

(7) $f(x)=e^x\cos x$；

(8) $y=x\ln x$；

(9) $y=\dfrac{e^x}{x^2}+\ln 5$；

(10) $y=\dfrac{x-1}{x+1}$；

(11) $y=\dfrac{\tan x}{x}$；

(12) $f(x)=\dfrac{x}{\sin x+\cos x}$；

(13) $y=x\sin x\cos x$；

(14) $y=e^{-x}(\sin x+\cos x)$；

(15) $y=\dfrac{10^x-1}{10^x+1}$；

(16) $y=\dfrac{xe^x}{\ln x}$.

2. 求下列函数的导数：

(1) $y=(1+x^2)\arctan x$；

(2) $y=\dfrac{\arcsin x}{x}$；

(3) $y=x\sin x\arccos x$；　　(4) $y=x\operatorname{arccot}x$.

3. 求下列函数的导数：

(1) $y=\sin^2x\sin(x^2)$；　　(2) $y=\sqrt{x+\sqrt{x+\sqrt{x}}}$；

(3) $y=\left(\arcsin\dfrac{1-2x}{3}\right)^3$；　　(4) $y=\ln\sin\dfrac{1}{x}$；

(5) $y=\arctan\dfrac{1}{x}$；　　(6) $y=\ln(\sec x+\tan x)$；

(7) $y=\mathrm{e}^{-x^2}\sin 3x$；　　(8) $y=\ln[\ln(\ln x)]$；

(9) $y=\mathrm{e}^{-\frac{1+x}{1-x}}$；　　(10) $y=\ln\left(x+\sqrt{x^2-a^2}\right)$；

(11) $y=(\ln x^2)^3$；　　(12) $y=\dfrac{1}{\cos^n x}$；

(13) $y=\mathrm{e}^{\arctan\sqrt{x}}$；　　(14) $y=\sqrt{1+\ln^2x}$；

(15) $y=\sec^2\dfrac{x}{2}$；　　(16) $y=\mathrm{e}^{-2x}(x^2-x+1)$.

(B)

1. 证明公式：$(\cot x)'=-\csc^2x$，$(\csc x)'=-\csc x\cot x$.

2. 证明下列式子：

(1) $(\arccos x)'=-\dfrac{1}{\sqrt{1-x^2}}$；　　(2) $(\operatorname{arccot}x)'=-\dfrac{1}{1+x^2}$.

3. 设 $y=f(x)$ 的反函数为 $x=g(y)$，且 $f(4)=5$ 和 $f'(4)=\dfrac{2}{3}$，求 $g'(5)$.

4. 已知 $x=g(y)$ 是 $y=f(x)$ 的反函数，求 $g'(a)$：

(1) $f(x)=x^3+x+1, a=1$；　　(2) $f(x)=x^5-x^3+2x, a=2$；

(3) $f(x)=2x+\ln x, a=2$；　　(4) $f(x)=\mathrm{e}^x+\ln x, a=\mathrm{e}$.

5. 设对任意 x 都有 $f(-x)=-f(x)$，$f'(-x_0)=-k\neq 0$，则 $f'(x_0)=($　　$)$.

A. k　　B. $-k$　　C. $\dfrac{1}{k}$　　D. $-\dfrac{1}{k}$

6. 设函数 $f(x)$ 和 $g(x)$ 都可导，且 $f^2(x)+g^2(x)\neq 0$，求函数 $\sqrt{f^2(x)+g^2(x)}$ 的导数.

7. 设 $f(x)$ 为可导函数，求下列函数的导数：

(1) $y=f(x^3)$；　　(2) $y=f(\sqrt{x})$；

(3) $y=f(\sin^2x)+f(\cos^2x)$；　　(4) $y=f\left(\arcsin\dfrac{1}{x}\right)$；

(5) $y=e^{f(x)+\frac{1}{f(x)}}$；　　(6) $y=\sqrt{f(x^2)}$；

(7) $y=f\{f[f(x)]\}$；　　(8) $y=f(e^x)e^{f(x)}$.

8. 已知 $f\left(\frac{1}{x}\right)=\frac{x}{1+x}$，求 $f'(x)$ 和 $f'\left(\frac{1}{x}\right)$.

9. 设 $f(1-x)=xe^{-x}$，求 $f'(x)$ 和 $f'(1-x)$.

10. 设 $x>0$ 时，可导函数 $f(x)$ 满足 $f(x)+2f\left(\frac{1}{x}\right)=\frac{3}{x}$，求 $f'(x)(x>0)$.

11. 已知 $G(x)=a^{f^2(x)}$，且 $f'(x)=\frac{1}{f(x)\ln a}$，证明 $G'(x)=2G(x)$.

3.3 高阶导数

3.3.1 高阶导数的概念与求法

在3.1节中我们知道，变速直线运动的速度 $v(t)$ 是位置函数 $s(t)$ 对时间 t 的导数，即

$$v=\frac{ds}{dt} \quad 或 \quad v=s'(t),$$

而加速度 a 又是速度 v 对时间 t 的变化率，即速度 v 对时间 t 的导数：

$$a=\frac{dv}{dt}=\frac{d}{dt}\left(\frac{ds}{dt}\right) \quad 或 \quad a=(s')'.$$

这种导数 $\frac{d}{dt}\left(\frac{ds}{dt}\right)$ 或 $(s')'$ 叫做 s 对 t 的二阶导数，记作

$$\frac{d^2s}{dt^2} \quad 或 \quad s''.$$

所以，直线运动的加速度是位置函数 s 对时间 t 的二阶导数.

一般地，函数 $y=f(x)$ 的导数 $y'=f'(x)$ 仍然是 x 的函数. 我们把 $y'=f'(x)$ 的导数叫做函数 $y=f(x)$ 的二阶导数，记作 y''，$f''(x)$ 或 $\frac{d^2y}{dx^2}$，即

$$y''=(y')', \quad f''(x)=[f'(x)]', \quad \frac{d^2y}{dx^2}=\frac{d}{dx}\left(\frac{dy}{dx}\right).$$

相应地，把 $y=f(x)$ 的导数 $f'(x)$ 叫做函数 $y=f(x)$ 的一阶导数.

类似地，二阶导数的导数叫做三阶导数，三阶导数的导数叫做四阶导数……一般地，$(n-1)$ 阶导数的导数叫做 n 阶导数，分别记作

$$y''', y^{(4)}, \cdots, y^{(n)} \quad 或 \quad \frac{d^3y}{dx^3}, \frac{d^4y}{dx^4}, \cdots, \frac{d^ny}{dx^n}.$$

函数 $f(x)$ 具有 n 阶导数,也常说成函数 $f(x)$ 为 n 阶可导. 如果函数 $f(x)$ 在点 x 处具有 n 阶导数,那么函数 $f(x)$ 在点 x 的某一邻域内必定具有一切低于 n 阶的导数. 二阶及二阶以上的导数统称为**高阶导数**.

y' 称为一阶导数,y'',y''',$y^{(4)}$,…,$y^{(n)}$ 都称为**高阶导数**.

例 1 $y=ax+b$,求 y''.

解 $y'=a$,$y''=0$.

例 2 $s=\sin\omega t$,求 s''.

解 $s'=\omega\cos\omega t$,$s''=-\omega^2\sin\omega t$.

例 3 证明:函数 $y=\sqrt{2x-x^2}$ 满足关系式 $y^3y''+1=0$.

证明 因为

$$y'=\frac{2-2x}{2\sqrt{2x-x^2}}=\frac{1-x}{\sqrt{2x-x^2}},$$

$$\begin{aligned}y''&=\frac{-\sqrt{2x-x^2}-(1-x)\dfrac{2-2x}{2\sqrt{2x-x^2}}}{2x-x^2}\\&=\frac{-2x+x^2-(1-x)^2}{(2x-x^2)\sqrt{2x-x^2}}\\&=-\frac{1}{(2x-x^2)^{\frac{3}{2}}}=-\frac{1}{y^3},\end{aligned}$$

所以 $y^3y''+1=0$.

例 4 求函数 $y=\mathrm{e}^x$ 的 n 阶导数.

解 $y'=\mathrm{e}^x$,$y''=\mathrm{e}^x$,$y'''=\mathrm{e}^x$,$y^{(4)}=\mathrm{e}^x$,一般地,可得 $y^{(n)}=\mathrm{e}^x$,即

$$(\mathrm{e}^x)^{(n)}=\mathrm{e}^x. \tag{3.3.1}$$

例 5 求正弦函数与余弦函数的 n 阶导数.

解 $y=\sin x$,

$$y'=\cos x=\sin\left(x+\frac{\pi}{2}\right),$$

$$y''=\cos\left(x+\frac{\pi}{2}\right)=\sin\left(x+\frac{\pi}{2}+\frac{\pi}{2}\right)=\sin\left(x+2\cdot\frac{\pi}{2}\right),$$

$$y'''=\cos\left(x+2\cdot\frac{\pi}{2}\right)=\sin\left(x+2\cdot\frac{\pi}{2}+\frac{\pi}{2}\right)=\sin\left(x+3\cdot\frac{\pi}{2}\right),$$

$$y^{(4)}=\cos\left(x+3\cdot\frac{\pi}{2}\right)=\sin\left(x+4\cdot\frac{\pi}{2}\right),$$

一般地,可得

$$y^{(n)}=\sin\left(x+n\cdot\frac{\pi}{2}\right),$$

即
$$(\sin x)^{(n)}=\sin\left(x+n\cdot\frac{\pi}{2}\right).\tag{3.3.2}$$

用类似方法,可得
$$(\cos x)^{(n)}=\cos\left(x+n\cdot\frac{\pi}{2}\right).\tag{3.3.3}$$

例 6　求对数函数 $y=\ln(1+x)$的 n 阶导数.

解
$$y'=(1+x)^{-1},$$
$$y''=-(1+x)^{-2},y'''=(-1)(-2)(1+x)^{-3},$$
$$y^{(4)}=(-1)(-2)(-3)(1+x)^{-4},$$

一般地,可得
$$y^{(n)}=(-1)(-2)\cdots(-n+1)(1+x)^{-n}=(-1)^{n-1}\frac{(n-1)!}{(1+x)^{n}},$$

即
$$[\ln(1+x)]^{(n)}=(-1)^{n-1}\frac{(n-1)!}{(1+x)^{n}}.\tag{3.3.4}$$

例 7　求幂函数 $y=x^{\mu}$(μ 是任意常数)的 n 阶导数公式.

解
$$y'=\mu x^{\mu-1},$$
$$y''=\mu(\mu-1)x^{\mu-2},$$
$$y'''=\mu(\mu-1)(\mu-2)x^{\mu-3},$$
$$y^{(4)}=\mu(\mu-1)(\mu-2)(\mu-3)x^{\mu-4},$$

一般地,可得
$$y^{(n)}=\mu(\mu-1)(\mu-2)\cdots(\mu-n+1)x^{\mu-n},$$

即
$$(x^{\mu})^{(n)}=\mu(\mu-1)(\mu-2)\cdots(\mu-n+1)x^{\mu-n}.\tag{3.3.5}$$

当 $\mu=n$ 时,得到
$$(x^{n})^{(n)}=n(n-1)(n-2)\cdots3\cdot2\cdot1=n!,$$

而
$$(x^{n})^{(n+1)}=0.$$

3.3.2　函数的和、差、积的高阶导数

如果函数 $u=u(x)$及 $v=v(x)$都在点 x 处具有 n 阶导数,那么显然函数 $u(x)\pm v(x)$也在点 x 处具有 n 阶导数,且
$$(u\pm v)^{(n)}=u^{(n)}\pm v^{(n)}.\tag{3.3.6}$$

由$(uv)'=u'v+uv'$可得
$$(uv)''=u''v+2u'v'+uv'',$$
$$(uv)'''=u'''v+3u''v'+3u'v''+uv''',$$

用数学归纳法可以证明

$$(uv)^{(n)} = \sum_{k=0}^{n} C_n^k u^{(n-k)} v^{(k)}, \tag{3.3.7}$$

这一公式称为**莱布尼茨公式**.

例 8 $y=x^2\mathrm{e}^{2x}$,求 $y^{(20)}$.

解 设 $u=\mathrm{e}^{2x}$,$v=x^2$,则 $(u)^{(k)}=2^k\mathrm{e}^{2x}(k=1,2,\cdots,20)$,$v'=2x$,$v''=2$,$(v)^{(k)}=0(k=3,4,\cdots,20)$,将其代入莱布尼茨公式,得

$$\begin{aligned} y^{(20)}=(uv)^{(20)} &= u^{(20)}\cdot v+C_{20}^1u^{(19)}\cdot v'+C_{20}^2u^{(18)}\cdot v'' \\ &= 2^{20}\mathrm{e}^{2x}\cdot x^2+20\times 2^{19}\mathrm{e}^{2x}\cdot 2x+\frac{20\times 19}{2!}2^{18}\mathrm{e}^{2x}\cdot 2 \\ &= 2^{20}\mathrm{e}^{2x}(x^2+20x+95). \end{aligned}$$

习题 3.3

(A)

1. 求下列函数的二阶导数:

(1) $y=2x^2+\ln x$;　　(2) $y=(1+x^2)\arctan x$;

(3) $y=x\cos x$;　　(4) $y=\ln\sqrt{1-x^2}$;

(5) $y=\sqrt{a^2-x^2}$;　　(6) $y=\dfrac{\ln x}{x^2}$;

(7) $y=\tan x$;　　(8) $y=\cos^2 x\ln x$;

(9) $y=x\mathrm{e}^{x^2}$;　　(10) $y=\dfrac{1}{x^2+1}$;

(11) $y=\mathrm{e}^{-x}\sin x$;　　(12) $y=\ln(x+\sqrt{a^2+x^2})$.

2. 求下列函数的导数值:

(1) $f(x)=(x^3+10)^2$,求 $f''(0)$;　　(2) $f(x)=(x+10)^6$,求 $f''(2)$;

(3) $f(x)=x\mathrm{e}^{x^2}$,求 $f''(1)$;　　(4) $f(x)=\dfrac{\mathrm{e}^x}{x}$,求 $f''(2)$.

3. 设 $f''(x)$ 存在,求下列函数 y 的二阶导数 $\dfrac{\mathrm{d}^2y}{\mathrm{d}x^2}$.

(1) $y=f(x^2)$;　　(2) $y=\ln[f(x)]$;

(3) $y=f\left(\dfrac{1}{x}\right)$;　　(4) $y=\mathrm{e}^{-f(x)}$.

4. 已知物体的运动规律为 $s=A\sin\omega t$(A,ω 是常数),求物体运动的加速度,并验证:$\dfrac{\mathrm{d}^2s}{\mathrm{d}t^2}+\omega^2s=0$.

5. 验证函数 $y=C_1\mathrm{e}^{\lambda x}+C_2\mathrm{e}^{-\lambda x}$($\lambda,C_1,C_2$ 是常数)满足关系式:$y''-\lambda^2y=0$.

6. 验证函数 $y=\mathrm{e}^x\sin x$ 满足关系式:$y''-2y'+2y=0$.

(B)

1. 求下列函数的 n 阶导数的一般表达式：

(1) $y=x^n+a_1x^{n-1}+a_2x^{n-2}+\cdots+a_{n-1}x+a_n$（$a_1,a_2\cdots,a_n$ 都是常数）；

(2) $y=\sin^2 x$；　(3) $y=x\ln x$；　(4) $y=xe^x$；

(5) $y=\dfrac{1}{ax+b}$；　(6) $y=\dfrac{1}{x^2-x-6}$.

2. 试从 $\dfrac{dx}{dy}=\dfrac{1}{y'}$ 导出：

(1) $\dfrac{d^2x}{dy^2}=-\dfrac{y''}{(y')^3}$；　(2) $\dfrac{d^3x}{dy^3}=\dfrac{3(y'')^2-y'y'''}{(y')^5}$.

3. 求下列函数所指定的阶的导数：

(1) $y=e^x\cos x$，求 $y^{(4)}$；　(2) $y=x\sin x$，求 $y^{(100)}$；　(3) $y=x^2\sin 2x$，求 $y^{(50)}$.

4. 求一个二次多项式 P 使得 $P(2)=5,P'(2)=3,P''(2)=2$.

5. 若 $y=f(u),u=g(x)$，其中 $f(u),g(x)$ 均二阶可导，证明

$$\frac{d^2y}{dx^2}=\frac{d^2y}{du^2}\left(\frac{du}{dx}\right)^2+\frac{dy}{du}\frac{d^2u}{dx^2}.$$

6. 设函数 $f(x)=x(x+1)(x+2)\cdots(x+n)$，求 $f^{(n)}(x),f^{(n+1)}(x)$.

7. 设 $F(x)=f(-x)$，且 $f(x)$ 具有 n 阶导数，求 $F^{(n)}(x)$.

3.4　隐函数及由参数方程所确定的函数的导数

3.4.1　隐函数的导数

称形如 $y=f(x)$ 的函数为**显函数**，例如 $y=\sin x,y=\ln x+e^x$. 由方程 $F(x,y)=0$ 所确定的函数称为隐函数，例如由方程 $x+y^3-1=0$ 所确定的隐函数为 $y=\sqrt[3]{1-x}$.

如果在方程 $F(x,y)=0$ 中，当 x 取某区间内的任一值时，相应地总有满足这方程的 y 值存在，那么就说方程 $F(x,y)=0$ 在该区间内确定了一个**隐函数**.

把一个隐函数化成显函数，叫做隐函数的显化. 例如从方程 $x+y^3-1=0$ 解出 $y=\sqrt[3]{1-x}$，就把隐函数化成了显函数. 但是隐函数的显化有时是有困难的，甚至是不可能的. 但在实际问题中，有时需要计算隐函数的导数，因此，我们希望有一种方法，不管隐函数能否显化，都能直接由方程算出它所确定的隐函数的导数. 下面通过具体的例子来说明这种方法.

例 1　求由方程 $x^2+y^2=a^2(a>0)$ 所确定的隐函数 $y=y(x)$ 的导数 $\dfrac{dy}{dx}$.

解 方程两边分别对 x 求导(注意 y 是 x 的函数),得

$$(x^2)'+(y^2)'=(a^2)',$$

即

$$2x+2y\frac{\mathrm{d}y}{\mathrm{d}x}=0,$$

从上式中解出$\frac{\mathrm{d}y}{\mathrm{d}x}$得

$$\frac{\mathrm{d}y}{\mathrm{d}x}=-\frac{x}{y}\quad (y\neq 0).$$

例 2 求由方程 $\mathrm{e}^y+xy-\mathrm{e}=0$ 所确定的隐函数 y 的导数.

解 方程两边的每一项对 x 求导数,得

$$(\mathrm{e}^y)'+(xy)'-(\mathrm{e})'=(0)',$$

即

$$\mathrm{e}^y\cdot y'+y+xy'=0,$$

从而

$$y'=-\frac{y}{x+\mathrm{e}^y}\quad (x+\mathrm{e}^y\neq 0).$$

例 3 求由方程 $y^5+2y-x-3x^7=0$ 所确定的隐函数 $y=f(x)$ 在 $x=0$ 处的导数 $y'|_{x=0}$.

解 方程两边分别对 x 求导数,得

$$5y^4y'+2y'-1-21x^6=0,$$

由此得

$$y'=\frac{1+21x^6}{5y^4+2}.$$

因为当 $x=0$ 时,从原方程得 $y=0$,所以

$$y'|_{x=0}=\frac{1+21x^6}{5y^4+2}\Big|_{x=0}=\frac{1}{2}.$$

例 4 求椭圆$\frac{x^2}{16}+\frac{y^2}{9}=1$ 在$\left(2,\frac{3}{2}\sqrt{3}\right)$处的切线方程.

解法一 椭圆方程的两边分别对 x 求导,得

$$\frac{x}{8}+\frac{2}{9}y\cdot y'=0,$$

从而

$$y'=-\frac{9x}{16y}.$$

当 $x=2$ 时,$y=\frac{3}{2}\sqrt{3}$,将其代入上式得所求切线的斜率

$$k=y'|_{x=2}=-\frac{\sqrt{3}}{4}.$$

故所求的切线方程为

$$y-\frac{3}{2}\sqrt{3}=-\frac{\sqrt{3}}{4}(x-2),$$

即 $$\sqrt{3}x+4y-8\sqrt{3}=0.$$

解法二　把椭圆方程的两边分别对 x 求导，得

$$\frac{x}{8}+\frac{2}{9}y\cdot y'=0.$$

将 $x=2, y=\frac{3}{2}\sqrt{3}$ 代入上式得

$$\frac{1}{4}+\frac{1}{\sqrt{3}}\cdot y'=0,$$

于是 $k=y'|_{x=2}=-\frac{\sqrt{3}}{4}$. 所求的切线方程为

$$y-\frac{3}{2}\sqrt{3}=-\frac{\sqrt{3}}{4}(x-2),$$

即 $$\sqrt{3}x+4y-8\sqrt{3}=0.$$

例 5　求由方程 $x-y+\frac{1}{2}\sin y=0$ 所确定的隐函数 y 的二阶导数 $\frac{\mathrm{d}^2y}{\mathrm{d}x^2}$.

解　方程两边对 x 求导，得

$$1-\frac{\mathrm{d}y}{\mathrm{d}x}+\frac{1}{2}\cos y\cdot\frac{\mathrm{d}y}{\mathrm{d}x}=0,$$

于是 $$\frac{\mathrm{d}y}{\mathrm{d}x}=\frac{2}{2-\cos y}.$$

上式两边再对 x 求导，得

$$\frac{\mathrm{d}^2y}{\mathrm{d}x^2}=\frac{-2\sin y\cdot\frac{\mathrm{d}y}{\mathrm{d}x}}{(2-\cos y)^2}=\frac{-4\sin y}{(2-\cos y)^3}.$$

3.4.2　对数求导法

对数求导法就是先在 $y=f(x)$ 的两边取对数，然后再用隐函数求导的方法求出 y 的导数. 在某些场合，利用这种方法求导数比用通常的方法要简便些. 对数求导法适用于求幂指函数 $y=[u(x)]^{v(x)}$ 的导数及多因子之积与商的导数.

例 6　求 $y=x^{\sin x}(x>0)$ 的导数.

解法一　两边取对数，得

$$\ln y=\sin x\cdot\ln x,$$

上式两边对 x 求导，得

$$\frac{1}{y}y'=\cos x\cdot\ln x+\sin x\cdot\frac{1}{x},$$

于是 $$y'=y\left(\cos x\cdot\ln x+\sin x\cdot\frac{1}{x}\right)$$

$$=x^{\sin x}\left(\cos x\cdot\ln x+\frac{\sin x}{x}\right).$$

解法二 幂指函数的导数也可按下面的方法求：

$$y=x^{\sin x}=\mathrm{e}^{\sin x\cdot\ln x},$$

$$y'=\mathrm{e}^{\sin x\cdot\ln x}(\sin x\cdot\ln x)'=x^{\sin x}\left(\cos x\cdot\ln x+\frac{\sin x}{x}\right).$$

例 7 求函数 $y=\sqrt{\frac{(x-1)(x-2)}{(x-3)(x-4)}}$ 的导数.

解 如果直接利用复合函数求导公式来求这个函数的导数是很复杂的. 为此，先对等式两边取对数(假定 $x>4$)，得

$$\ln y=\frac{1}{2}[\ln(x-1)+\ln(x-2)-\ln(x-3)-\ln(x-4)],$$

上式两边对 x 求导，得

$$\frac{1}{y}y'=\frac{1}{2}\left(\frac{1}{x-1}+\frac{1}{x-2}-\frac{1}{x-3}-\frac{1}{x-4}\right),$$

于是

$$y'=\frac{y}{2}\left(\frac{1}{x-1}+\frac{1}{x-2}-\frac{1}{x-3}-\frac{1}{x-4}\right).$$

注 严格地说，本题应分 $x>4$，$x<1$，$2<x<3$ 三种情况讨论，但结果都是一样的.

*3.4.3 由参数方程所确定的函数的导数

设 y 与 x 的函数关系是由参数方程 $\begin{cases}x=\varphi(t),\\ y=\psi(t)\end{cases}$ 确定的，则称此函数关系所表达的函数为由参数方程所确定的函数.

在实际问题中，需要计算由参数方程所确定的函数的导数. 但从参数方程中消去参数 t 有时会有困难. 因此，我们希望有一种方法能直接由参数方程算出它所确定的函数的导数.

设 $x=\varphi(t)$ 具有单调连续反函数 $t=\varphi^{-1}(x)$，且此反函数能与函数 $y=\psi(t)$ 构成复合函数 $y=\psi[\varphi^{-1}(x)]$. 若 $x=\varphi(t)$ 和 $y=\psi(t)$ 都可导，则

$$\frac{\mathrm{d}y}{\mathrm{d}x}=\frac{\mathrm{d}y}{\mathrm{d}t}\cdot\frac{\mathrm{d}t}{\mathrm{d}x}=\frac{\mathrm{d}y}{\mathrm{d}t}\cdot\frac{1}{\frac{\mathrm{d}x}{\mathrm{d}t}}=\frac{\psi'(t)}{\varphi'(t)},$$

即

$$\frac{\mathrm{d}y}{\mathrm{d}x}=\frac{\psi'(t)}{\varphi'(t)}\quad 或\quad \frac{\mathrm{d}y}{\mathrm{d}x}=\frac{\frac{\mathrm{d}y}{\mathrm{d}t}}{\frac{\mathrm{d}x}{\mathrm{d}t}}.$$

若 $x=\varphi(t)$ 和 $y=\psi(t)$ 都可导，则 $\frac{\mathrm{d}y}{\mathrm{d}x}=\frac{\psi'(t)}{\varphi'(t)}$.

例 8 求椭圆$\begin{cases}x=a\cos t,\\y=b\sin t\end{cases}$在相应于点$t=\dfrac{\pi}{4}$处的切线方程.

解
$$\frac{\mathrm{d}y}{\mathrm{d}x}=\frac{(b\sin t)'}{(a\cos t)'}=\frac{b\cos t}{-a\sin t}=-\frac{b}{a}\cot t.$$

所求切线的斜率为
$$\left.\frac{\mathrm{d}y}{\mathrm{d}x}\right|_{t=\frac{\pi}{4}}=-\frac{b}{a}.$$

切点的坐标为
$$x_0=a\cos\frac{\pi}{4}=a\frac{\sqrt{2}}{2},\quad y_0=b\sin\frac{\pi}{4}=b\frac{\sqrt{2}}{2}.$$

所以所求切线方程为
$$y-b\frac{\sqrt{2}}{2}=-\frac{b}{a}\left(x-a\frac{\sqrt{2}}{2}\right),$$

即
$$bx+ay-\sqrt{2}ab=0.$$

例 9 计算由摆线的参数方程$\begin{cases}x=a(t-\sin t),\\y=a(1-\cos t)\end{cases}$所确定的函数$y=f(x)$的二阶导数.

解
$$\frac{\mathrm{d}y}{\mathrm{d}x}=\frac{y'(t)}{x'(t)}=\frac{[a(1-\cos t)]'}{[a(t-\sin t)]'}=\frac{a\sin t}{a(1-\cos t)}$$
$$=\frac{\sin t}{1-\cos t}=\cot\frac{t}{2}\quad(t\neq 2n\pi,n\text{ 为整数}).$$
$$\frac{\mathrm{d}^2y}{\mathrm{d}x^2}=\frac{\mathrm{d}}{\mathrm{d}x}\left(\frac{\mathrm{d}y}{\mathrm{d}x}\right)=\frac{\mathrm{d}}{\mathrm{d}t}\left(\cot\frac{t}{2}\right)\cdot\frac{\mathrm{d}t}{\mathrm{d}x}$$
$$=-\frac{1}{2\sin^2\frac{t}{2}}\cdot\frac{1}{a(1-\cos t)}=-\frac{1}{a(1-\cos t)^2}\quad(t\neq 2n\pi,n\text{ 为整数}).$$

例 10 设$\begin{cases}x=\ln(1+t^2)+1,\\y=2\arctan t-(t+1)^2,\end{cases}$求$\dfrac{\mathrm{d}y}{\mathrm{d}x},\dfrac{\mathrm{d}^2y}{\mathrm{d}x^2}$.

解
$$\frac{\mathrm{d}y}{\mathrm{d}x}=\frac{\frac{\mathrm{d}y}{\mathrm{d}t}}{\frac{\mathrm{d}x}{\mathrm{d}t}}=\frac{\frac{2}{1+t^2}-2(t+1)}{\frac{2t}{1+t^2}}=-(1+t+t^2),$$
$$\frac{\mathrm{d}^2y}{\mathrm{d}x^2}=\frac{\mathrm{d}}{\mathrm{d}x}\left(\frac{\mathrm{d}y}{\mathrm{d}t}\right)=\frac{\mathrm{d}}{\mathrm{d}t}\left(\frac{\mathrm{d}y}{\mathrm{d}x}\right)\frac{\mathrm{d}t}{\mathrm{d}x}=\frac{\mathrm{d}[-(1+t+t^2)]}{\mathrm{d}t}\frac{1}{\frac{\mathrm{d}x}{\mathrm{d}t}}$$
$$=\frac{-(1+2t)}{\frac{2t}{1+t^2}}=-\frac{(1+2t)(1+t^2)}{2t}.$$

习题 3.4

(A)

1. 求由下列方程所确定的隐函数 y 的导数 $\dfrac{dy}{dx}$：

(1) $y^2-2xy+9=0$；　(2) $x^3+y^3-3axy=0$；

(3) $xy=e^{x+y}$；　(4) $y=1-xe^y$；

(5) $\sqrt{x}+\sqrt{y}=4$；　(6) $y=\tan(x+y)$；

(7) $x^y=y^x$；　(8) $x^2y-e^{2x}=\sin y$.

2. 求曲线 $x^{\frac{2}{3}}+y^{\frac{2}{3}}=a^{\frac{2}{3}}$ 在点 $\left(\dfrac{\sqrt{2}}{4}a,\dfrac{\sqrt{2}}{4}a\right)$ 处的切线方程和法线方程.

3. 求下列参数方程所确定的函数的导数 $\dfrac{dy}{dx}$：

(1) $\begin{cases}x=at^2\\ y=bt^3\end{cases}$；　(2) $\begin{cases}x=\theta(1-\sin\theta)\\ y=\theta\cos\theta\end{cases}$；

(3) $\begin{cases}x=e^t\\ y=te^{2t}\end{cases}$；　(4) $\begin{cases}x=\cos\theta+\theta\sin\theta\\ y=\sin\theta-\theta\cos\theta\end{cases}$.

4. 已知 $\begin{cases}x=e^t\sin t,\\ y=e^t\cos t,\end{cases}$ 求当 $t=\dfrac{\pi}{3}$ 时 $\dfrac{dy}{dx}$ 的值.

5. 写出下列曲线在所给参数值相应的点处的切线方程和法线方程：

(1) $\begin{cases}x=\sin t,\\ y=\cos 2t,\end{cases}$ 在 $t=\dfrac{\pi}{4}$ 处；　(2) $\begin{cases}x=\dfrac{3at}{1+t^2},\\ y=\dfrac{3at^2}{1+t^2},\end{cases}$ 在 $t=2$ 处.

(B)

1. 用对数求导法求下列函数的导数：

(1) $y=\left(\dfrac{x}{1+x}\right)^x$；　(2) $y=\sqrt[5]{\dfrac{x-5}{\sqrt[5]{x^2+2}}}$；

(3) $y=\dfrac{\sqrt{x+2}(3-x)^4}{(x+1)^5}$；　(4) $y=\sqrt{x\sin x\sqrt{1-e^x}}$；

(5) $y=(x^2+1)^3(x+2)^2x^6$；　(6) $y=x^{x^x}$.

2. 求由下列方程所确定的隐函数 y 的二阶导数 $\dfrac{d^2y}{dx^2}$：

(1) $x^2-y^2=1$；　(2) $b^2x^2+a^2y^2=a^2b^2$；

(3) $y=\tan(x+y)$；　　　　(4) $y=1+xe^{y}$.

3. 求下列参数方程所确定的函数的二阶导数$\dfrac{d^2y}{dx^2}$：

(1) $\begin{cases}x=\dfrac{t^2}{2},\\ y=1-t;\end{cases}$　　　　(2) $\begin{cases}x=a\cos t,\\ y=b\sin t;\end{cases}$

(3) $\begin{cases}x=3e^{-t},\\ y=2e^{t};\end{cases}$　　　　(4) $\begin{cases}x=f'(t),\\ y=tf'(t)-f(t),\end{cases}$ $f''(t)$存在且不为零.

4. 证明曲线$\sqrt{x}+\sqrt{y}=\sqrt{C}$上任一点处的切线在 x 轴和 y 轴上的截距之和为常数.

5. 求曲线$\begin{cases}x=t^3+4t,\\ y=6t^2\end{cases}$上切线与直线$\begin{cases}x=-7t,\\ y=12t-5\end{cases}$平行的点.

6. 求下列参数方程所确定的函数的三阶导数$\dfrac{d^3y}{dx^3}$：

(1) $\begin{cases}x=1-t^2,\\ y=t-t^3;\end{cases}$　　　　(2) $\begin{cases}x=\ln(1+t^2),\\ y=t-\arctan t.\end{cases}$

7. 假设一质点的运动速度 v 和位移 s 由方程 $v=\sqrt{2gs+C}$所确定，证明质点运动的加速度为常数.

8. 设 $y=y(x)$由方程 $xe^{f(y)}=e^{y}$ 所确定，$f(u)$二阶可导且 $f'(u)\neq 1$，求$\dfrac{d^2y}{dx^2}$.

3.5 函数的微分

3.5.1 微分的概念

函数的导数表示函数在点 x 处的变化率，它描述了函数在点 x 处变化的快慢程度. 有时我们还需要了解函数在某一点处当自变量取得一个微小的改变量时，函数取得的相应改变量的大小. 这就引入了微分的概念.

先来分析一个具体的例子. 如图 3-3 所示，一块正方形金属薄片受温度变化的影响，其边长由 x_0 变到 $x_0+\Delta x$，问此薄片的面积改变了多少？

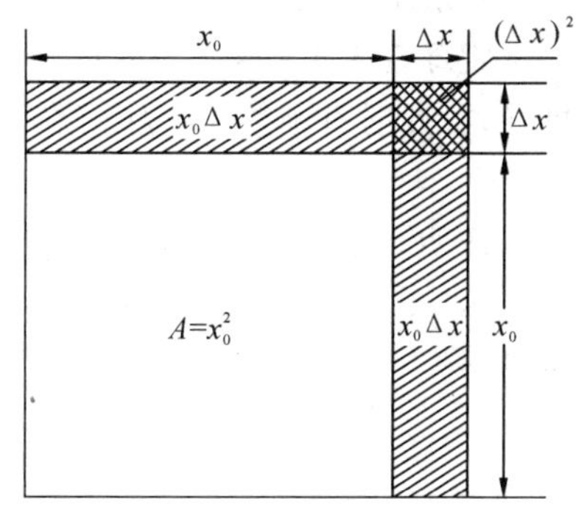

图 3-3

设此正方形的边长为 x，面积为 S，则 S 是 x

的函数:$S=S(x)=x^2$.金属薄片的面积改变量为

$$\Delta S=(x_0+\Delta x)^2-(x_0)^2=2x_0\Delta x+(\Delta x)^2.$$

从几何图形上来看,ΔS 可分为两部分:$2x_0\Delta x$ 表示两个长为 x_0、宽为 Δx 的长方形的面积;$(\Delta x)^2$ 表示边长为 Δx 的正方形的面积.

由上式可以看出,ΔS 分为两部分:第一部分是 Δx 的线性函数 $2x_0\Delta x$,当 $\Delta x\to 0$ 时,是与 Δx 同阶的无穷小;第二部分 $(\Delta x)^2$,当 $\Delta x\to 0$ 时,是 Δx 的高阶无穷小.这表明当 $|\Delta x|$ 很小时,可以用 Δx 的线性函数 $2x_0\Delta x$ 作为 ΔS 的近似值:

$$\Delta S\approx 2x_0\Delta x.$$

这一部分就是面积改变量 ΔS 的主要部分.

因为 $S'(x_0)=2x_0$,所以上式可写成 $\Delta S\approx S'(x_0)\Delta x$.

定义 3.5.1 设函数 $y=f(x)$ 在某区间内有定义,x_0 及 $x_0+\Delta x$ 在这区间内,如果函数的增量 $\Delta y=f(x_0+\Delta x)-f(x_0)$
可表示为

$$\Delta y = A\Delta x + o(\Delta x), \tag{3.5.1}$$

其中 A 是不依赖于 Δx 的常数,那么称函数 $y=f(x)$ 在点 x_0 处是可微的,而 $A\Delta x$ 叫做函数 $y=f(x)$ 在点 x_0 处相应于自变量增量 Δx 的微分,记作 $\mathrm{d}y$,即

$$\mathrm{d}y = A\Delta x. \tag{3.5.2}$$

由微分的定义可知,微分 $\mathrm{d}y$ 是自变量的改变量 Δx 的线性函数 $A\Delta x$,称为 Δy 的线性主部,当 $\Delta x\to 0$ 时,微分与函数的改变量 Δy 的差是一个比 Δx 更高阶的无穷小 $o(\Delta x)$.

现在的问题是如何来确定式(3.5.2)中的 A.

从上面所讨论的正方形的例子可知,正方形的面积函数 $S=S(x)=x^2$ 在点 x_0 处的微分为 $\mathrm{d}S=2x_0\Delta x=S'(x_0)\Delta x$.由此可以看出,此时 $A=S'(x_0)$,也就是说,正方形面积的微分等于正方形的面积 S 对边长 x 的导数与边长改变量的乘积.

一般地,我们有下面的定理.

定理 3.5.1 函数 $y=f(x)$ 在点 x_0 处可微的充要条件是 $y=f(x)$ 在点 x_0 处可导,且此时有函数 $y=f(x)$ 在点 x_0 处的微分

$$\mathrm{d}y = f'(x_0)\Delta x. \tag{3.5.3}$$

证明 必要性.设函数 $y=f(x)$ 在点 x_0 处可微,则有式(3.5.1)成立,即

$$\Delta y=f(x_0+\Delta x)-f(x_0)=A\Delta x+o(\Delta x),$$

所以

$$\lim_{\Delta x\to 0}\frac{\Delta y}{\Delta x}=\lim_{\Delta x\to 0}\left(A+\frac{o(\Delta x)}{\Delta x}\right)=A,$$

故 $y=f(x)$ 在点 x_0 处可导,且 $f'(x_0)=A$.

充分性.设函数 $y=f(x)$ 在点 x_0 处可导,则有

$$\lim_{\Delta x \to 0}\frac{\Delta y}{\Delta x}=f'(x_0),$$

所以

$$\frac{\Delta y}{\Delta x}=f'(x_0)+\alpha \quad (\lim_{\Delta x \to 0}\alpha=0),$$

故 $$\Delta y=f'(x_0)\Delta x+\alpha\Delta x=f'(x_0)\Delta x+o(\Delta x),$$

即函数 $y=f(x)$在点 x_0 处可微，且 $\mathrm{d}y=f'(x_0)\Delta x$.

当 $f'(x_0)\neq 0$ 时，有

$$\lim_{\Delta x \to 0}\frac{\Delta y}{\mathrm{d}y}=\lim_{\Delta x \to 0}\frac{\Delta y}{f'(x_0)\Delta x}=\frac{1}{f'(x_0)}\lim_{\Delta x \to 0}\frac{\Delta y}{\Delta x}=1.$$

从而，当 $\Delta x\to 0$ 时，Δy 与 $\mathrm{d}y$ 是等价无穷小，因此在 $|\Delta x|$ 很小时，有近似公式

$$\Delta y\approx \mathrm{d}y.$$

例 1 求函数 $y=x^2$ 当 x 由 1 改变到 1.01 时的微分.

解 函数的微分为 $\mathrm{d}y=(x^2)'\Delta x=2x\Delta x$，由已知有 $x=1$，$\Delta x=1.01-1=0.01$，所以所求微分为

$$\mathrm{d}y\Big|_{\substack{x=1\\ \Delta x=0.01}}=(2x)\Big|_{\substack{x=1\\ \Delta x=0.01}}\Delta x=2\cdot 1\cdot 0.01=0.02.$$

例 2 求函数 $y=x^3$ 在 $x=1$ 和 $x=2$ 处的微分.

解 函数 $y=x^3$ 在 $x=1$ 处的微分为

$$\mathrm{d}y\big|_{x=1}=(x^3)'\big|_{x=1}\Delta x=3x^2\big|_{x=1}\Delta x=3\Delta x,$$

在 $x=2$ 处的微分为

$$\mathrm{d}y\big|_{x=2}=(x^3)'\big|_{x=2}\Delta x=3x^2\big|_{x=2}\Delta x=12\Delta x.$$

如果将自变量 x 当做自身的函数 $y=x$，则有 $\mathrm{d}y=\mathrm{d}x$，且

$$\mathrm{d}y=(x)'\Delta x=\Delta x.$$

于是就有 $\Delta x=\mathrm{d}x$，即自变量的微分就是其改变量. 因此函数 $y=f(x)$的微分可以写成

$$\mathrm{d}y=f'(x)\mathrm{d}x, \tag{3.5.4}$$

即函数的微分就是函数的导数与自变量的微分的乘积. 由式(3.5.4)可得$\frac{\mathrm{d}y}{\mathrm{d}x}=f'(x)$，可见，函数的导数就是函数的微分与自变量微分的商，所以我们又称导数为**微商**.

例 3 求函数 $y=\ln x$ 的微分 $\mathrm{d}y$.

解 $\mathrm{d}y=y'\mathrm{d}x=(\ln x)'\mathrm{d}x=\frac{1}{x}\mathrm{d}x$.

3.5.2 微分的几何意义

为了对微分有比较直观的了解，下面说明微分的几何意义.

如图 3-4 所示，在直角坐标系中，函数 $y=f(x)$的图形是一条曲线. 对于某一

固定的 x_0，曲线上有一个确定的点 $M(x_0,y_0)$，当自变量 x 有微小的改变量 Δx，从 x_0 变到 $x_0+\Delta x$ 时，就得到曲线上另一个点 $N(x_0+\Delta x,y_0+\Delta y)$. 从图 3-4 可知：

$$MQ=\Delta x,\quad QN=\Delta y,$$

过点 M 作曲线的切线 MT，它的倾斜角为 α，则

$$QT=MQ\tan\alpha=f'(x_0)\Delta x=\mathrm{d}y.$$

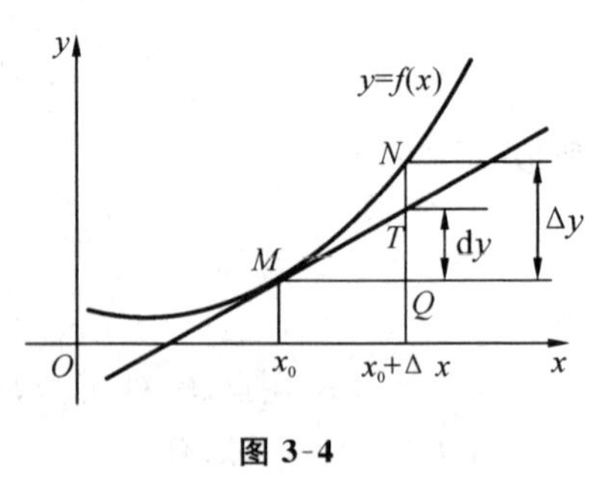

图 3-4

由此可见，对可微函数 $y=f(x)$，当 Δy 是曲线 $y=f(x)$ 上纵坐标的改变量时，函数的微分 $\mathrm{d}y$ 就是曲线切线上点的纵坐标的相应改变量. 当 $|\Delta x|$ 很小时 $|\Delta y-\mathrm{d}y|$ 比 $|\Delta x|$ 小得多. 因此在点 M 的邻近处，可以用切线段来近似代替曲线段.

3.5.3 基本初等函数的微分公式与微分运算法则

由式(3.5.4)可得如下的微分公式和微分运算法则. 为了便于对照，以下面的形式给出.

1. 基本初等函数的微分公式

导数公式：	微分公式：
(1) $(C)'=0$	$\mathrm{d}(C)=0\mathrm{d}x=0$
(2) $(x^\mu)'=\mu x^{\mu-1}$	$\mathrm{d}(x^\mu)=\mu x^{\mu-1}\mathrm{d}x$
(3) $(\sin x)'=\cos x$	$\mathrm{d}(\sin x)=\cos x\mathrm{d}x$
(4) $(\cos x)'=-\sin x$	$\mathrm{d}(\cos x)=-\sin x\mathrm{d}x$
(5) $(\tan x)'=\sec^2 x$	$\mathrm{d}(\tan x)=\sec^2 x\mathrm{d}x$
(6) $(\cot x)'=-\csc^2 x$	$\mathrm{d}(\cot x)=-\csc^2 x\mathrm{d}x$
(7) $(\sec x)'=\sec x\tan x$	$\mathrm{d}(\sec x)=\sec x\tan x\mathrm{d}x$
(8) $(\csc x)'=-\csc x\cot x$	$\mathrm{d}(\csc x)=-\csc x\cot x\mathrm{d}x$
(9) $(a^x)'=a^x\ln a$	$\mathrm{d}(a^x)=a^x\ln a\mathrm{d}x$
(10) $(\mathrm{e}^x)=\mathrm{e}^x$	$\mathrm{d}(\mathrm{e}^x)=\mathrm{e}^x\mathrm{d}x$
(11) $(\log_a x)'=\frac{1}{x\ln a}$	$\mathrm{d}(\log_a x)=\frac{1}{x\ln a}\mathrm{d}x$
(12) $(\ln x)'=\frac{1}{x}$	$\mathrm{d}(\ln x)=\frac{1}{x}\mathrm{d}x$
(13) $(\arcsin x)'=\frac{1}{\sqrt{1-x^2}}$	$\mathrm{d}(\arcsin x)=\frac{1}{\sqrt{1-x^2}}\mathrm{d}x$
(14) $(\arccos x)'=-\frac{1}{\sqrt{1-x^2}}$	$\mathrm{d}(\arccos x)=-\frac{1}{\sqrt{1-x^2}}\mathrm{d}x$
(15) $(\arctan x)'=\frac{1}{1+x^2}$	$\mathrm{d}(\arctan x)=\frac{1}{1+x^2}\mathrm{d}x$

(16) $(\operatorname{arccot}x)'=-\dfrac{1}{1+x^2}$ $\quad$ $d(\operatorname{arccot}x)=-\dfrac{1}{1+x^2}dx$

2. 函数和、差、积、商的微分法则

求导法则： $\quad$ 微分法则：

(1) $(u\pm v)'=u'\pm v'$ $\quad$ $d(u\pm v)=du\pm dv$

(2) $(Cu)'=Cu'$ $\quad$ $d(Cu)=Cdu$

(3) $(u\cdot v)'=u'v+uv'$ $\quad$ $d(u\cdot v)=vdu+udv$

(4) $\left(\dfrac{u}{v}\right)'=\dfrac{u'v-uv'}{v^2}(v\neq0)$ $\quad$ $d\left(\dfrac{u}{v}\right)=\dfrac{vdu-udv}{v^2}(v\neq0)$

3. 复合函数的微分法则——微分形式的不变性

设 $y=f(u)$ 及 $u=\varphi(x)$ 都可导，则复合函数 $y=f(\varphi(x))$ 的微分为

$$dy=y'_x dx=f'(u)\varphi'(x)dx.$$

由于 $\varphi'(x)dx=du$，所以复合函数 $y=f(\varphi(x))$ 的微分公式也可以写成

$$dy=f'(u)du \quad 或 \quad dy=y'_u du.$$

由此可见，无论 u 是自变量还是一个可微函数，微分形式 $dy=f'(u)du$ 保持不变. 这一性质称为微分形式的不变性.

例 4 设 $y=\ln(x^2+1)$，求 dy.

解法一 $dy=y'dx=[\ln(x^2+1)]'dx=\dfrac{2x}{x^2+1}dx.$

解法二 令 $u=x^2+1$，则 $y=\ln u$，由微分形式不变性得

$$dy=d(\ln u)=\frac{1}{u}du=\frac{1}{x^2+1}d(x^2+1)=\frac{2x}{x^2+1}dx.$$

在求复合函数导数时，可以不写出中间变量. 在求复合函数微分时，类似地也可以不写出中间变量.

例 5 设 $y=\sin(ax+bx^2)$，求 dy.

解
$$\begin{aligned}dy&=d[\sin(ax+bx^2)]=\cos(ax+bx^2)d(ax+bx^2)\\&=(a+2bx)\cos(ax+bx^2)dx.\end{aligned}$$

例 6 已知 $y=e^{1-3x}\cos x$，求 dy.

解
$$\begin{aligned}dy&=d(e^{1-3x}\cos x)=\cos x d(e^{1-3x})+e^{1-3x}d(\cos x)\\&=\cos x\cdot e^{1-3x}d(1-3x)+e^{1-3x}(-\sin x)dx\\&=\cos x\cdot e^{1-3x}(-3dx)+e^{1-3x}(-\sin x)dx\\&=-e^{1-3x}(3\cos x+\sin x)dx.\end{aligned}$$

例 7 在下列等式左边的括号中填入适当的函数，使等式成立.

(1) $d(\quad)=xdx$； (2) $d(\quad)=\cos\omega t dt$.

解 (1) 由 $d(x^2)=2xdx$ 可知 $\dfrac{1}{2}d(x^2)=xdx$，即 $d\left(\dfrac{1}{2}x^2\right)=xdx$. 一般地，有

$$d\left(\frac{1}{2}x^2+C\right)=x dx \quad (C\text{ 为任意的常数}).$$

(2)因为 $d(\sin\omega t)=\omega\cos\omega t dt$，所以 $\frac{1}{\omega}d(\sin\omega t)=\cos\omega t dt$，即

$$d\left(\frac{1}{\omega}\sin\omega t\right)=\cos\omega t dt.$$

一般地，有

$$d\left(\frac{1}{\omega}\sin\omega t+C\right)=\cos\omega t dt \quad (C\text{ 为任意的常数}).$$

*3.5.4 微分在近似计算中的应用

在实际问题中，一些精确值的计算较为繁杂，而在满足一定精度的要求下，利用微分进行近似计算会简便许多.

如果函数 $y=f(x)$ 在点 x_0 处的导数 $f'(x)\neq 0$，当 $\Delta x\to 0$ 时微分与函数的改变量 Δy 的差是比 Δx 高阶的无穷小 $o(\Delta x)$. 因此当 $|\Delta x|$ 很小时，有

$$\Delta y=f(x_0+\Delta x)-f(x_0)\approx dy=f'(x_0)\Delta x,$$
$$f(x_0+\Delta x)\approx f(x_0)+f'(x_0)\Delta x.$$

若令 $x=x_0+\Delta x$，即 $\Delta x=x-x_0$，有

$$f(x)\approx f(x_0)+f'(x_0)(x-x_0).$$

特别地，当 $x_0=0$ 时，有

$$f(x)\approx f(0)+f'(0)x.$$

这些都是近似计算公式.

例 8 有一批半径为 1 cm 的球，为了提高球面的光洁度，要镀上一层铜，厚度定为 0.01 cm. 估计每只球需用铜多少 g(铜的密度是 8.9 g/cm^3)？

解 已知球体体积为 $V=\frac{4}{3}\pi R^3$，$R_0=1$ cm，$\Delta R=0.01$ cm. 镀层的体积为

$$\Delta V=V(R_0+\Delta R)-V(R_0)\approx V'(R_0)\Delta R=4\pi R_0^2\Delta R=(4\times 3.14\times 1^2\times 0.01)\ \text{cm}^3\approx 0.13\ \text{cm}^3,$$

于是镀每只球需用的铜约为

$$0.13\ \text{cm}^3\times 8.9\ \text{g/cm}^3\approx 1.16\ \text{g}.$$

例 9 利用微分计算 $\sin 30°30'$ 的近似值.

解 已知 $30°30'=\frac{\pi}{6}+\frac{\pi}{360}$，$x_0=\frac{\pi}{6}$，$\Delta x=\frac{\pi}{360}$.

$$\sin 30°30'=\sin(x_0+\Delta x)\approx\sin x_0+\Delta x\cos x_0$$
$$=\sin\frac{\pi}{6}+\cos\frac{\pi}{6}\cdot\frac{\pi}{360}=\frac{1}{2}+\frac{\sqrt{3}}{2}\cdot\frac{\pi}{360}\approx 0.507\ 6.$$

当 $|x|$ 很小时，有如下常用近似公式：

(1) $\sqrt[n]{1+x}\approx 1+\frac{1}{n}x$；

(2)$\sin x \approx x$(x 的单位为弧度);

(3)$\tan x \approx x$(x 的单位为弧度);

(4)$e^x \approx 1+x$;

(5)$\ln(1+x) \approx x$.

以下只证(1)、(2)两个式子.

证明

(1)取 $f(x)=\sqrt[n]{1+x}$,那么 $f(0)=1$,$f'(0)=\frac{1}{n}(1+x)^{\frac{1}{n}-1}\big|_{x=0}=\frac{1}{n}$,将其代入 $f(x)\approx f(0)+f'(0)x$ 得 $\sqrt[n]{1+x}\approx 1+\frac{1}{n}x$;

(2)取 $f(x)=\sin x$,那么 $f(0)=0$,$f'(0)=\cos x\big|_{x=0}=1$,将其代入 $f(x)\approx f(0)+f'(0)x$ 便得 $\sin x\approx x$.

例 10 计算 $\sqrt{1.05}$的近似值.

解 由 $\sqrt[n]{1+x}\approx 1+\frac{1}{n}x$,得

$$\sqrt{1.05}=\sqrt{1+0.05}\approx 1+\frac{1}{2}\times 0.05=1.025.$$

直接开方的结果是 $\sqrt{1.05}\approx 1.02470$.

习题 3.5

(A)

1.将适当的函数填入下列括号内,使等式成立:

(1)$d(\quad)=2dx$;　　(2)$d(\quad)=3x dx$;

(3)$d(\quad)=\cos t dt$;　　(4)$d(\quad)=\sin\omega x dx$;

(5)$d(\quad)=\frac{1}{x+1}dx$;　　(6)$d(\quad)=e^{-2x}dx$;

(7)$d(\quad)=\frac{1}{\sqrt{x}}dx$;　　(8)$d(\quad)=\sec^2 3x dx$.

2.求下列函数的微分:

(1)$y=\frac{1}{x}+2\sqrt{x}$;　　(2)$y=x\sin 2x$;

(3)$y=\frac{x}{\sqrt{x^2+1}}$;　　(4)$y=\ln^2(1-x)$;

(5)$y=x^2e^{2x}$;　　(6)$y=e^{-x}\cos(3-x)$;

(7)$y=\arcsin\sqrt{1-x^2}$;　　(8)$y=\tan^2(1+2x^2)$;

(9)$y=\arctan\frac{1-x^2}{1+x^2}$;　　(10)$s=A\sin(\omega t+\varphi)$($A,\omega,\varphi$ 是常数).

3. 已知 $y=x^3-x$，计算在 $x=2$ 处当 Δx 分别等于 1，0.1，0.01 时的 Δy 及 $\mathrm{d}y$.
4. 用微分求由方程 $x+y=\arctan(x-y)$ 所确定的函数 $y=y(x)$ 的微分与导数.

(B)

1. 当 $|x|$ 很小时，证明下列近似公式：
   (1) $\sin x\approx x$；　　(2) $\tan x\approx x$；
   (3) $\ln(1+x)\approx x$；　　(4) $(1+x)^\alpha\approx 1+\alpha x$（$\alpha$ 为常数）.
2. 计算下列各根式的近似值：
   (1) $\sqrt[3]{996}$；　　(2) $\ln 1.01$；
   (3) $\mathrm{e}^{0.05}$；　　(4) $\cos 60°20'$.
3. 设 $y=f(\ln x)\mathrm{e}^{f(x)}$，其中 f 可微，求 $\mathrm{d}y$.
4. 证明 $y=\dfrac{\mathrm{e}^x+\mathrm{e}^{-x}}{2}$ 在 $x>0$ 时满足微分方程 $\mathrm{d}y=\sqrt{y^2-1}\mathrm{d}x$.
5. 设 $a>0$，且 $|x|$ 相对于 a 很小，用微分定义证明近似公式：
$$\sqrt[n]{a^n+x}\approx a+\frac{x}{na^{n-1}}.$$
6. 正立方体的棱长 $x=10$ m，如果棱长增加 0.1 m，求此立方体体积增加的精确值与近似值.
7. 一平面圆环形，其内半径为 10 cm，宽为 0.1 cm，求此面积的精确值与近似值.

数学家牛顿简介

牛顿

自然和自然规律隐藏在黑夜里，上帝说“降生牛顿”，于是世界就充满光明.

——Newton 墓志铭

数学和科学中的巨大进展,几乎总是建立在作出一点一点贡献的许多人的工作之上.需要一个人来走那最高和最后的一步,这个人要能够敏锐地从纷乱的猜测和说明中清理出前人的有价值的想法,有足够的想象力把这些碎片重新组织起来,并且足够大胆地制订一个宏伟的计划.在微积分中,这个人就是牛顿.

牛顿(1643—1727)生于英格兰乌尔斯托帕的一个小村庄里,父亲是在他出生前两个月去世的,母亲管理着丈夫留下的农庄.母亲改嫁后,牛顿由外祖母抚养,并供其上学.他从小在低标准的地方学校接受教育,除对机械设计有兴趣外,是个没有什么特殊之处的青年人.1661 年他进入剑桥大学的三一学院学习,大学期间除了巴罗(Barrow)外,他从他的老师那里只得到了很少的一点鼓舞,他自己做实验并且研究当时一些数学家的著作,如 Descartes 的《几何》,Galileo,Kepler 等的著作.大学课程刚结束,学校因为伦敦地区鼠疫流行而关闭.他回到家乡,度过了 1665 年和 1666 年,并在那里开始了他在机械、数学和光学上伟大的工作,这时他意识到了引力的平方反比定律(曾早已有人提出过),这是打开那无所不包的力学科学的钥匙.他获得了解决微积分问题的一般方法,并且通过光学实验,作出了划时代的发现,即像太阳光那样的白光,实际上是从紫到红的各种颜色混合而成的."所有这些"牛顿后来说:"是在 1665 和 1666 两个鼠疫年中做的,因为在这些日子里,我正处在发现力最旺盛的时期,而且对于数学和(自然)哲学的关心,比其他任何时候都多."关于这些发现,牛顿什么也没有说过,1667 年他回到剑桥获得硕士学位,并被选为三一学院的研究员.1669 年他的老师巴罗主动宣布牛顿的学识已超过自己,把"路卡斯(Lucas)教授"的职位让给了年仅 26 岁的牛顿,这件事成了科学史上的一段佳话.牛顿并不是一个成功的教员,他提出的独创性的材料也没有受到同事们的注意.起初牛顿并没有公布他的发现,人们说他有一种变态的害怕批评的心理.在 1672 年和 1675 年发表光学方面的两篇论文遭到暴风雨般的批评后,他决心死后才公开他的成果,虽然,后来还是发表了《自然哲学的数学原理》、《光学》和《普遍的算术》等有限的一些成果.

牛顿是他那个时代的世界著名的物理学家、数学家和天文学家.牛顿工作的最大特点是辛勤劳动和独立思考.他有时不分昼夜地工作,常常好几个星期都一直在实验室里度过.他总是不满足自己的成就,是个非常谦虚的人.他说:"我不知道在别人看来,我是什么样的人.但在自己看来,我不过就像是一个在海滨玩耍的小孩,为不时发现比寻常更为光滑的一块卵石或比寻常更为美丽的一片贝壳而沾沾自喜,而对于展现在我面前的浩瀚的真理的海洋,却全然没有发现."牛顿对科学的兴趣要比对数学的兴趣大得多.在当了 35 年的教授后,他决定放弃研究,并于 1695 年担任了伦敦的不列颠造币厂的监察.1703 年成为皇家学会会长,一直到逝世,1705 年被授予爵士称号.关于微积分,牛顿总结了已经由许多人发展了的思想,建立起系统和成熟的方法,其最重要的工作是建立了微积分基本定理,指出微分与积分互为逆运算,从而沟通了前述几个主要科学问题之间的内在联系,至此,才算真正建立了微积分这门学科.因此,恩格斯在论述微积分产生过程时说,微积分"是由牛顿和莱布尼茨大体上完成的,但不是由他们发明的".他在写于1671年但直到1736年他死后才出版的《流数法和无穷级数》中清楚地陈述了微积分的基本问题.

第3章总习题

1.在"充分"、"必要"和"充分必要"三者中选择一个正确的填入下列空格内:

(1)$f(x)$在点x_0处可导是$f(x)$在点x_0处连续的________条件,$f(x)$在点x_0处连续是$f(x)$在点x_0处可导的________条件.

(2)$f(x)$在点x_0处的左导数$f'_-(x_0)$及右导数$f'_+(x_0)$都存在且相等是$f(x)$在点x_0处可导的________条件.

(3)$f(x)$在点x_0处可导是$f(x)$在点x_0处可微的________条件.

2.填空题.

(1)已知函数$f(x)$在点$x=a$处可导,且$f'(a)=k(k\neq 0)$,则

$\lim\limits_{t\to 0}\dfrac{f(a-3t)-f(a-5t)}{t}=$________.

(2)设$f(x)$是可导函数,Δx是自变量在点x处的增量,则

$\lim\limits_{\Delta x\to 0}\dfrac{f^2(x+\Delta x)-f^2(x)}{\Delta x}=$________.

(3)已知$f(x)=x(1-x)(2-x)\cdots(100-x)$,且$f'(a)=2\times 98!$,则$a=$________.

(4)若$f(x)=\begin{cases}x^2, & 当x为无理数时,\\ 0, & 当x为有理数时,\end{cases}$则$f'(0)=$________.

(5)已知$f'(a)=-1$,则$\lim\limits_{x\to 0}\dfrac{x}{f(a-2x)-f(a-x)}=$________.

(6)已知曲线$y=x^3-3a^2x+b$与x轴相切,则b^2可以通过a表示为$b^2=$________.

(7)设$f(x)$在点$x=0$处连续,且$\lim\limits_{x\to 0}\dfrac{f(x)+1}{x+\sin x}=2$,则$f'(0)=$________.

3.单项选择题.

(1)设$f(x)$为可导函数,且$\lim\limits_{x\to 0}\dfrac{f(1)-f(1-x)}{x}=-1$,则曲线$y=f(x)$在点$(1,f(1))$处的切线斜率为( ).

A.2 B.-1 C.$\dfrac{1}{2}$ D.-2

(2)若 $f(-x)=f(x)(-\infty<x<+\infty)$,在 $(-\infty,0)$ 内,$f'(x)>0,f''(x)<0$,则在 $(0,+\infty)$ 内,有(　　).

A. $f'(x)>0,f''(x)<0$　　B. $f'(x)>0,f''(x)>0$

C. $f'(x)<0,f''(x)<0$　　D. $f'(x)<0,f''(x)>0$

(3)设函数 $f(x)$ 在点 $x=a$ 处可导,则函数 $|f(x)|$ 在点 $x=a$ 处不可导的充要条件是(　　).

A. $f(a)=0$ 且 $f'(a)=0$　　B. $f(a)=0$ 且 $f'(a)\neq0$

C. $f(a)>0$ 且 $f'(a)>0$　　D. $f(a)<0$ 且 $f'(a)<0$

(4)设函数 $f(x)$ 在点 x_0 处可微,$\Delta x,\Delta y$ 分别为自变量和函数的增量,$\mathrm{d}y$ 为其微分,且 $f'(x_0)\neq0$,则 $\lim\limits_{\Delta x\to0}\dfrac{\mathrm{d}y-\Delta y}{\Delta y}=$(　　).

A. -1　　B. 1　　C. 0　　D. ∞

(5)已知函数 $f(x)$ 为偶函数,且 $\lim\limits_{x\to0}\dfrac{f(1+x)-f(1)}{2x}=-2$,则曲线在点 $(-1,2)$ 处的切线方程为(　　).

A. $y=4x+6$　　B. $y=-4x-2$　　C. $y=x-3$　　D. $y=-x-1$

4.求下列函数 $f(x)$ 的 $f'_-(0)$ 及 $f'_+(0)$,又 $f'(0)$ 是否存在?

(1)$f(x)=\begin{cases}\sin x, & x<0,\\ \ln(1+x), & x\geqslant0;\end{cases}$　　(2)$f(x)=\begin{cases}\dfrac{x}{1+\mathrm{e}^{\frac{1}{x}}}, & x\neq0,\\ 0, & x=0.\end{cases}$

5.讨论下面函数 $f(x)$ 在点 $x=0$ 处的连续性与可导性.

$$f(x)=\begin{cases}x\sin\dfrac{1}{x}, & x\neq0,\\ 0, & x=0.\end{cases}$$

6.求下列函数的导数:

(1)$y=\arcsin(\sin x)$;　　(2)$y=\arctan\dfrac{1+x}{1-x}$;

(3)$y=\ln\tan\dfrac{x}{2}-\cos x\cdot\ln\tan x$;　　(4)$y=\ln(\mathrm{e}^x+\sqrt{1+\mathrm{e}^{2x}})$;

(5)$y=\sqrt[x]{x}\,(x>0)$;　　(6)$y=|x^3-x^2|$.

7.求下列函数的二阶导数:

(1)$y=\cos^2x\cdot\ln x$;　　(2)$y=\dfrac{x}{\sqrt{1-x^2}}$.

8.求下列函数的 n 阶导数:

(1)$y=\sqrt[m]{1+x}$;　　(2)$y=\dfrac{1-x}{1+x}$.

9. 设函数 $y=y(x)$ 由方程 $e^y+xy=e$ 所确定,求 $y''(0)$.

10. 求下列由参数方程所确定的函数的一阶导数$\frac{dy}{dx}$及二阶导数$\frac{d^2y}{dx^2}$:

(1)$\begin{cases}x=a\cos^3\theta,\\y=a\sin^3\theta;\end{cases}$　　(2)$\begin{cases}x=\ln\sqrt{1+t^2},\\y=\arctan t.\end{cases}$

11. 求曲线$\begin{cases}x=2e^t,\\y=e^{-t}\end{cases}$在点 $t=0$ 处的切线方程及法线方程.

12. 设函数 $y=y(x)$ 由方程 $x=y^y$ 所确定,求函数 y 的微分 dy.

13. 利用函数的微分代替函数的增量求 $\sqrt[3]{1.02}$的近似值.

14. (2015 年考研题)

(Ⅰ)设函数 $u(x),v(x)$可导,利用导数定义证明$[u(x)v(x)]'=u'(x)v(x)+u(x)v'(x)$;

(Ⅱ)设函数 $u_1(x),u_2(x),\cdots,u_n(x)$可导,$f(x)=u_1(x)u_2(x)\cdots u_n(x)$,写出 $f(x)$的求导公式.

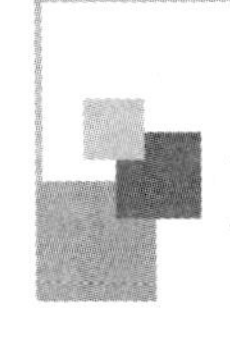

第4章 微分中值定理及导数的应用

我把数学看成是一件有意思的工作,而不是想为自己建立什么纪念碑.

——拉格朗日

导数可用于研究函数的单调性、曲线的凹凸性,以及函数的极值、最值等各种性态.而微分中值定理是联系导数与函数的桥梁,是导数应用的基础.

4.1 微分中值定理

导数和微分反映了函数在一点附近的局部特性,而本节介绍的微分中值定理是从函数局部性质推断函数在整个区间上的整体性态.它反映了导数的深刻性质,是微分学基本定理,是研究函数基本性质的有力工具,在微分学中有着重要应用.微分中值定理既是用微分学知识解决应用问题的理论基础,又是解决微分学自身发展的一种理论性模型.微分中值定理包含罗尔定理、拉格朗日中值定理及柯西中值定理.

4.1.1 罗尔(Rolle)定理

定理 4.1.1 若函数 $f(x)$满足:

(1)在闭区间$[a,b]$上连续,

(2)在开区间(a,b)内可导,

(3)$f(a)=f(b)$,

则至少存在一点 $\xi\in(a,b)$使得 $f'(\xi)=0$.

证明 因函数 $f(x)$在闭区间$[a,b]$上连续,所以 $f(x)$在$[a,b]$上必取得最大值 M 和最小值 m.

(1)若 $M=m$,则 $f(x)$在$[a,b]$上恒等于常数 M.所以在(a,b)内恒有 $f'(x)=0$,即区间(a,b)内每一点都可取作 ξ,此时定理成立.

(2)若 $M>m$,则 M 与 m 中至少有一个不等于 $f(x)$在区间端点的函数值,不

妨设 $m\neq f(a)$，由最值定理，$\exists\xi\in(a,b)$，使得 $f(\xi)=m$，即有

$$f'_{+}(\xi)=\lim_{\Delta x\to 0^{+}}\frac{f(\xi+\Delta x)-f(\xi)}{\Delta x}=\lim_{\Delta x\to 0^{+}}\frac{f(\xi+\Delta x)-m}{\Delta x}\geqslant 0,$$

$$f'_{-}(\xi)=\lim_{\Delta x\to 0^{-}}\frac{f(\xi+\Delta x)-f(\xi)}{\Delta x}=\lim_{\Delta x\to 0^{-}}\frac{f(\xi+\Delta x)-m}{\Delta x}\leqslant 0.$$

又由于 $f(x)$ 在 (a,b) 内可导，故在点 ξ 处的导数存在，所以有 $f'(\xi)=0$.

罗尔定理的几何意义是： 若函数 $y=f(x)$ 满足罗尔定理条件，则其图形在 $[a,b]$ 上对应的曲线弧 $\overset{\frown}{AB}$ 上至少存在一点 ξ 具有水平切线，如图 4-1 所示.

我们称导数为零的点为函数 $f(x)$ 的**驻点(或稳定点，临界点)**.

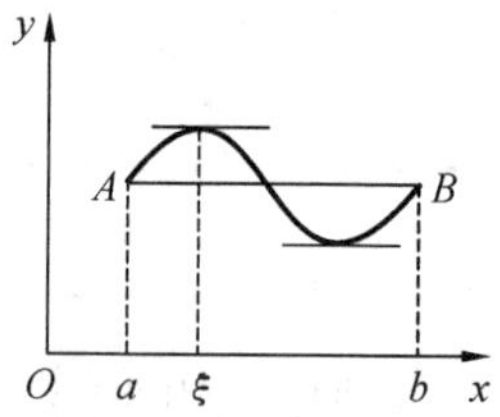

图 4-1

例 1 求函数 $f(x)=x^3+4x^2-7x-10$ 在 $[-1,2]$ 上满足罗尔定理中的 ξ.

解 容易验证该函数在 $[-1,2]$ 上满足罗尔定理的三个条件.

令 $f'(x)=0$，即 $3x^2+8x-7=0$，解方程得

$$\xi_1=\frac{-4+\sqrt{37}}{3},\quad \xi_2=\frac{-4-\sqrt{37}}{3},$$

而 $\xi_2\notin(-1,2)$，应舍去. 显然 $\xi_1\in(-1,2)$，故 ξ_1 为所求.

例 2 不求导数，判断函数 $f(x)=x(x-1)(x-2)$ 的导数有几个零点，并指出它们所属区间.

解 显然 $f(0)=f(1)=f(2)=0$，$f(x)$ 在 $[0,1]$ 和 $[1,2]$ 上均满足罗尔定理的三个条件. 因此，$(0,1)$ 内至少存在一点 ξ_1，使 $f'(\xi_1)=0$，ξ_1 是 $f'(x)$ 的一个零点；在 $(1,2)$ 内至少存在一点 ξ_2，使 $f'(\xi_2)=0$，ξ_2 也是 $f'(x)$ 的一个零点. 因为 $f'(x)$ 为二次多项式，所以只能有两个零点，它们分别在 $(0,1)$ 和 $(1,2)$ 内.

例 3 证明方程 $5x^4-4x+1=0$ 在 $(0,1)$ 内至少有一个实根.

证明 作辅助函数 $f(x)=x^5-2x^2+x$. 显然，$f(x)$ 在 $[0,1]$ 上连续，在 $(0,1)$ 内可导，又 $f(0)=f(1)=0$，故 $f(x)$ 在 $[0,1]$ 上满足罗尔定理的条件，所以至少存在一点 $\xi\in(0,1)$，使 $f'(\xi)=0$，即 $5\xi^4-4\xi+1=0$. 这说明 $x=\xi$ 是方程 $5x^4-4x+1=0$ 在 $(0,1)$ 内的一个实根，即方程 $5x^4-4x+1=0$ 在 $(0,1)$ 内至少有一个实根.

注 如果罗尔定理的三个条件有一个不满足，则定理的结论就可能不成立. 例如：

(1) $f(x)=\begin{cases}x, & 0\leqslant x<1,\\ 0, & x=1,\end{cases}$ 函数仅在点 $x=1$ 处不连续，罗尔定理的其他两个条件都满足，但在 $(0,1)$ 内不存在 ξ，使得 $f'(\xi)=0$；

(2) $f(x)=|x|$，$x\in[-1,1]$，函数仅在点 $x=0$ 处不可导，罗尔定理的其他两

个条件都满足，但在$(-1,1)$内不存在ξ，使得$f'(\xi)=0$；

(3) $f(x)=x, x\in[0,1]$，函数在区间端点处的值不相等，罗尔定理的其他两个条件都满足，但在$(0,1)$内不存在ξ，使得$f'(\xi)=0$.

例 4 设函数$f(x)$在$[0,1]$上连续，在$(0,1)$内可导，且$f(1)=0$. 证明：至少存在一点$\xi\in(0,1)$，使得$f'(\xi)=-\dfrac{f(\xi)}{\xi}$.

证明 作辅助函数$F(x)=xf(x)$，显然$F(x)$在$[0,1]$上连续，在$(0,1)$内可导，且$F(1)=f(1)=0, F(0)=0$. $F(x)$在$[0,1]$上满足罗尔定理条件，故存在$\xi\in(0,1)$，使得$F'(\xi)=\xi f'(\xi)+f(\xi)=0$，即$f'(\xi)=-\dfrac{f(\xi)}{\xi}$.

4.1.2 拉格朗日(Lagrange)中值定理及其推论

定理 4.1.2 若函数$f(x)$满足：

(1) 在闭区间$[a,b]$上连续，

(2) 在开区间(a,b)内可导，

则至少存在一点$\xi\in(a,b)$，使得

$$f'(\xi)=\frac{f(b)-f(a)}{b-a}. \tag{4.1.1}$$

拉格朗日中值定理的几何意义是：如果连续曲线$y=f(x)$的弧$\overset{\frown}{AB}$上除端点外处处具有不垂直于x轴的切线，那么该弧上至少有一点C，使曲线在点C处的切线平行于弦AB，如图 4-2 所示.

证明 构造辅助函数

$$\phi(x)=f(x)-f(a)-\frac{f(b)-f(a)}{b-a}(x-a).$$

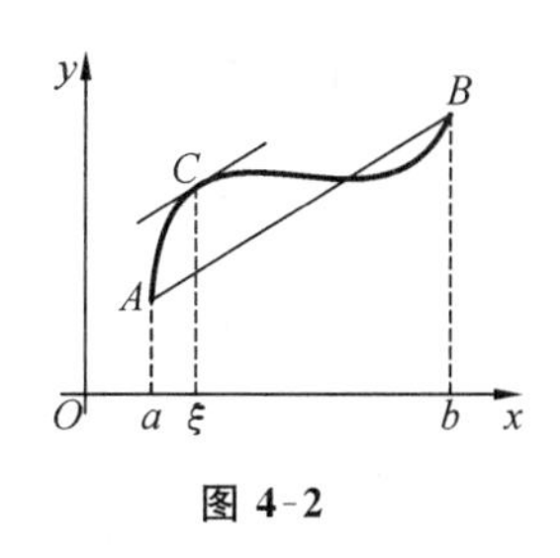

图 4-2

由定理条件易知$\phi(x)$满足条件：

(1) 在闭区间$[a,b]$上连续；

(2) 在开区间(a,b)内可导；

(3) $\phi(a)=\phi(b)=0$.

因此根据罗尔定理可知，至少存在一点$\xi\in(a,b)$，使得

$$\phi'(\xi)=f'(\xi)-\frac{f(b)-f(a)}{b-a}=0.$$

故$f'(\xi)=\dfrac{f(b)-f(a)}{b-a}$，即拉格朗日中值定理得证.

注 罗尔定理是拉格朗日中值定理当$f(a)=f(b)$时的特殊情形.

推论 1 若函数$f(x)$在区间I上的导数恒等于零，则$f(x)$在区间I上是一个常数.

证明 任取 $x_1,x_2\in I$,且 $x_1<x_2$,则 $f(x)$在闭区间$[x_1,x_2]$上连续,$f(x)$在开区间(x_1,x_2)内可导,由定理 4.1.2,得

$$f(x_2)-f(x_1)=f'(\xi)(x_2-x_1),\quad \xi\in(x_1,x_2).$$

由于 $f'(\xi)\equiv 0$,故 $f(x_2)=f(x_1)$.

根据 x_1,x_2 的任意性可知函数 $f(x)$在区间 I 上是一个常数.

推论 1 是"常数的导数为零"的逆定理.

推论 2 函数 $f(x)$在区间 I 上可导,若对任一 $x\in I$,有 $f'(x)=g'(x)$,则

$$f(x)=g(x)+C$$

对任意 $x\in I$ 成立,其中 C 为常数.

证明 由于对任意 $x\in I$ 有 $f'(x)=g'(x)$,因此$[f(x)-g(x)]'=f'(x)-g'(x)=0$ 对任意 $x\in I$ 成立. 根据推论 1 可知,函数 $f(x)-g(x)$在区间 I 内是一个常数. 设该常数为 C,则有

$$f(x)=g(x)+C.$$

例 5 验证拉格朗日中值定理对于函数 $f(x)=x^3$ 在$[0,1]$上的正确性.

解 $f(x)=x^3$ 在$[0,1]$上连续,在$(0,1)$内可导,故 $f(x)$满足拉格朗日中值定理的条件,于是

$$f(1)-f(0)=f'(\xi)(1-0)\quad (0<\xi<1),$$

即 $3\xi^2=1$,所以 $\xi_1=\frac{1}{\sqrt{3}},\xi_2=-\frac{1}{\sqrt{3}}$. $\xi_2\notin(0,1)$,应舍去. 显然 $\xi_1\in(0,1)$,故 ξ_1 为所求.

例 6 求证 $\arcsin x+\arccos x=\frac{\pi}{2},x\in[-1,1]$.

证明 令 $\varphi(x)=\arcsin x+\arccos x$,则

$$\varphi'(x)=\frac{1}{\sqrt{1-x^2}}-\frac{1}{\sqrt{1-x^2}}=0\quad (x\in(-1,1)).$$

由推论 1 得 $\varphi(x)=C,x\in(-1,1)$. 因 $\varphi(0)=\frac{\pi}{2}$,且 $\varphi(\pm 1)=\frac{\pi}{2}$,所以

$$\varphi(x)=\arcsin x+\arccos x=\frac{\pi}{2}\quad (x\in[-1,1]).$$

注 利用中值定理可以证明恒等式.

例 7 当 $x>0$ 时,证明:$\frac{x}{1+x}<\ln(1+x)<x$.

证明 作辅助函数 $f(t)=\ln(1+t)$,显然,$f(t)$在$[0,x]$上满足拉格朗日中值定理条件,根据定理 4.1.2,应有

$$f(x)-f(0)=f'(\xi)(x-0)\quad (0<\xi<x).$$

由于 $f(0)=0, f'(x)=\dfrac{1}{1+x}$，因此上式即为

$$\ln(1+x)=\frac{x}{1+\xi} \quad (0<\xi<x).$$

又因为 $0<\xi<x$，所以 $\dfrac{x}{1+x}<\dfrac{x}{1+\xi}<x$. 故有

$$\frac{x}{1+x}<\ln(1+x)<x \quad (x>0).$$

注 利用拉格朗日中值定理可以证明不等式.

例 8 下列函数是否满足拉格朗日中值定理条件？若满足，求出定理中的 ξ.

(1) $f(x)=\sin|x|, x\in[-1,2]$；　　(2) $f(x)=\ln x, x\in[1,\mathrm{e}]$.

解 (1) $\sin|x|$ 在 $[-1,2]$ 上连续，但由于 $|x|$ 在 $x=0$ 处不可导，因此 $\sin|x|$ 在区间 $(-1,2)$ 内不可导，即拉格朗日中值定理条件不满足.

(2) $\ln x$ 在 $x\in[1,\mathrm{e}]$ 上连续，$f'(x)=\dfrac{1}{x}$ 在 $(1,\mathrm{e})$ 内有意义，所以 $\ln x$ 在 $[1,\mathrm{e}]$ 上满足拉格朗日中值定理条件，由式(4.1.1)得

$$\frac{1}{x}=\frac{\ln\mathrm{e}-\ln 1}{\mathrm{e}-1}=\frac{1}{\mathrm{e}-1},$$

即 $x=\mathrm{e}-1$，亦即 $\xi=\mathrm{e}-1$ 为所求.

4.1.3 柯西(Cauchy)中值定理

定理 4.1.3 若函数 $f(x), g(x)$ 满足：

(1) 在闭区间 $[a,b]$ 上连续；

(2) 在开区间 (a,b) 内可导；

(3) 在 (a,b) 内每一点处 $g'(x)\neq 0$，

则至少存在一点 $\xi\in(a,b)$ 使得

$$\frac{f(b)-f(a)}{g(b)-g(a)}=\frac{f'(\xi)}{g'(\xi)}. \tag{4.1.2}$$

证明 由 $g'(x)\neq 0$，必有 $g(b)-g(a)\neq 0$. 否则，若 $g(b)-g(a)=0$，即 $g(b)=g(a)$，于是 $g(x)$ 满足罗尔定理的三个条件，因此在区间 (a,b) 内至少存在一点 ξ，使得 $g'(x)=0$，这与题设 $g'(x)\neq 0$ 矛盾，所以 $g(b)-g(a)\neq 0$，故在柯西中值定理中不必再假设 $g(b)\neq g(a)$.

作辅助函数

$$\varphi(x)=f(x)-f(a)-\frac{f(b)-f(a)}{g(b)-g(a)}[g(x)-g(a)].$$

容易验证 $\varphi(x)$ 满足罗尔定理的三个条件，根据罗尔定理，在区间 (a,b) 内至少

存在一点 ξ,使得 $\varphi'(x)=0$,即 $\varphi'(\xi)=f'(\xi)-\dfrac{f(b)-f(a)}{g(b)-g(a)}g'(\xi)=0$,于是得

$$\frac{f(b)-f(a)}{g(b)-g(a)}=\frac{f'(\xi)}{g'(\xi)}.$$

注 拉格朗日中值定理是柯西中值定理当 $g(x)=x$ 时的特殊情况.

习题 4.1

(A)

1. 设函数 $f(x)=x(x-5)(x^2-9)$,不用求导数,说明方程 $f'(x)=0$ 的实根个数,并指出它们所属区间.
2. 证明方程 $x^3+px+q=0(p>0)$ 不可能有两个实根.
3. 下列函数在区间 $[-1,1]$ 上是否满足罗尔中值定理的条件?若满足,求出 $\xi\in(-1,1)$,使得 $f'(\xi)=0$.
   (1) $f(x)=(1+x)^4(1-x)^5$;
   (2) $f(x)=1-\sqrt[3]{x^2}$.
4. 验证函数 $f(x)=x\sqrt{3-x}$ 在区间 $[0,3]$ 上满足罗尔定理的三个条件,并在 $(0,3)$ 内求一点 ξ 使得 $f'(\xi)=0$.
5. 求证:(1) 当 $x\geqslant 1$ 时,$2\arctan x+\arcsin\dfrac{2x}{1+x^2}=\pi$;
   (2) $\arctan x=\arcsin\dfrac{x}{\sqrt{1+x^2}}$,$x\in(-\infty,+\infty)$.
6. 下列函数是否满足拉格朗日中值定理条件?若满足,求出定理中的 ξ.
   (1) $f(x)=\mathrm{e}^{|x|}$,$x\in[-1,1]$; (2) $f(x)=x^3$,$x\in[-1,2]$;
   (3) $f(x)=x^3-5x^2+x-2$,$x\in[-1,0]$.

(B)

1. 证明:方程 $x^3+x-1=0$ 有且仅有一个实数根.
2. 证明下列不等式:
   (1) 当 $x>0$ 时,$\ln(1+x)<x$;
   (2) $\arctan x_2-\arctan x_1\leqslant x_2-x_1\quad(x_1<x_2)$.
3. 设函数 $f(x)$ 在 $[0,1]$ 上连续,在 $(0,1)$ 内可导,且 $f(0)=f(1)=0$,$f\left(\dfrac{1}{2}\right)=1$,试证:至少存在一点 $\xi\in(0,1)$,使得 $f'(\xi)=1$.
4. 在 $[0,1]$ 上,$0<f(x)<1$,$f(x)$ 可微且 $f'(x)\neq 1$,求证:在 $(0,1)$ 内存在唯一的 ξ 满足 $f(\xi)=\xi$.

5. 设 $a>0$，$f(x)$ 在 $[a,b]$ 上连续，在 (a,b) 内可导，证明：存在 $\xi,\eta\in(a,b)$，使得 $f'(\xi)=\dfrac{a+b}{2\eta}f'(\eta)$.

6. 设函数 $f(x)$ 在 $[a,b]$ 上连续，在 (a,b) 内可导，$a>0$，试证：$\exists\,\xi,\eta\in(a,b)$，使得 $f'(\xi)=(a^2+ab+b^2)\dfrac{f'(\eta)}{3\eta^2}$.

4.2 洛必达法则

当 $x\to a$（或 $x\to\infty$）时，两个函数 $f(x)$，$g(x)$ 都趋于零或都趋于无穷大，通常把 $\dfrac{f(x)}{g(x)}$ 叫做**未定式**（或**不定式**），分别简记为 $\dfrac{0}{0}$ 型或 $\dfrac{\infty}{\infty}$ 型.

下面讨论未定式的极限.

4.2.1 $\dfrac{0}{0}$ 型与 $\dfrac{\infty}{\infty}$ 型未定式的极限

定理 4.2.1(洛必达法则) 假设函数 $f(x)$ 和 $g(x)$ 满足下列条件：

(1) $f(x)$，$g(x)$ 都在点 a 的某个去心邻域内可导，且 $g'(x)\neq 0$；

(2) 当 $x\to a$ 时，$f(x)$，$g(x)$ 都趋向于零（或 ∞）；

(3) $\lim\limits_{x\to a}\dfrac{f'(x)}{g'(x)}$ 存在（或为 ∞），

则
$$\lim_{x\to a}\frac{f(x)}{g(x)}=\lim_{x\to a}\frac{f'(x)}{g'(x)}.$$

证明 因函数极限与点 a 的取值无关，不妨设 $f(a)=g(a)=0$. 由柯西中值定理，有
$$\frac{f(x)}{g(x)}=\frac{f(x)-f(a)}{g(x)-g(a)}=\frac{f'(\xi)}{g'(\xi)}\quad(a<\xi<x \text{ 或 } x<\xi<a).$$
显然当 $x\to a$ 时，$\xi\to a$，于是，
$$\lim_{x\to a}\frac{f(x)}{g(x)}=\lim_{\xi\to a}\frac{f'(\xi)}{g'(\xi)}=\lim_{x\to a}\frac{f'(x)}{g'(x)}=A.$$

对于 $x\to\infty$ 时的 $\dfrac{0}{0}$ 型或 $\dfrac{\infty}{\infty}$ 型未定式，洛必达法则也成立.

推论 1 如果当 $x\to a$（或 $x\to\infty$）时，$\dfrac{f'(x)}{g'(x)}$ 仍为 $\dfrac{0}{0}$ 型或 $\dfrac{\infty}{\infty}$ 型未定式，而 $f'(x)$，$g'(x)$ 仍满足洛必达法则条件，则
$$\lim_{x\to a}\frac{f(x)}{g(x)}=\lim_{x\to a}\frac{f'(x)}{g'(x)}=\lim_{x\to a}\frac{f''(x)}{g''(x)}.$$
上述推论告诉我们，洛必达法则可多次使用.

例 1 求极限$\lim\limits_{x\to 0}\dfrac{\tan x-x}{x-\sin x}$. $\left(\dfrac{0}{0}\right)$

解 $\lim\limits_{x\to 0}\dfrac{\tan x-x}{x-\sin x}=\lim\limits_{x\to 0}\dfrac{\sec^2 x-1}{1-\cos x}=\lim\limits_{x\to 0}\dfrac{\dfrac{1-\cos^2 x}{\cos^2 x}}{1-\cos x}=\lim\limits_{x\to 0}\dfrac{1+\cos x}{\cos^2 x}=2.$

例 2 求极限 $\lim\limits_{x\to +\infty}\dfrac{\dfrac{\pi}{2}-\arctan x}{\dfrac{1}{x}}$. $\left(\dfrac{0}{0}\right)$

解 $\lim\limits_{x\to +\infty}\dfrac{\dfrac{\pi}{2}-\arctan x}{\dfrac{1}{x}}=\lim\limits_{x\to +\infty}\dfrac{-\dfrac{1}{1+x^2}}{-\dfrac{1}{x^2}}=1.$

例 3 求极限 $\lim\limits_{x\to +\infty}\dfrac{\ln x}{x^\alpha}(\alpha>0)$. $\left(\dfrac{\infty}{\infty}\right)$

解 $\lim\limits_{x\to +\infty}\dfrac{\ln x}{x^\alpha}=\lim\limits_{x\to +\infty}\dfrac{\dfrac{1}{x}}{\alpha x^{\alpha-1}}=\lim\limits_{x\to +\infty}\dfrac{1}{\alpha x^\alpha}=0.$

例 4 求极限 $\lim\limits_{x\to +\infty}\dfrac{x^\alpha}{\mathrm{e}^x}(\alpha>0)$. $\left(\dfrac{\infty}{\infty}\right)$

解
$$\lim_{x\to +\infty}\frac{x^\alpha}{\mathrm{e}^x}=\lim_{x\to +\infty}\frac{\alpha x^{\alpha-1}}{\mathrm{e}^x}.$$

若$0<\alpha\leqslant 1$，则上式右端极限为 0. 若$\alpha>1$，则上式右端仍是$\dfrac{\infty}{\infty}$型未定式，这时总存在自然数 n，使得 $n-1<\alpha\leqslant n$，逐次应用洛必达法则直到第 n 次，得

$$\begin{aligned}\lim_{x\to +\infty}\frac{x^\alpha}{\mathrm{e}^x}&=\lim_{x\to +\infty}\frac{\alpha x^{\alpha-1}}{\mathrm{e}^x}\\&=\lim_{x\to +\infty}\frac{\alpha(\alpha-1)\cdots(\alpha-n+1)x^{\alpha-n}}{\mathrm{e}^x}=0.\end{aligned}$$

故
$$\lim_{x\to +\infty}\frac{x^\alpha}{\mathrm{e}^x}=0.$$

例 5 求极限$\lim\limits_{x\to \frac{\pi}{2}}\dfrac{\tan x}{\tan 3x}$. $\left(\dfrac{\infty}{\infty}\right)$

解
$$\begin{aligned}\lim_{x\to \frac{\pi}{2}}\frac{\tan x}{\tan 3x}&=\lim_{x\to \frac{\pi}{2}}\frac{\sec^2 x}{3\sec^2 3x}=\lim_{x\to \frac{\pi}{2}}\frac{\cos^2 3x}{3\cos^2 x}\\&=\lim_{x\to \frac{\pi}{2}}\frac{-6\cos 3x\sin 3x}{-6\cos x\sin x}=\lim_{x\to \frac{\pi}{2}}\frac{\sin 6x}{\sin 2x}\\&=\lim_{x\to \frac{\pi}{2}}\frac{6\cos 6x}{2\cos 2x}=3.\end{aligned}$$

注 使用洛必达法则求极限时，首先要验证它是不是未定式的极限，否则会导致错误的结果. 另外，要注意定理条件不成立时，不能盲目使用洛必达法则. 例如，

$\lim\limits_{x\to\infty}\dfrac{(x+\sin x)'}{(x-\sin x)'}=\lim\limits_{x\to\infty}\dfrac{1+\cos x}{1-\cos x}$不存在，但$\lim\limits_{x\to\infty}\dfrac{x+\sin x}{x-\sin x}=\lim\limits_{x\to\infty}\dfrac{1+\dfrac{\sin x}{x}}{1-\dfrac{\sin x}{x}}=1$.

4.2.2 其他未定式的极限（$0\cdot\infty,\infty-\infty,0^0,1^\infty,\infty^0$）

例 6 求极限 $\lim\limits_{x\to0^+}x\ln x$.

解
$$\lim_{x\to0^+}x\ln x=\lim_{x\to0^+}\frac{\ln x}{x^{-1}}=\lim_{x\to0^+}\frac{\frac{1}{x}}{-x^{-2}}=-\lim_{x\to0^+}x=0.$$

例 7 求极限$\lim\limits_{x\to\frac{\pi}{2}}(\sec x-\tan x)$.

解
$$\lim_{x\to\frac{\pi}{2}}(\sec x-\tan x)=\lim_{x\to\frac{\pi}{2}}\frac{1-\sin x}{\cos x}=\lim_{x\to\frac{\pi}{2}}\frac{-\cos x}{-\sin x}=0.$$

例 8 求极限 $\lim\limits_{x\to0^+}x^{\sin x}$.

解 $\lim\limits_{x\to0^+}x^{\sin x}=\lim\limits_{x\to0^+}\mathrm{e}^{\sin x\ln x}$. 因为
$$\lim_{x\to0^+}\sin x\ln x=\lim_{x\to0^+}\frac{\ln x}{\csc x}=\lim_{x\to0^+}\frac{\frac{1}{x}}{-\csc x\cot x}=-\lim_{x\to0^+}\frac{\sin x}{x}\cdot\frac{\sin x}{\cos x}=0,$$
所以
$$\lim_{x\to0^+}x^{\sin x}=\mathrm{e}^0=1.$$

例 9 求极限$\lim\limits_{x\to\mathrm{e}}(\ln x)^{\frac{1}{1-\ln x}}$.

解
$$\lim_{x\to\mathrm{e}}(\ln x)^{\frac{1}{1-\ln x}}=\mathrm{e}^{\lim\limits_{x\to\mathrm{e}}\frac{\ln\ln x}{1-\ln x}}=\mathrm{e}^{\lim\limits_{x\to\mathrm{e}}\frac{\frac{1}{\ln x}\cdot\frac{1}{x}}{-\frac{1}{x}}}=\mathrm{e}^{-\lim\limits_{x\to\mathrm{e}}\frac{1}{\ln x}}=\mathrm{e}^{-1}.$$

例 10 求极限$\lim\limits_{x\to1}\dfrac{x^x-1}{x\ln x}$.

解 $\lim\limits_{x\to1}\dfrac{x^x-1}{x\ln x}=\lim\limits_{x\to1}\dfrac{(\mathrm{e}^{x\ln x}-1)'}{(x\ln x)'}=\lim\limits_{x\to1}\dfrac{\mathrm{e}^{x\ln x}(\ln x+1)}{\ln x+1}=\mathrm{e}^{\lim\limits_{x\to1}x\ln x}=\mathrm{e}^0=1.$

例 11 求极限$\lim\limits_{x\to 0}\dfrac{\tan x-x}{x^2\ln(1+x)}$.

解 如果直接用洛必达法则，那么分母的导数较复杂. 如果作一个等价无穷小替代，则计算就方便得多. 计算如下：

$$\lim_{x\to 0}\frac{\tan x-x}{x^2\ln(x+1)}=\lim_{x\to 0}\frac{\tan x-x}{x^3}=\lim_{x\to 0}\frac{\sec^2 x-1}{3x^2}$$

$$=\lim_{x\to 0}\frac{\tan^2 x}{3x^2}=\frac{1}{3}.$$

习题 4.2

(A)

1. 求下列极限：

(1) $\lim\limits_{x\to 0}\dfrac{\sin 3x}{x}$；

(2) $\lim\limits_{x\to 0}\dfrac{e^x-e^{-x}}{\sin x}$；

(3) $\lim\limits_{x\to 1}\dfrac{\ln x}{x-1}$；

(4) $\lim\limits_{x\to 0}\left(\dfrac{1}{x}-\dfrac{1}{e^x-1}\right)$；

(5) $\lim\limits_{x\to 0}\cot x\left(\dfrac{1}{\sin x}-\dfrac{1}{x}\right)$；

(6) $\lim\limits_{x\to 0}\left(\dfrac{1}{x^2}-\dfrac{1}{x\tan x}\right)$；

(7) $\lim\limits_{x\to 0^+}\dfrac{\ln x}{\ln\sin x}$；

(8) $\lim\limits_{x\to 0}(1+\sin x)^{\frac{1}{x}}$；

(9) $\lim\limits_{x\to 0^+}\sin x\ln x$；

(10) $\lim\limits_{x\to +\infty}\dfrac{\ln\left(1+\dfrac{1}{x}\right)}{\operatorname{arccot} x}$；

(11) $\lim\limits_{x\to 1}x^{\frac{1}{1-x}}$.

(B)

1. 求下列极限：

(1) $\lim\limits_{x\to 0^+}(\cot x)^{\sin x}$；

(2) $\lim\limits_{x\to 0^+}\left(\ln\dfrac{1}{x}\right)^{\sin x}$；

(3) $\lim\limits_{x\to 0^+}(\cot x)^{\frac{1}{\ln x}}$；

(4) $\lim\limits_{x\to +\infty}\left(\dfrac{2}{\pi}\arctan x\right)^x$；

(5) $\lim\limits_{x\to 0}\dfrac{e^x-\sin x-1}{1-\sqrt{1-x^2}}$；

(6) $\lim\limits_{x\to 0}\dfrac{\sqrt{1+x}+\sqrt{1-x}-2}{x^2}$；

(7) $\lim\limits_{x\to 0}\left(\dfrac{\sin x}{x}\right)^{1/x^2}$.

4.3 泰勒公式

对于一个较复杂的函数，为了便于研究，往往希望用一些简单的函数来近似表达.而多项式表示的函数，只要对自变量进行有限次加、减、乘三种运算，就能求出它的函数值.因此在实际问题中，常考虑用多项式逼近某个较为复杂的函数.

在本章前面已经知道，如果函数 $f(x)$ 在点 x_0 处可微，则

$$f(x)=f(x_0)+f'(x_0)(x-x_0)+o(x-x_0).$$

上式表明，对于任何在点 x_0 处有一阶导数的函数，在 x_0 的邻域 $U(x_0)$ 内能用关于 $x-x_0$ 的一个一次多项式来近似表示它，多项式的系数就是该函数在点 x_0 处的函数值和一阶导数值，这种近似表示的误差是 $x-x_0$ 的高阶无穷小量.

于是，人们猜想，如果函数 $f(x)$ 在点 x_0 处有 n 阶导数，则可以用一个关于 $x-x_0$ 的 n 次多项式来近似表示 $f(x)$，该多项式的系数仅与函数 $f(x)$ 在点 x_0 处的函数值和各阶导数值有关，这种近似表示的误差是 $(x-x_0)^n$ 的高阶无穷小量.

泰勒(Taylor)对这个猜想进行了研究，并得到了下面的结论.

定理 4.3.1(泰勒中值定理) 若 $f(x)$ 在含有点 x_0 的区间 (a,b) 内，具有直到 $n+1$ 阶导数，则 $\forall x\in(a,b)$，$f(x)$ 可以按 $(x-x_0)$ 的方幂展开为

$$f(x)=f(x_0)+f'(x_0)(x-x_0)+\frac{f''(x_0)}{2!}(x-x_0)^2+\cdots+\frac{f^{(n)}(x_0)}{n!}(x-x_0)^n+R_n(x), \tag{4.3.1}$$

其中

$$R_n(x)=\frac{f^{(n+1)}(\xi)}{(n+1)!}(x-x_0)^{n+1} \quad (\xi\text{ 介于 }x_0\text{ 与 }x\text{ 之间}) \tag{4.3.2}$$

或

$$R_n(x)=o\Big((x-x_0)^n\Big) \quad (x\to x_0). \tag{4.3.3}$$

式(4.3.1)称为 $f(x)$ 在点 x_0 处的 n 阶**泰勒公式**，$R_n(x)$ 称为**余项**；式(4.3.2)表示的余项称为**拉格朗日余项**；式(4.3.3)表示的余项称为**皮亚诺(Peano)余项**.而

$$\varphi_n(x)=a_0+a_1(x-x_0)+a_2(x-x_0)^2+\cdots+a_n(x-x_0)^n$$

称为 n **阶泰勒多项式**.运用泰勒多项式近似表示函数 $f(x)$ 的误差，可由余项进行估计.例如，对于在 x_0 的邻域的任意一点 x，有 $|f^{(n+1)}(x)|\leqslant M$，则可得误差估计式

$$|R_n(x)|=|f(x)-\varphi_n(x)|\leqslant\frac{M}{(n+1)!}|x-x_0|^{n+1}.$$

特别地，当式(4.3.1)中的 $x_0=0$ 时，通常称为**麦克劳林(Maclaurin)公式**，即

$$f(x)=\sum_{k=0}^{n}\frac{f^{(k)}(0)}{k!}x^k+R_n(x), \tag{4.3.4}$$

其中 $$R_n(x)=\frac{f^{(n+1)}(\theta x)}{(n+1)!}x^{n+1}\quad(0<\theta<1).$$

证明 令 $\varphi_n(x)=a_0+a_1(x-x_0)+a_2(x-x_0)^2+\cdots+a_n(x-x_0)^n$,作辅助函数 $F(x)=f(x)-\varphi_n(x)$. $\varphi_n'(x_0)=1!a_1$, $\varphi''_n(x_0)=2!a_2$, $\cdots$, $\varphi_n^{(n)}(x_0)=n!a_n$. 设 $\varphi_n(x)$在点 x_0 处的函数值及它的直到 $n+1$ 阶的导数在点 x_0 处的值依次与 $f(x_0)$, $f'(x_0)$, $\cdots$, $f^{(n)}(x_0)$相等,则有

$$f(x_0)=a_0,f'(x_0)=1!a_1,f''(x_0)=2!a_2,\cdots,f^{(n)}(x_0)=n!a_n,$$

即 $$a_0=f(x_0),a_1=\frac{f'(x_0)}{1!},a_2=\frac{f''(x_0)}{2!},\cdots,a_n=\frac{f^{(n)}(x_0)}{n!}.$$

于是 $$F(x_0)=F'(x_0)=\cdots=F^{(n+1)}(x_0)=0.$$

对 $F(x)$, $(x-x_0)^{(n+1)}$ 在$[x_0,x]$上运用柯西中值定理,得到

$$\frac{F(x)}{(x-x_0)^{n+1}}=\frac{F(x)-F(x_0)}{(x-x_0)^{n+1}}=\frac{F'(\xi_1)}{(n+1)(\xi_1-x_0)^n}=\frac{F'(\xi_1)-F'(x_0)}{(n+1)(\xi_1-x_0)^n},$$

$$\frac{F'(\xi_1)-F'(x_0)}{(n+1)(\xi_1-x_0)^n}=\frac{F''(\xi_2)}{(n+1)n(\xi_2-x_0)^{n-1}}=\cdots=\frac{F^{(n+1)}(\xi_{n+1})}{(n+1)!}=\frac{F^{(n+1)}(\xi)}{(n+1)!}.$$

注意到 $F^{(n+1)}(x)=f^{(n+1)}(x)$,则由上式可得,

$$\begin{aligned}f(x)&=F(x)+\varphi_n(x)\\&=f(x_0)+f'(x_0)(x-x_0)+\frac{f''(x_0)}{2!}(x-x_0)^2+\cdots\\&\quad+\frac{f^{(n)}(x_0)}{n!}(x-x_0)^n+\frac{f^{(n+1)}(\xi)}{(n+1)!}(x-x_0)^{(n+1)}\quad(\xi\text{在 }x_0\text{ 与 }x\text{ 之间}).\end{aligned}$$

当 $n=0$ 时,泰勒公式变成拉格朗日中值公式:

$$f(x)=f(x_0)+f'(\xi)(x-x_0)\quad(\xi\text{在 }x_0\text{ 与 }x\text{ 之间}),$$

这说明泰勒中值定理是拉格朗日中值定理的推广.

例 1 求 $f(x)=\mathrm{e}^x$ 的 n 阶麦克劳林公式.

解 因为 $f^{(n)}(0)=\mathrm{e}^x|_{x=0}=1$,注意到 $f^{(n+1)}(\theta x)=\mathrm{e}^{\theta x}$,即得

$$\mathrm{e}^x=1+x+\frac{x^2}{2!}+\cdots+\frac{x^n}{n!}+\frac{\mathrm{e}^{\theta x}x^{n+1}}{(n+1)!}\quad(0<\theta<1).$$

常用初等函数的麦克劳林公式如下:

$$\mathrm{e}^x=1+x+\frac{x^2}{2!}+\cdots+\frac{x^n}{n!}+o(x^n);$$

$$\sin x=x-\frac{x^3}{3!}+\frac{x^5}{5!}-\cdots+(-1)^n\frac{x^{2n+1}}{(2n+1)!}+o(x^{2n+2});$$

$$\cos x=1-\frac{x^2}{2!}+\frac{x^4}{4!}-\frac{x^6}{6!}+\cdots+(-1)^n\frac{x^{2n}}{(2n)!}+o(x^{2n+1});$$

$$\ln(1+x)=x-\frac{x^2}{2}+\frac{x^3}{3}-\cdots+(-1)^{n-1}\frac{x^n}{n}+o(x^n);$$

$$\frac{1}{1-x}=1+x+x^2+\cdots+x^n+o(x^n);$$

$$(1+x)^m=1+mx+\frac{m(m-1)x^2}{2!}+\cdots+\frac{m(m-1)\cdots(m-n+1)x^n}{n!}+o(x^n)\quad(m>n).$$

例 2 求极限$\lim\limits_{x\to 0}\dfrac{\cos x-\mathrm{e}^{-\frac{x^2}{2}}}{x^4}$.

解 由泰勒公式,有

$$\cos x=1-\frac{x^2}{2!}+\frac{x^4}{4!}+o(x^4),$$

$$\mathrm{e}^{-\frac{x^2}{2}}=1+\left(-\frac{x^2}{2}\right)+\frac{1}{2!}\left(-\frac{x^2}{2}\right)^2+o(x^4),$$

即

$$\cos x-\mathrm{e}^{-\frac{x^2}{2}}=-\frac{1}{12}x^4+o(x^4),$$

故

$$\lim_{x\to 0}\frac{\cos x-\mathrm{e}^{-\frac{x^2}{2}}}{x^4}=\lim_{x\to 0}\frac{-\frac{1}{12}x^4+o(x^4)}{x^4}=-\frac{1}{12}.$$

例 3 求极限$\lim\limits_{x\to 0}\dfrac{\sqrt{1+x}+\sqrt{1-x}-2}{x^2}$.

解法一 由洛必达法则知,

$$\lim_{x\to 0}\frac{\sqrt{1+x}+\sqrt{1-x}-2}{x^2}=\lim_{x\to 0}\frac{\frac{1}{2\sqrt{1+x}}-\frac{1}{2\sqrt{1-x}}}{2x}=\lim_{x\to 0}\frac{\sqrt{1-x}-\sqrt{1+x}}{4x\sqrt{1+x}\sqrt{1-x}}$$

$$=\lim_{x\to 0}\frac{\sqrt{1-x}-\sqrt{1+x}}{4x}=\lim_{x\to 0}\frac{-2x}{4x(\sqrt{1-x}+\sqrt{1+x})}=-\frac{1}{4}.$$

解法二 由泰勒公式知,

$$\lim_{x\to 0}\frac{\sqrt{1+x}+\sqrt{1-x}-2}{x^2}=\lim_{x\to 0}\frac{1+\frac{1}{2}x-\frac{1}{8}x^2+o(x^3)+1-\frac{1}{2}x-\frac{1}{8}x^2+o(x^3)-2}{x^2}$$

$$=\lim_{x\to 0}\left(-\frac{1}{4}+\frac{o(x^3)}{x^2}\right)=-\frac{1}{4}.$$

习题 4.3

(A)

1. 利用泰勒公式求下列极限:

(1)$\lim\limits_{x\to 0}\dfrac{x-\sin x}{x^3}$;　　(2)$\lim\limits_{x\to+\infty}(\sqrt[3]{x^3+3x}-\sqrt{x^2-x})$;

(3) $\lim\limits_{x\to 0}\dfrac{e^{\tan x}-1}{x}$；　　　(4) $\lim\limits_{x\to 0}\dfrac{e^{x^2}+2\cos x-3}{x^4}$；

(5) $\lim\limits_{x\to\infty}\left(x-x^2\ln\left(1+\dfrac{1}{x}\right)\right)$.

2. 求函数 $f(x)=\sqrt{x}$ 在 $x=4$ 处带有拉格朗日型余项的三阶泰勒公式.

3. 求函数 $y=\dfrac{1}{3-x}$ 在 $x=-2$ 处带有皮亚诺型余项的 n 阶泰勒展开式.

(B)

1. 利用泰勒公式求下列极限：

(1) $\lim\limits_{x\to 0}\dfrac{1+\frac{1}{2}x^2-\sqrt{1+x^2}}{(\cos x-e^{x^2})\sin x^2}$；　　　(2) $\lim\limits_{x\to 0^+}\dfrac{e^x-1-x}{\sqrt{1-x}-\cos\sqrt{x}}$.

2. 求 $f(x)=xe^x$ 的带有拉格朗日型余项的 n 阶麦克劳林公式.

4.4　函数的单调性

在第 1 章中，我们已经介绍了函数在区间上单调的概念，利用单调性的定义来判定函数在区间上的单调性，一般来说比较困难. 下面介绍一种简单而有效的判定函数单调性的方法.

我们知道，函数单调增加或减少，在函数图形上表现为一条沿 x 轴正向上升或下降的曲线. 曲线随 x 的增加而上升时，其切线与 x 轴正向的夹角成锐角，如图4-3所示；曲线随 x 的增加而下降时，切线与 x 轴正向的夹角为钝角，如图 4-4 所示. 从而曲线的升降与其切线的斜率密切相关，而曲线切线的斜率可以通过相应函数的导数表示.

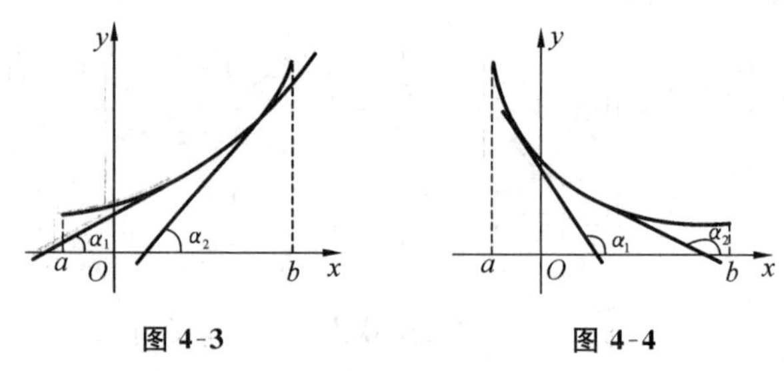

图 4-3　　　　图 4-4

定理 4.4.1　设函数 $f(x)$ 在闭区间 $[a,b]$ 上连续，在 (a,b) 内可导.

(1) 若在区间 (a,b) 内，$f'(x)>0$，则 $f(x)$ 在 $[a,b]$ 上单调增加；

(2) 若在区间 (a,b) 内，$f'(x)<0$，则 $f(x)$ 在 $[a,b]$ 上单调减少.

证明　任取 $x_1,x_2\in[a,b]$，不妨设 $x_1<x_2$，由拉格朗日中值定理，有

$$f(x_2)-f(x_1)=f'(\xi)(x_2-x_1),\quad \xi\in(x_1,x_2).$$

由 $f'(x)>0$(或 $f'(x)<0$),得 $f'(\xi)>0$(或 $f'(\xi)<0$),故

$$f(x_2)>f(x_1)\quad (或\ f(x_2)<f(x_1)),$$

即 $f(x)$在$[a,b]$上单调增加(或减少),定理获证.

例 1 证明 $y=\sin x$ 在$\left[-\frac{\pi}{2},\frac{\pi}{2}\right]$上单调增加.

证明 $\sin x$ 在$\left[-\frac{\pi}{2},\frac{\pi}{2}\right]$上连续,并且$(\sin x)'=\cos x>0$,$\forall x\in\left(-\frac{\pi}{2},\frac{\pi}{2}\right)$. 所以 $y=\sin x$ 在$\left[-\frac{\pi}{2},\frac{\pi}{2}\right]$上单调增加.

例 2 确定函数 $f(x)=x^3-27x$ 的单调区间.

解 函数的定义域为$(-\infty,+\infty)$,$f'(x)=3x^2-27=3(x+3)(x-3)$,令 $f'(x)=0$ 得 $x_1=3$,$x_2=-3$,列表 4-1 如下:

表 4-1

x	$(-\infty,-3]$	$[-3,3]$	$[3,+\infty)$
$f'(x)$	$+$	$-$	$+$
$f(x)$	↗	↘	↗

所以函数 $f(x)$在区间$(-\infty,-3]$,$[3,+\infty)$上单调增加,在区间$[-3,3]$上单调减少.

例 3 讨论函数 $f(x)=e^{-x^2}$ 的单调性.

解 函数的定义域为$(-\infty,+\infty)$,$f'(x)=-2xe^{-x^2}$.

当 $x\in(-\infty,0)$时,$f'(x)>0$,故 $f(x)$在$(-\infty,0)$内单调增加;

当 $x\in(0,+\infty)$时,$f'(x)<0$,故 $f(x)$在$(0,+\infty)$内单调减少(见图 4-5).

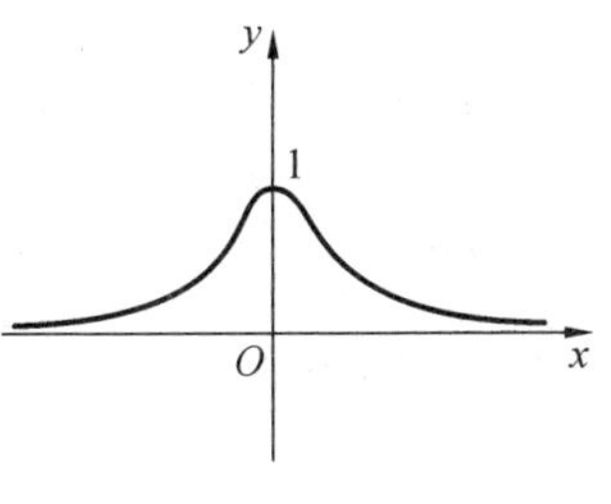

图 4-5

例 4 讨论函数 $f(x)=x^{\frac{2}{3}}$ 的单调性.

解 函数的定义域为$(-\infty,+\infty)$,$f'(x)=\frac{2}{3}x^{-\frac{1}{3}}$.

当 $x=0$ 时,函数导数不存在. 但:

当 $x\in(-\infty,0)$时,$f'(x)<0$,故 $f(x)$在$(-\infty,0)$内单调减少;

当 $x\in(0,+\infty)$时,$f'(x)>0$,故 $f(x)$在$(0,+\infty)$内单调增加(见图 4-6).

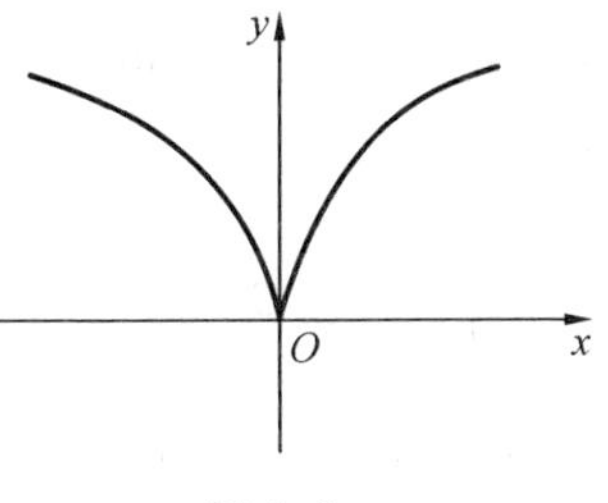

图 4-6

例 5 求证：当 $x>0$ 时，$e^x>1+x$.

证明 令 $f(x)=e^x-1-x$，则 $f'(x)=e^x-1$. 由 $x>0$，得 $f'(x)>0$，故 $f(x)$ 在 $(0,+\infty)$ 内单调增加. 又因为 $f(x)$ 为连续函数，所以当 $x>0$ 时，$f(x)>f(0)=0$，即 $e^x-1-x>0$. 因此，当 $x>0$ 时，$e^x>1+x$.

例 6 证明函数 $f(x)=\left(1+\dfrac{1}{x}\right)^x$ 在区间 $(0,+\infty)$ 内单调增加.

证法一 只要证明 $f'(x)>0\ (x>0)$.

$$f(x)=e^{x\ln\left(1+\frac{1}{x}\right)},\quad f'(x)=\left(1+\frac{1}{x}\right)^x\left[\ln\left(1+\frac{1}{x}\right)-\frac{1}{1+x}\right].$$

由于 $\ln\left(1+\dfrac{1}{x}\right)=\ln(1+x)-\ln x$，考虑到 $y=\ln x$ 在 $[x,1+x]$ 上满足拉格朗日中值定理，存在 ξ 满足 $x<\xi<1+x$，使得

$$\ln\left(1+\frac{1}{x}\right)=\ln(1+x)-\ln x=(\ln x)'|_{x=\xi}=\frac{1}{\xi}>\frac{1}{1+x}.$$

而 $\left(1+\dfrac{1}{x}\right)^x>0$，所以 $f'(x)>0$，故 $f(x)=\left(1+\dfrac{1}{x}\right)^x$ 在 $(0,+\infty)$ 内单调增加.

证法二 由证法一知，$f'(x)=\left(1+\dfrac{1}{x}\right)^x\left[\ln\left(1+\dfrac{1}{x}\right)-\dfrac{1}{1+x}\right]$.

令 $g(x)=\ln\left(1+\dfrac{1}{x}\right)-\dfrac{1}{1+x}$，则

$$g'(x)=\frac{1}{1+x}-\frac{1}{x}+\frac{1}{(1+x)^2}=-\frac{1}{x(1+x)}<0,$$

函数 $g(x)$ 在 $(0,+\infty)$ 内单调减少，由于 $\lim\limits_{x\to+\infty}g(x)=\lim\limits_{x\to+\infty}\left[\ln\left(1+\dfrac{1}{x}\right)-\dfrac{1}{1+x}\right]=0$，故 $\forall x\in(0,+\infty)$，$g(x)>g(+\infty)=0$，即 $g(x)=\ln\left(1+\dfrac{1}{x}\right)-\dfrac{1}{1+x}>0$，从而 $f'(x)>0$，函数 $f(x)$ 在 $(0,+\infty)$ 上单调增加.

习题 4.4

(A)

1. 确定下列函数的单调区间：

(1) $f(x)=2x^3-6x^2-18x-7$；　　(2) $f(x)=2x+\dfrac{8}{x}\quad(x>0)$；

(3) $f(x)=\dfrac{2}{3}x-\sqrt[3]{x^2}$；　　(4) $f(x)=\dfrac{x^2}{1+x}$；

(5) $f(x)=(x-1)(x+1)^3$；　　(6) $f(x)=e^x+e^{-x}$.

2. 证明：函数 $f(x)=x-\ln(1+x^2)$ 单调增加.

3. 证明不等式：$2\sqrt{x}>3-\frac{1}{x}$，其中 $x>1$.

4. 证明：函数 $f(x)=\sin x-x$ 单调减少.

5. 判定函数 $f(x)=x+\cos x$ 在区间 $[0,2\pi]$ 上的单调性.

(B)

1. 设 $b>a>\mathrm{e}$，证明 $a^b>b^a$.

2. 试证：当 $x>0$ 时，$(x^2-1)\ln x\geqslant(x-1)^2$.

4.5 函数的极值与最值

在讨论函数的单调性时，曾遇到这样的情况，函数先单调增加(减少)，到了某一点后又变为单调减少(增加)，这一类点实际上是函数单调性发生变化的转折点. 如图 4-7 所示的函数 $f(x)$，它在 x_1,x_2,x_3 等点处函数的单调性都发生了变化. 具有这样性质的点在实际应用中有着重要的意义.

4.5.1 函数的极值

定义 4.5.1 设函数 $f(x)$ 在点 x_0 的某个邻域内有定义，若对该邻域内任意一点 $x(x\neq x_0)$，恒有

$$f(x)<f(x_0)\quad(\text{或 } f(x)>f(x_0)),$$

则称函数 $f(x)$ 在点 x_0 处取得**极大值(或极小值)**，而 x_0 称为函数 $f(x)$ 的**极大值点(或极小值点)**.

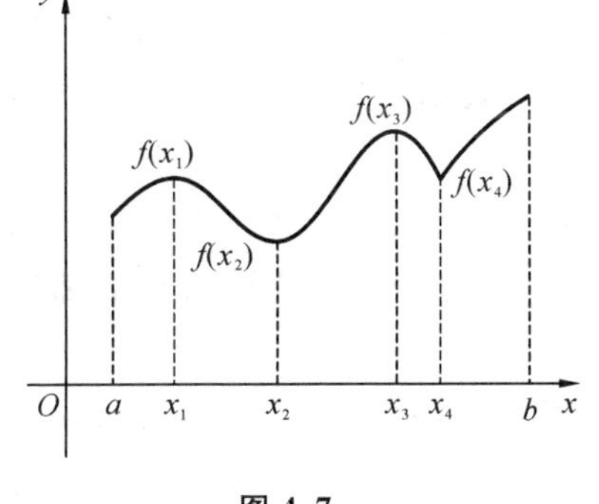

图 4-7

函数的极大值和极小值统称为**极值**，函数的极大值点与极小值点统称为**极值点**.

定理 4.5.1(费马(Fermat)引理)(必要条件) 设函数 $f(x)$ 在区间 I 上有定义，在该区间内的点 x_0 处取得极值，且 $f'(x_0)$ 存在，则必有 $f'(x_0)=0$.

证明 不妨设 $f(x_0)$ 为函数的极大值，按定义 4.5.1 知，$f(x)$ 在点 x_0 的某个邻域内有定义，当 $x<x_0$ 时，有

$$f'_-(x_0)=\lim_{x\to x_0^-}\frac{f(x)-f(x_0)}{x-x_0}\geqslant 0,$$

当 $x>x_0$ 时，有

$$f'_+(x_0)=\lim_{x\to x_0^+}\frac{f(x)-f(x_0)}{x-x_0}\leqslant 0,$$

于是得到

$$f'(x_0)=0.$$

使 $f'(x)=0$ 的点 x 称为函数 $f(x)$ 的**驻点**.

由定理 4.5.1 知,可导函数的极值点一定是其驻点.但定理 4.5.1 的逆命题不成立,即驻点不一定是极值点.

例如,函数 $y=x^3$ 的驻点是 $x=0$,但 $x=0$ 并不是该函数的极值点.

另外,连续函数在其导数不存在的点处也可能取得极值.例如函数 $y=\sqrt[3]{x^2}$,在点 $x=0$ 处取得极小值.

因此,连续函数在其驻点或导数不存在的点处都可能取得极值.为此,给出下列极值判定的充分条件.

定理 4.5.2(第一充分条件) 设函数 $f(x)$ 在点 x_0 处连续,且在点 x_0 的某个去心邻域内可导.

(1)若在点 x_0 的左邻域内,$f'(x)>0$;在点 x_0 的右邻域内,$f'(x)<0$,则 $f(x)$ 在点 x_0 处取得极大值 $f(x_0)$;

(2)若在点 x_0 的左邻域内,$f'(x)<0$;在点 x_0 的右邻域内,$f'(x)>0$,则 $f(x)$ 在点 x_0 处取得极小值 $f(x_0)$;

(3)若在点 x_0 的邻域内,$f'(x)$ 不变号,则 $f(x)$ 在点 x_0 处没有极值.

证明 只证(2).应用拉格朗日中值定理,在点 x_0 的左邻域内,$f'(x)<0$,有

$$f(x)-f(x_0)=f'(\xi_1)(x-x_0)\quad (x<\xi_1<x_0),$$

从而有 $f'(\xi_1)<0$,故 $f(x)>f(x_0)$.

同理可证,在点 x_0 的右邻域内,$f'(x)>0$,有

$$f(x)-f(x_0)=f'(\xi_2)(x-x_0)\quad (x_0<\xi_2<x),$$

于是 $f'(\xi_2)>0$,故 $f(x)>f(x_0)$.由定义 4.5.1 知,$f(x)$ 在点 x_0 处取得极小值.

例 1 求函数 $f(x)=x^3-3x^2-9x+5$ 的单调区间和极值.

解
$$f'(x)=3x^2-6x-9=3(x+1)(x-3).$$

令 $f'(x)=0$,得驻点 $x_1=-1,x_2=3$.列表 4-2 如下:

表 4-2

x	$(-\infty,-1)$	-1	$(-1,3)$	3	$(3,+\infty)$
$f'(x)$	+	0	−	0	+
$f(x)$	↗	极大值 10	↘	极小值 −22	↗

求函数极值和单调区间的步骤:

(1)求 $f(x)$ 的定义域;

(2)计算 $f'(x)$,求出可能的极值点(驻点及不可导点),从小到大排列,将定义域分成若干个小区间;

(3)列表,判断 $f'(x)$ 的符号,从而得到单调区间及极值点,计算极值(极值点处的函数值).

例 2 求函数 $f(x)=(x-4)\sqrt[3]{(x+1)^2}$ 的极值.

解 函数 $f(x)$ 的定义域为 $(-\infty,+\infty)$, $f'(x)=\dfrac{5(x-1)}{3\sqrt[3]{x+1}}$. 令 $f'(x)=0$,得驻点 $x_1=1$,而 $x_2=-1$ 时,$f'(x)$ 不存在. 列表 4-3 如下:

表 4-3

x	$(-\infty,-1)$	-1	$(-1,1)$	1	$(1,+\infty)$
$f'(x)$	$+$	不存在	$-$	0	$+$
$f(x)$	↗	极大值 0	↘	极小值 $-3\sqrt[3]{4}$	↗

定理 4.5.3(第二充分条件) 设函数 $f(x)$ 在点 x_0 处具有二阶导数,且 $f'(x_0)=0$, $f''(x_0)\neq 0$. 则

(1)当 $f''(x_0)>0$ 时,函数 $f(x)$ 在 x_0 处取得极小值;

(2)当 $f''(x_0)<0$ 时,函数 $f(x)$ 在 x_0 处取得极大值.

证明 将 $f(x)$ 在 x_0 处展开为二阶泰勒公式,得

$$f(x)-f(x_0)=f'(x_0)(x-x_0)+\frac{f''(x_0)}{2!}(x-x_0)^2+o\big((x-x_0)^2\big).$$

因为 $f'(x_0)=0$,故由上式可得

$$\lim_{x\to x_0}\frac{f(x)-f(x_0)}{(x-x_0)^2}=\frac{f''(x_0)}{2!},$$

由函数极限的局部保号性,当 $f''(x_0)>0$ 时,有 $f(x)>f(x_0)$,即 $f(x_0)$ 为函数 $f(x)$ 的极小值;当 $f''(x_0)<0$ 时,有 $f(x)<f(x_0)$,即 $f(x_0)$ 为函数 $f(x)$ 的极大值.

例 3 求函数 $f(x)=x^3-3x$ 的极值.

解
$$f'(x)=3x^2-3=3(x+1)(x-1),$$
$$f''(x)=6x.$$

令 $f'(x)=0$,得 $x=\pm 1$. 由于 $f''(-1)=-6<0$,所以 $f(-1)=2$ 为极大值; $f''(1)=6>0$,所以 $f(1)=-2$ 为极小值.

4.5.2 函数的最大(小)值

在工农业生产、工程设计、经济管理等许多实践中,经常会遇到诸如在一定条件下怎样使产量最高、用料最省、效益最大、成本最低等一系列“最优化问题”. 此类问题可归结为求某一函数(称为**目标函数**)的最值或最值点(称为**最优解**).

下面两个结论在解应用问题时特别有用.

(1)若函数 $f(x)$ 为 $[a,b]$ 上的连续函数,且在 (a,b) 内只有一个极值点 x_0,则当 $f(x_0)$ 为极大(小)值时,它就是函数 $f(x)$ 在区间 $[a,b]$ 上的最大(小)值.

(2)若函数 $f(x)$ 为 $[a,b]$ 上的连续函数,且在 $[a,b]$ 上单调增加,则 $f(a)$ 为最小值,$f(b)$ 为最大值;若函数 $f(x)$ 为 $[a,b]$ 上的连续函数,且在 $[a,b]$ 上单调减少,则 $f(a)$ 为最大值,$f(b)$ 为最小值.

设函数 $f(x)$ 在闭区间 $[a,b]$ 上连续,则函数 $f(x)$ 在该区间上必取得最大值和最小值. 函数的最大(小)值与函数的极值是有区别的,前者是指在整个区间 $[a,b]$ 上的所有函数值中的最大(小)值,是全局性的概念,而极大(小)值则是在区间 (a,b) 内 x_0 的某一邻域的局部概念.

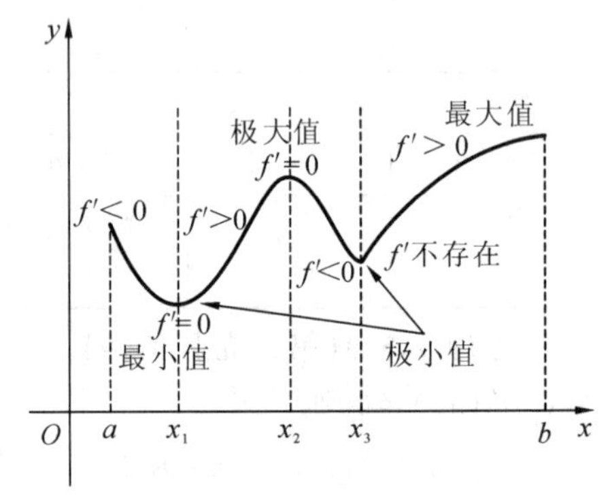

图 4-8

图 4-8 给出了极大(小)值与最大(小)值分布的一种典型情况. 根据函数在闭区间 $[a,b]$ 上连续的性质,它的最值可能在端点取得,也可能在区间内的极值点上取得.

例 4 求函数 $f(x)=x^4-8x^2+1$ 在区间 $[-3,3]$ 上的最大值和最小值.

解

$$f'(x)=4x^3-16x=4x(x+2)(x-2),$$

令 $f'(x)=0$,得驻点 $x_1=-2, x_2=0, x_3=2$,计算 $f(-2)=f(2)=-15, f(0)=1, f(-3)=f(3)=10$,比较上述各值的大小,得函数在区间 $[-3,3]$ 上的最大值为 $f(-3)=f(3)=10$,最小值为 $f(-2)=f(2)=-15$.

例 5 证明不等式 $2\sqrt{x}\geqslant 3-\frac{1}{x}\quad (x>0)$.

证明 令 $y=2\sqrt{x}-3+\frac{1}{x}, x>0$,求其最小值. 由

$$y'=\frac{1}{\sqrt{x}}-\frac{1}{x^2}=\frac{x\sqrt{x}-1}{x^2},$$

得驻点 $x=1$. 当 $x<1$ 时,$y'<0$;当 $x>1$ 时,$y'>0$. 故 $x=1$ 是唯一的极小值点,也是最小值点. 因此 $y(x)\geqslant y(1)=0$,即当 $x>0$ 时,$2\sqrt{x}\geqslant 3-\frac{1}{x}$.

注 利用函数最值可以证明不等式.

例 6 加工一密闭容器,下部为圆柱形,上部为半球形,容积 V 一定,问圆柱底

面半径 r 为多少时用料最省？此时圆柱的高 h 为多少？

解 圆柱体积等于 $\pi r^2 h$，半球体积为 $\frac{2}{3}\pi r^3$.

$$V=\pi r^2 h+\frac{2}{3}\pi r^3,\quad h=\frac{3V-2\pi r^3}{3\pi r^2}.$$

$$\text{半球表面积}=2\pi r^2,$$

容器表面积 $S=2\pi r^2+2\pi rh+\pi r^2=3\pi r^2+\frac{2(3V-2\pi r^3)}{3r}=\frac{5}{3}\pi r^2+\frac{2V}{r}$,

$$S'=\frac{10}{3}\pi r-\frac{2V}{r^2}=\frac{10\pi r^3-6V}{3r^2},$$

令 $S'=0$ 得 $r=\left(\frac{3V}{5\pi}\right)^{\frac{1}{3}}$，此时 $h=r=\left(\frac{3V}{5\pi}\right)^{\frac{1}{3}}$,

即当圆柱底面半径 r 与圆柱高 h 相等，均为 $\left(\frac{3V}{5\pi}\right)^{\frac{1}{3}}$ 时用料最省.

例 7 将边长为 a 的正方形铁皮四角上各截去一个大小相同的小正方形，再将四边折起来，做成一个无盖方盒. 问截去的小正方形边长为多少时，所得方盒容积最大？

解 设截去的四角小正方形的边长为 x，则方盒底边长为 $a-2x$，方盒容积

$$V=x(a-2x)^2\quad\left(0\leqslant x\leqslant\frac{a}{2}\right).$$

由

$$\frac{\mathrm{d}V}{\mathrm{d}x}=(a-2x)(a-6x)=0,$$

可得驻点 $x_1=\frac{a}{6}$，$x_2=\frac{a}{2}$（舍去），故有

$$V_{\max}\left(\frac{a}{6}\right)=\frac{2a^3}{27}.$$

习题 4.5

(A)

1. 求下列函数的极值：

(1) $y=x^3+x^2-x-1$；

(2) $y=(x-1)(x+1)^2$；

(3) $y=2x^2-\ln x$；

(4) $y=\frac{\ln^2 x}{x}$；

(5) $y=\mathrm{e}^x\cos x$.

2. 求下列函数的单调区间和极值：

(1) $y=\frac{x^4}{4}-\frac{2}{3}x^3+\frac{x^2}{2}+2$；

(2) $y=\sqrt[3]{(2x-x^2)^2}$；

(3) $y=(x-1)\sqrt[3]{x^2}$；　　(4) $y=x^2e^{-x}$；

(5) $y=\dfrac{x^3}{(x-1)^2}$.

3. 利用二阶导数，判断下列函数的极值：

(1) $y=x+\sqrt{1-x}$；　　(2) $y=x^3-6x^2+9x-2$；

(3) $y=2x-\ln(4x)^2$；　　(4) $y=e^x+e^{-x}$.

4. 求下列函数的最大值和最小值：

(1) $y=x^2-\dfrac{54}{x},x\in(-\infty,0)$；　　(2) $y=x+\sqrt{1-x},x\in[-5,1]$；

(3) $y=x^4-2x^2+5,x\in[-2,2]$；　　(4) $y=\ln(x^2+1),x\in[-1,2]$；

(5) $y=\dfrac{x^2}{1+x}+5,x\in\left[-\dfrac{1}{2},1\right]$；　　(6) $y=x+\sqrt{x},x\in[0,4]$.

5. 试问 a 为何值时，函数 $y=a\sin x+\dfrac{1}{3}\sin 3x$ 在 $x=\dfrac{\pi}{3}$ 处取得极值，并求此极值.

6. 已知函数 $f(x)=ax^3-6ax^2+b(a>0)$ 在区间 $[-1,2]$ 上的最小值为 3，最大值为 29，求 a,b 的值.

7. 欲做一个底为正方形、容积为 108 m^3 的长方形开口容器，怎样做所用材料最省？

8. 要做一个容积为 V 的圆柱形罐头筒，怎样设计才能使所用材料最省？

(B)

1. 试证：当 $a+b+1>0$ 时，$y=\dfrac{x^2+ax+b}{x-1}$ 取得极值.

2. 设 a,b,c,d 为常数，证明：如果函数 $y=ax^3+bx^2+cx+d$ 满足条件 $b^2-3ac<0$，那么该函数没有极值.

3. 求函数 $f(x)=|x^2-3x+2|$ 在区间 $[-3,4]$ 上的最大值与最小值.

4. 利用求最值的方法证明：$x^\alpha-\alpha x\leqslant 1-\alpha(x\geqslant 0,0<\alpha<1)$.

5. 设 $\dfrac{1}{p}+\dfrac{1}{q}=1$（$p,q$ 是大于 1 的常数），求证：当 $x>0$ 时，$\dfrac{1}{p}x^p+\dfrac{1}{q}\geqslant x$.

6. 一工厂 A 与铁路的垂直距离为 a km，它的垂足 B 地到火车站 C 的铁路长度为 b km，工厂的产品必须经火车站 C 才能转销外地. 现已知汽车运费为 m 元/(吨·千米)，火车运费为 n 元/(吨·千米)($m>n$). 为了运费最省，准备在铁路 B、C 之间另修一小站作为转运站，问转运站应修在离火车站 C 多少千米处，才能使运费最省？

7. 甲船以 20 km/h 的速度向东行驶，同一时间乙船在甲船正北 82 km 处以 16 km/h的速度向南行驶，问经过多长时间两船的距离最近？

4.6 曲线的凹凸性与拐点

前面我们已经利用导数研究了函数的单调性. 函数的单调性反映在图形上就是曲线的上升或下降. 在研究函数图形的变化状况时, 函数的单调性还不能完全反映函数图形的变化规律. 函数的图形如何上升, 如何下降? 图 4-9 中的两条曲线弧, 虽然都是单调上升的, 但图形却有明显的不同. ACB 是凸的, ADB 则是凹的, 即它们的凹凸性是不同的. 本节将以导数为工具, 研究函数曲线的凹凸性及其判定方法.

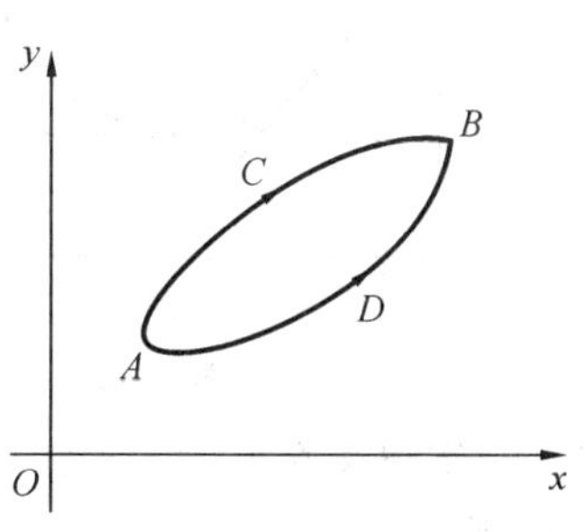

图 4-9

关于曲线凹凸性的定义, 我们先从几何直观来分析. 在图 4-10 中, 如果任取两点 x_1, x_2, 则连接这两点的弦总位于这两点间的弧段的上方; 而在图 4-11 中, 则正好相反. 因此, 曲线的凹凸性可以用连接曲线弧上任意两点的弦的中点与曲线上相应点的位置关系来描述.

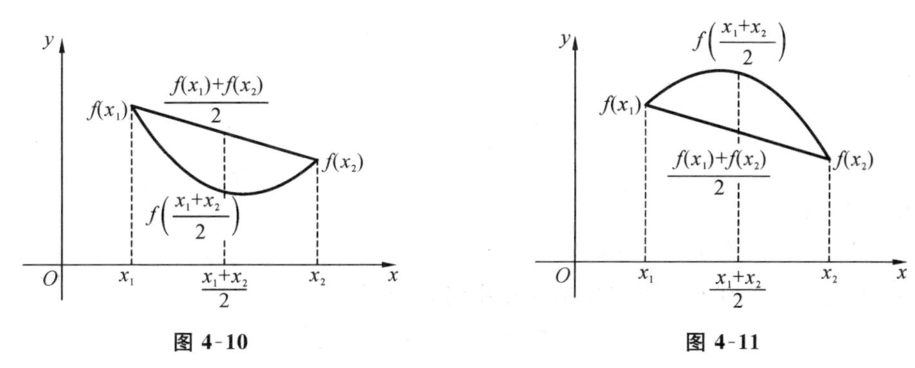

图 4-10　　图 4-11

定义 4.6.1　设函数 $y=f(x)$ 在区间 I 内连续, 如果对 I 上任意两点 x_1, x_2, 恒有

$$f\left(\frac{x_1+x_2}{2}\right)<\frac{f(x_1)+f(x_2)}{2},$$

则称 $y=f(x)$ 在 I 上的图形是凹的(或凹弧); 如果恒有

$$f\left(\frac{x_1+x_2}{2}\right)>\frac{f(x_1)+f(x_2)}{2},$$

则称 $y=f(x)$ 在 I 上的图形是凸的(或凸弧).

曲线的凹凸性具有明显的几何意义: 对于凹曲线, 当 x 逐渐增大时, 其上每一点切线的斜率是逐渐增大的, 即导函数 $y'=f'(x)$ 是单调增加函数(见图 4-12); 而对于凸曲线, 其上每一点切线的斜率是逐渐减小的, 即导函数 $y'=f'(x)$ 是单调减少函数(见图 4-13). 于是有下述判断曲线凹凸性的定理.

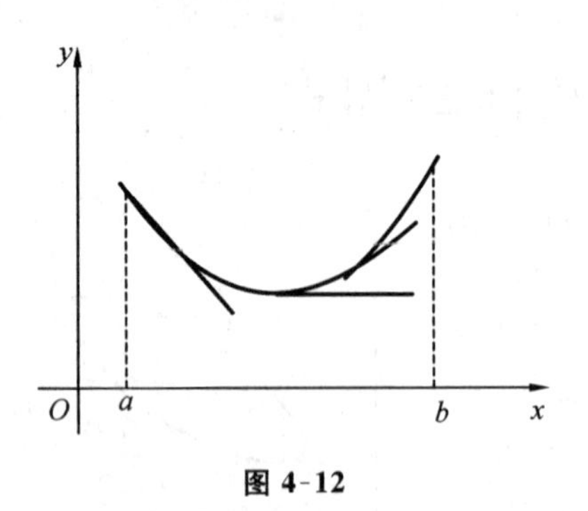

图 4-12

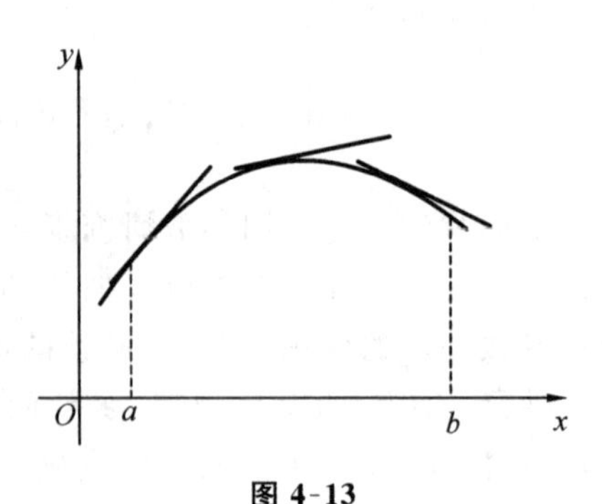

图 4-13

定理 4.6.1 设函数 $y=f(x)$ 在 $[a,b]$ 上连续,在 (a,b) 内具有一阶和二阶导数,则

(1)若在 (a,b) 内,$f''(x)>0$,则 $f(x)$ 在 $[a,b]$ 上的图形是凹的;

(2)若在 (a,b) 内,$f''(x)<0$,则 $f(x)$ 在 $[a,b]$ 上的图形是凸的.

证明 我们给出情形(1)的证明.

设 x_1 和 x_2 为 (a,b) 内任意两点,且 $x_1<x_2$. 记 $\frac{x_1+x_2}{2}=x_0$,有

$$x_2-x_0=x_0-x_1=h,$$

则由拉格朗日中值定理,得

$$f(x_2)-f(x_0)=f'(\xi_2)h,\quad \xi_2\in(x_0,x_2),$$

$$f(x_0)-f(x_1)=f'(\xi_1)h,\quad \xi_1\in(x_1,x_0).$$

两式相减,得

$$f(x_2)+f(x_1)-2f(x_0)=[f'(\xi_2)-f'(\xi_1)]h. \tag{4.6.1}$$

在 (ξ_1,ξ_2) 上对 $f(x)$ 再次应用拉格朗日中值定理,得

$$f'(\xi_2)-f'(\xi_1)=f''(\xi)(\xi_2-\xi_1).$$

将上式代入式(4.6.1),得

$$f(x_2)+f(x_1)-2f(x_0)=f''(\xi)(\xi_2-\xi_1)h.$$

由题设条件知 $f''(\xi)>0$,并注意到 $\xi_2-\xi_1>0$,$h>0$,则有

$$f(x_2)+f(x_1)-2f(x_0)>0,$$

亦即

$$\frac{f(x_1)+f(x_2)}{2}>f\left(\frac{x_1+x_2}{2}\right),$$

所以 $f(x)$ 在 $[a,b]$ 上的图形是凹的.

类似地,可证明情形(2).

例 1 判定 $y=x-\ln(1+x)$ 的凹凸性.

解 因为 $y'=1-\frac{1}{1+x}$,$y''=\frac{1}{(1+x)^2}>0$,所以,题设函数在其定义域$(-1,+\infty)$

内是凹的.

例 2 判定曲线 $y=x^3$ 的凹凸性.

解 因为 $y'=3x^2, y''=6x$,所以当 $x<0$ 时,$y''<0$,曲线在 $(-\infty,0]$ 内为凸的;当 $x>0$ 时,$y''>0$,曲线在 $[0,+\infty)$ 内为凹的,如图 4-14 所示.

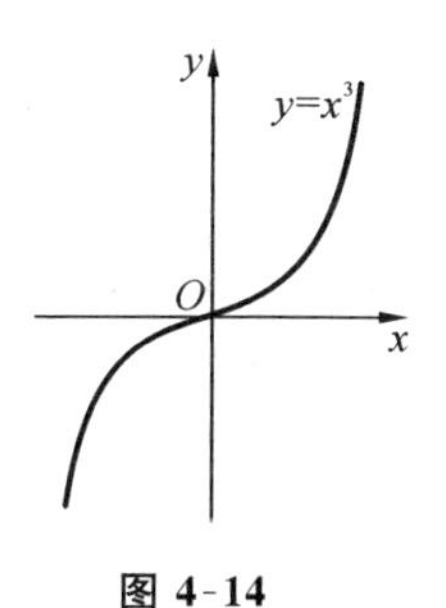

图 4-14

在例 2 中,我们注意到点 $(0,0)$ 是曲线由凸变凹的分界点.此类分界点称为曲线的拐点.

定义 4.6.2 连续曲线上凹弧与凸弧的分界点称为曲线的**拐点**.

因为二阶导数 $f''(x)$ 的符号确定函数增长率趋势,因此拐点标志着函数增长率的根本改变.如何来寻找曲线 $y=f(x)$ 的拐点呢?

判定曲线的凹凸性与求曲线的拐点的一般步骤为:

(1)求函数的二阶导数 $f''(x)$;

(2)令 $f''(x)=0$,解出全部实根,并求出所有使二阶导数不存在的点;

(3)对步骤(2)中求出的每一个点,检查其邻近左、右两侧 $f''(x)$ 的符号,确定曲线的凹凸区间和拐点.

例 3 求曲线 $y=x^4-2x^3+1$ 的拐点及凹凸区间.

解 题设函数的定义域为 $(-\infty,+\infty)$,由

$$y'=4x^3-6x^2, \quad y''=12x^2-12x=12x(x-1),$$

令 $y''=0$,解得 $x_1=0, x_2=1$.列表 4-4 讨论如下:

表 4-4

x	$(-\infty,0)$	0	$(0,1)$	1	$(1,+\infty)$
y''	+	0	−	0	+
y	∪	拐点(0,1)	∩	拐点(1,0)	∪

注:表中符号"∪"表示曲线为凹的,符号"∩"表示曲线为凸的.

例 4 求曲线 $y=\sqrt[3]{x-4}+2$ 的凹凸区间及拐点.

解 因为

$$y'=\frac{1}{3}\cdot(x-4)^{-\frac{2}{3}}, \quad y''=-\frac{2}{9\sqrt[3]{(x-4)^5}},$$

易见函数 y 在 $x=4$ 处不可导.列表 4-5 如下:

表 4-5

x	$(-\infty,4)$	4	$(4,+\infty)$
y''	+	不存在	−
y	∪	拐点(4,2)	∩

例 5 求曲线 $y=e^{-x^2}$ 的凹凸区间和拐点.

解 $$y'=-2xe^{-x^2},\quad y''=2e^{-x^2}(2x^2-1).$$

令 $y''=0$,得 $x=\pm\frac{1}{\sqrt{2}}$,列表 4-6 如下：

表 4-6

x	$\left(-\infty,-\frac{1}{\sqrt{2}}\right)$	$-\frac{1}{\sqrt{2}}$	$\left(-\frac{1}{\sqrt{2}},\frac{1}{\sqrt{2}}\right)$	$\frac{1}{\sqrt{2}}$	$\left(\frac{1}{\sqrt{2}},+\infty\right)$
y''	+	0	−	0	+
y	∪	拐点 $\left(-\frac{1}{\sqrt{2}},\frac{1}{\sqrt{e}}\right)$	∩	拐点 $\left(\frac{1}{\sqrt{2}},\frac{1}{\sqrt{e}}\right)$	∪

例 6 利用函数图形的凹凸性,证明不等式：

$$\cos\frac{x+y}{2}>\frac{\cos x+\cos y}{2}\quad\left(\forall x,y\in\left(-\frac{\pi}{2},\frac{\pi}{2}\right)\right)$$

证明 令 $f(t)=\cos t,t\in\left(-\frac{\pi}{2},\frac{\pi}{2}\right)$,则

$$f'(t)=-\sin t,\quad f''(t)=-\cos t.$$

当 $-\frac{\pi}{2}<t<\frac{\pi}{2}$ 时,$f''(t)<0$,所以在 $\left(-\frac{\pi}{2},\frac{\pi}{2}\right)$ 上曲线是凸的.由曲线的凹凸性定义可得,$\forall x,y\in\left(-\frac{\pi}{2},\frac{\pi}{2}\right)$,有 $\cos\frac{x+y}{2}>\frac{\cos x+\cos y}{2}$.

例 7 求函数 $y=x^3-3x-2$ 的增减区间、极值、凹凸区间和拐点.

解 $y=x^3-3x-2$ 的定义域为$(-\infty,+\infty)$.$y'=3x^2-3$,驻点 $x=\pm1$.由 $y''=6x=0$,得 $x=0$.列表 4-7 如下：

表 4-7

x	$(-\infty,-1)$	-1	$(-1,0)$	0	$(0,1)$	1	$(1,+\infty)$
y'	+	0	−		−	0	+
y''	−		−	0	+		+
y	↗	极大值 $y(-1)=0$	↘	拐点 $(0,-2)$	↘	极小值 $y(1)=-4$	↗

例 8 证明：当 $0<x<\pi$ 时,$\sin\frac{x}{2}>\frac{x}{\pi}$.

证法一 设 $f(x)=\sin\frac{x}{2}-\frac{x}{\pi}$,有

$$f'(x)=\frac{1}{2}\cos\frac{x}{2}-\frac{1}{\pi},\quad f''(x)=-\frac{1}{4}\sin\frac{x}{2}<0\quad(0<x<\pi),$$

则函数 $f(x)$ 对应的曲线在 $(0,\pi)$ 内为凸的，由于 $f(0)=f(\pi)=0$，所以当 $0<x<\pi$ 时，$f(x)>0$，即 $\sin\frac{x}{2}>\frac{x}{\pi}$.

证法二 只要证明 $\frac{\sin\frac{x}{2}}{x}>\frac{1}{\pi}$ $(0<x<\pi)$ 即可. 令 $f(x)=\frac{\sin\frac{x}{2}}{x}-\frac{1}{\pi}$ $(0<x<\pi)$，则

$$f'(x)=\frac{\frac{x}{2}\cdot\cos\frac{x}{2}-\sin\frac{x}{2}}{x^2}=\frac{\cos\frac{x}{2}\left(\frac{x}{2}-\tan\frac{x}{2}\right)}{x^2}.$$

因为对于 $0<x<\pi$，有 $\cos\frac{x}{2}>0$，$\tan\frac{x}{2}>\frac{x}{2}$，所以 $f'(x)<0$，从而 $f(x)$ 在 $(0,\pi)$ 内是单调减少函数，因此 $f(x)>f(\pi)=0$. 于是不等式得证.

习题 4.6

(A)

1. 设函数 $f(x)$ 在 (a,b) 内有 $f'(x)<0$，$f''(x)<0$，则 $y=f(x)$ 在 (a,b) 内(　　).

   A. 单调增加，图形是凹的　　B. 单调增加，图形是凸的

   C. 单调减少，图形是凹的　　D. 单调减少，图形是凸的

2. $f''(x_0)=0$ 是 $f(x)$ 的图形在 $x=x_0$ 处有拐点的(　　).

   A. 充分必要条件　　B. 充分条件非必要条件

   C. 必要条件非充分条件　　D. 既非必要条件也非充分条件

3. 下列曲线中有拐点 $(0,0)$ 的是(　　).

   A. $y=x^2$　　B. $y=x^3$

   C. $y=x^4$　　D. $y=x^{\frac{2}{3}}$

4. 设函数 $y=x^3+ax^2+bx+c$，且 $f(0)=f'(0)=0$，则下列结论不正确的是(　　).

   A. $b=c=0$　　B. 当 $a>0$ 时，$f(0)$ 为极小值

   C. 当 $a<0$ 时，$f(0)$ 为极大值　　D. 当 $a\neq0$ 时，$(0,f(0))$ 为拐点

5. 求下列函数图形的拐点及凹凸区间：

   (1) $y=x^4-2x^2+1$；　　(2) $y=\frac{5}{3}(x-2)^{\frac{2}{3}}$；

   (3) $y=x+\frac{1}{x}(x>0)$；　　(4) $y=(x+1)^4+e^4$；

   (5) $y=\ln(x^2+1)$.

6. 问 a 及 b 为何值时，点 $(1,3)$ 为曲线 $y=ax^3+bx^2$ 的拐点？

7. 若曲线 $y=ax^3+bx^2+cx+d$ 在 $x=-2$ 处有水平切线,点 $(1,-10)$ 为拐点,且点 $(-2,44)$ 在曲线上,求 a,b,c,d 的值.

(B)

1. 利用函数图形的凹凸性,证明不等式:$\dfrac{e^x+e^y}{2}>e^{\frac{x+y}{2}}(x\neq y)$.

4.7 曲线的渐近线及函数作图

通过前面的学习,我们知道利用函数的一阶导数可以判断函数的单调性,确定极值点的位置;借助函数的二阶导数可以确定曲线的凹凸性及拐点.由此,掌握函数的这些性态,能够比较准确地描绘出函数的几何图形.为了把握曲线在无限变化中的趋势,我们先介绍曲线的渐近线的概念.

4.7.1 曲线的渐近线

有些函数的定义域与值域都是有限区间,此时函数的图形局限于一定的范围之内,如圆、椭圆等.而有些函数的定义域或值域是无穷区间,此时函数的图形向无穷远处延伸,如双曲线、抛物线等.有些向无穷远处延伸的曲线,呈现出越来越接近某一直线的形态,这种直线就是曲线的渐近线.

定义 4.7.1 如果曲线上的一点沿着曲线无限远离坐标原点时,该点与某条定直线的距离趋于零,则称该直线为曲线的**渐近线**.

如果给定曲线的方程为 $y=f(x)$,如何确定该曲线是否有渐近线呢?如果有渐近线又怎样求出它呢?下面分三种情形讨论.

1. 水平渐近线

如果曲线 $y=f(x)$ 的定义域是无穷区间,且有 $\lim\limits_{x\to-\infty}f(x)=b$ 或 $\lim\limits_{x\to+\infty}f(x)=b$,则直线 $y=b$ 为曲线 $y=f(x)$ 的渐近线,称为**水平渐近线**,如图 4-15 和图 4-16 所示.

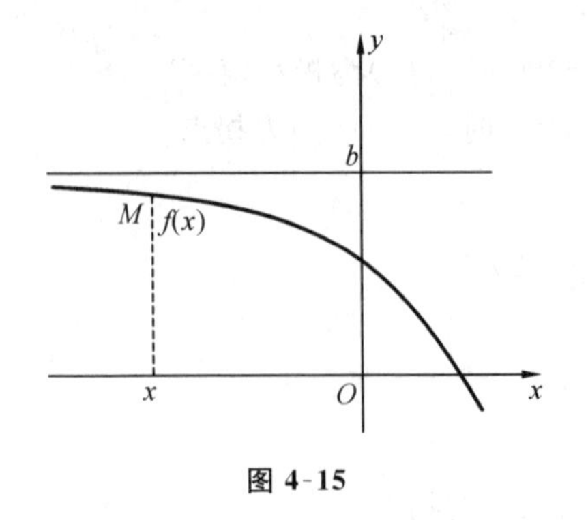

图 4-15

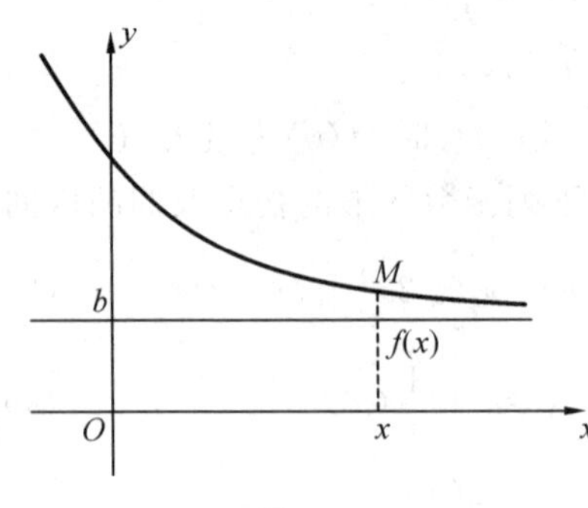

图 4-16

例 1 求曲线 $y=\dfrac{1}{x-1}$ 的水平渐近线.

解 因为 $\lim\limits_{x\to\infty}\dfrac{1}{x-1}=0$，所以 $y=0$ 是曲线的一条水平渐近线.

2. 铅直渐近线

如果曲线 $y=f(x)$ 有 $\lim\limits_{x\to C^-}f(x)=\infty$ 或 $\lim\limits_{x\to C^+}f(x)=\infty$，则直线 $x=c$ 为曲线 $y=f(x)$ 的一条渐近线，称为**铅直渐近线**（或称**垂直渐近线**），如图 4-17 所示.

例 2 求曲线 $y=\dfrac{1}{x-1}$ 的铅直渐近线.

解 因为

$$\lim_{x\to 1^-}\frac{1}{x-1}=-\infty,\quad \lim_{x\to 1^+}\frac{1}{x-1}=+\infty,$$

所以 $x=1$ 是曲线的一条铅直渐近线，如图 4-18 所示.

3. 斜渐近线

如果

$$\lim_{x\to\infty}[f(x)-(kx+b)]=0 \tag{4.7.1}$$

成立，则 $y=kx+b$ 是曲线 $y=f(x)$ 的一条渐近线，称为**斜渐近线**，如图 4-19 所示.

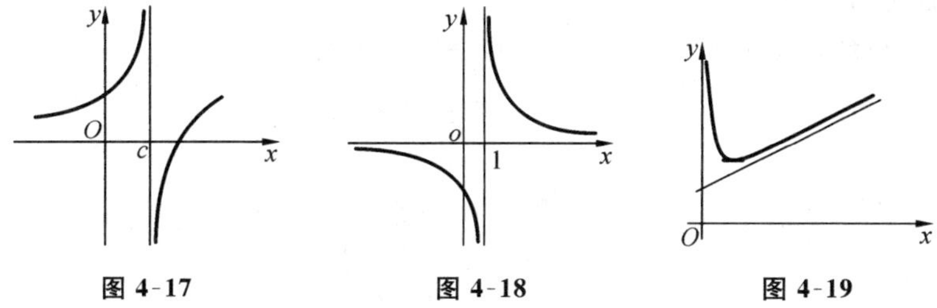

图 4-17　　图 4-18　　图 4-19

下面给出 $y=kx+b$ 的计算公式.

由式(4.7.1)有

$$\lim_{x\to\infty}x\left[\frac{f(x)}{x}-k-\frac{b}{x}\right]=0,$$

因为 x 为无穷大量，所以有

$$\lim_{x\to\infty}\left[\frac{f(x)}{x}-k-\frac{b}{x}\right]=\lim_{x\to\infty}\frac{f(x)}{x}-k=0,$$

故

$$k=\lim_{x\to\infty}\frac{f(x)}{x}.$$

求出 k 后，将 k 代入式(4.7.1)即可确定 b，即

$$b=\lim_{x\to\infty}[f(x)-kx].$$

例 3 求 $y=1+\dfrac{36x}{(x+3)^2}$ 的单调区间、极值，凹凸区间、拐点及渐近线.

解 (1)函数的定义域为$(-\infty,-3)\cup(-3,+\infty)$.

(2)因为$\lim\limits_{x\to\infty}\left[1+\dfrac{36x}{(x+3)^2}\right]=1$,所以曲线有一条水平渐近线 $y=1$;因为$\lim\limits_{x\to-3}\left[1+\dfrac{36x}{(x+3)^2}\right]=\infty$,所以曲线有一条铅直渐近线 $x=-3$.

(3)$y'=\dfrac{36(3-x)}{(x+3)^3}$, $y''=\dfrac{72(x-6)}{(x+3)^4}$,分别令 $y'=0,y''=0$,得 $x_1=3,x_2=6$.

(4)关键点:$x_1=3,x_2=6$.列表4-8如下:

表 4-8

x	$(-\infty,-3)$	$(-3,3)$	3	$(3,6)$	6	$(6,+\infty)$
y'	$-$	$+$	0	$-$		$-$
y''	$-$	$-$		$-$	0	$+$
y	↘	↗	极大值 4	↘	拐点 $\left(6,\frac{11}{3}\right)$	↘

例 4 设函数 $f(x)=\dfrac{x^3}{(2+x)^2}+4$,求函数的单调区间和极值,凹凸区间和拐点,并求曲线的渐近线.

解 函数的定义域为$(-\infty,-2)\cup(-2,+\infty)$.

$$f'(x)=\frac{x^2(6+x)}{(2+x)^3},$$

令 $f'(x)=0$,得驻点 $x_1=0,x_2=-6$.

$$f''(x)=\frac{24x}{(2+x)^4},$$

令 $f''(x)=0$,得 $x=0$.列表4-9如下:

表 4-9

x	$(-\infty,-6)$	-6	$(-6,-2)$	$(-2,0)$	0	$(0,+\infty)$
$f'(x)$	$+$	0	$-$	$+$	0	$+$
$f''(x)$	$-$		$-$	$-$	0	$+$
$f(x)$	↗	极大值 $-\frac{19}{2}$	↘	↗	拐点 $(0,4)$	↑

所以 $f(x)$在$(-\infty,-6]$,$(-2,+\infty)$单调增加;在$[-6,-2)$单调减少.极大值$f(-6)=-\dfrac{19}{2}$.曲线 $y=f(x)$在$(-\infty,-2)$,$(-2,0]$是凸弧;在$[0,+\infty)$是凹弧,点$(0,4)$是曲线的拐点.

又因为 $\lim\limits_{x\to-2}f(x)=\infty$，所以直线 $x=-2$ 是曲线的铅直渐近线. 而

$$k=\lim_{x\to\infty}\frac{f(x)}{x}=\lim_{x\to\infty}\frac{x^2}{(2+x)^2}+\frac{4}{x}=1,$$

$$b=\lim_{x\to\infty}[f(x)-kx]=\lim_{x\to\infty}\left[\frac{x^3}{(2+x)^2}+4-x\right]=4-4\lim_{x\to\infty}\frac{x(x+1)}{(2+x)^2}=0.$$

所以 $y=x$ 是曲线 $y=f(x)$ 的一条斜渐近线.

4.7.2 函数图形的作法

前面几节讨论的函数的各种性态可应用于函数的作图. 描绘函数的图形时可考察下列一些项目：

(1)求函数的定义域；

(2)确定曲线的对称性；

(3)计算 $f'(x)$，$f''(x)$，求出它们的零点及不存在的点，按从小到大的次序排列，将定义域分成若干个小区间；

(4)求出曲线的渐近线；

(5)列表，由 $f'(x)$，$f''(x)$ 的符号，求出函数 $y=f(x)$ 的单调区间、凹凸区间、极值点与极值、拐点.

例 5 作函数 $y=\dfrac{4(x+1)}{x^2}-2$ 的图形.

解 (1)定义域：$(-\infty,0)\cup(0,+\infty)$.

(2)增减性、极值、凹向和拐点：

$$y'=\frac{-4(x+2)}{x^3},\quad y''=\frac{8(x+3)}{x^4}.$$

令 $y'=0$，得 $x=-2$；令 $y''=0$，得 $x=-3$. 列表 4-10 讨论如下：

表 4-10

x	$(-\infty,-3)$	-3	$(-3,-2)$	-2	$(-2,0)$	0	$(0,+\infty)$
y'	$-$		$-$	0	$+$	不存在	$-$
y''	$-$	0	$+$		$+$		$+$
y	↘	拐点 $\left(-3,-\frac{26}{9}\right)$	↘	极小值 $f(-2)=-3$	↗	间断点	↘

(3)渐近线：因为 $\lim\limits_{x\to\infty}\left[\dfrac{4(x+1)}{x^2}-2\right]=-2$，所以直线 $y=-2$ 是曲线的一条水平渐近线；又因为 $\lim\limits_{x\to0}\left[\dfrac{4(x+1)}{x^2}-2\right]=+\infty$，所以直线 $x=0$ 是曲线的一条铅直渐近线.

作出函数的图形，如图 4-20 所示.

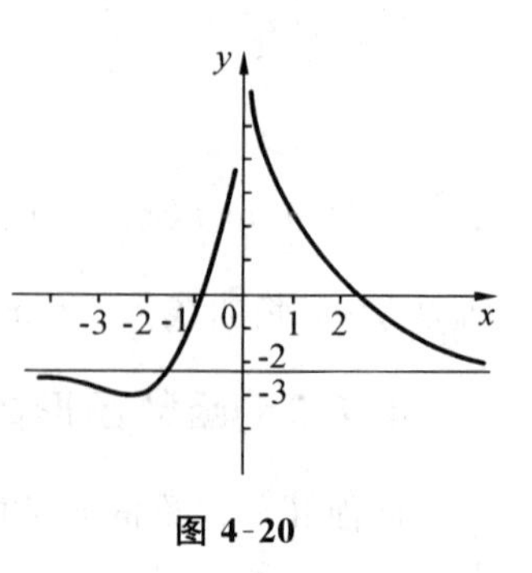

图 4-20

例 6 作函数 $f(x)=\frac{1}{\sqrt{2\pi}}e^{-\frac{x^2}{2}}$ 的图形.

解 (1)定义域：$(-\infty,+\infty)$.

(2)对称性：由于 $f(-x)=f(x)$，故 $f(x)$ 是偶函数，其图形关于 y 轴对称.

(3)增减性、极值、凹向和拐点：

$$f'(x)=-\frac{x}{\sqrt{2\pi}}e^{-\frac{x^2}{2}},f''(x)=\frac{(x+1)(x-1)}{\sqrt{2\pi}}e^{-\frac{x^2}{2}}.$$

令 $f'(x)=0$，得驻点 $x=0$；令 $f''(x)=0$，得 $x=1$. 列表 4-11 如下：

表 4-11

x	0	$(0,1)$	1	$(1,+\infty)$
$f'(x)$	0	$-$		$-$
$f''(x)$		$-$	0	$+$
$f(x)$	极大值 $y(0)=\frac{1}{\sqrt{2\pi}}$	↘	拐点 $\left(1,\frac{1}{\sqrt{2\pi e}}\right)$	↘

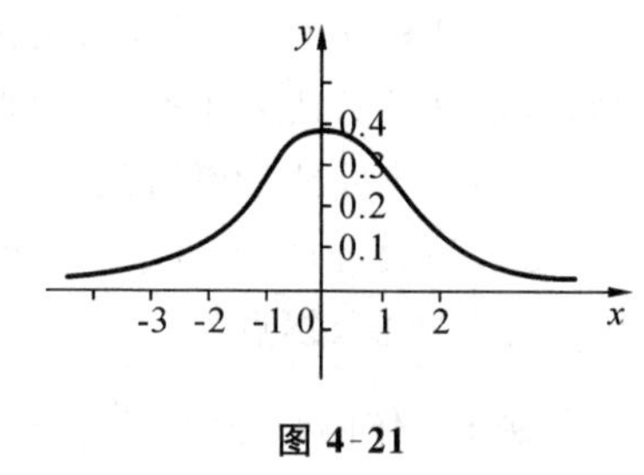

图 4-21

(4)渐近线：因为 $\lim\limits_{x\to\pm\infty}\frac{1}{\sqrt{2\pi}}e^{-\frac{x^2}{2}}=0$，所以 $y=0$ 是水平渐近线.

(5)由对称性作出函数的图形，如图 4-21 所示.

习题 4.7

(A)

1. 曲线 $y=\frac{x}{1-x^2}$ 的渐近线有（　　）.

A. 1 条　　B. 2 条　　C. 3 条　　D. 4 条

2. 曲线 $y=\frac{1}{f(x)}$ 有水平渐近线的充分条件是（　　）.

A. $\lim\limits_{x\to\infty}f(x)=0$　　B. $\lim\limits_{x\to\infty}f(x)=\infty$　　C. $\lim\limits_{x\to 0}f(x)=0$　　D. $\lim\limits_{x\to 0}f(x)=\infty$

3. 曲线 $y=\frac{1}{f(x)}$ 有铅直渐近线的充分条件是（　　）.

A. $\lim\limits_{x\to\infty}f(x)=0$　　B. $\lim\limits_{x\to\infty}f(x)=\infty$　　C. $\lim\limits_{x\to 0}f(x)=0$　　D. $\lim\limits_{x\to 0}f(x)=\infty$

4. 设函数 $y=\frac{2x}{1+x^2}$，则下列结论中错误的是（　　）.

A. y 是奇函数，且是有界函数　　B. y 有两个极值点

C. y 只有一个拐点　　D. y 只有一条水平渐近线

5. 关于函数 $y=\frac{x^3}{1-x^2}$ 的结论，错误的是(　　).

A. 有一个零点　　B. 有两个极值点　　C. 有一个拐点　　D. 有两条渐近线

6. 求下列曲线的渐近线：

(1) $y=e^{-\frac{1}{x}}$；　　(2) $y=\frac{e^x}{1+x}$.

7. 作下列函数的图形：

(1) $y=3x-x^3$；　　(2) $y=\frac{1}{1+x^2}$；

(3) $y=\ln(1+x^2)$；　　(4) $y=xe^{-x}$.

(B)

1. 求下列曲线的渐近线：

(1) $y=x+e^{-x}$；　　(2) $y=\ln x$.

2. 作下列函数的图形：

(1) $y=\frac{2x}{1+x^2}$；　　(2) $y=x\sqrt{3-x}$.

4.8　微分学在经济学中的简单应用

微分学在经济问题中的应用主要研究一个变量相对于另一个变量的绝对变化——边际分析，以及一个变量对于另一个变量的相对变化——弹性分析.

4.8.1　边际分析

定义 4.8.1　设函数 $f(x)$ 可导，则称其导函数 $f'(x)$ 为 $f(x)$ 的**边际函数**.

“边际”是经济学中的关键术语，常常是指“新增”的意思. 例如，边际效用是指消费新增 1 个单位商品时所带来的新增效用，边际成本是在所考虑的产量水平上再增加生产 1 个单位产品所需成本，边际收益是指在所考虑的销售水平上再增加 1 个单位产品销量所带来的收入. 在经济学中，此类边际问题还有很多. 以边际成本为例，经济学家将成本函数 $C(x)$ 视为连续函数，把边际成本 $C'(x)$ 定义为成本关于产量的瞬时变化率.

设函数 $y=f(x)$ 可导，函数值的增量与自变量增量的比值

$$\frac{\Delta y}{\Delta x}=\frac{f(x_0+\Delta x)-f(x_0)}{\Delta x}$$

表示 $y=f(x)$ 在 $(x_0,x_0+\Delta x)$ 或 $(x_0+\Delta x,x_0)$ 内的**平均变化率(速度)**.

根据导数的定义，导数 $f'(x_0)$ 表示 $f(x)$ 在点 $x=x_0$ 处的变化速度，即 $f(x)$ 在 $x=x_0$ 处，当 x 产生一个单位的改变时，$f(x)$（近似）改变 $f'(x_0)$ 个单位. 在经济学中，称 $f'(x_0)$ 为 $f(x)$ 在点 $x=x_0$ 处的**边际函数值**.

若将边际的概念具体用于不同的经济函数，则成本函数 $C(x)$、收入函数 $R(x)$ 与利润函数 $L(x)$ 关于生产水平 x 的导数分别称为**边际成本、边际收入与边际利润**，它们分别表示在一定的生产水平下再多生产一件产品而产生的成本、多售出一件产品而产生的收入与利润.

1. 成本问题

1)平均成本最小化问题

平均成本是生产一定量的产品，平均每单位产品的成本，记作 $\overline{C}$.

因为 $\overline{C}=\overline{C}(Q)=\dfrac{C(Q)}{Q}$，于是

$$\overline{C}'(Q)=\left[\frac{C(Q)}{Q}\right]'=\frac{QC'(Q)-C(Q)}{Q^2}.$$

令 $\overline{C}'(Q)=0$，得 $C'(Q)=\dfrac{C(Q)}{Q}=\overline{C}(Q)$，即**当边际成本等于平均成本时，平均成本最小.**

在生产技术水平和生产要素的价格固定不变的条件下，产品的总成本、平均成本、边际成本都是产量的函数.

设 C 为总成本，C_1 为固定成本，C_2 为可变成本，$\overline{C}$ 为平均成本，C' 为边际成本，Q 为产量，则有：

总成本函数 $\quad C=C(Q)=C_1+C_2(Q)$；

平均成本 $\quad \overline{C}=\overline{C}(Q)=\dfrac{C(Q)}{Q}=\dfrac{C_1}{Q}+\dfrac{C_2(Q)}{Q}$；

边际成本 $\quad C'=C'(Q)$.

边际成本表示在一定的生产水平下，再多生产一件产品而使总成本增加的数量.

例 1 已知某商品的成本函数为 $C(Q)=100+\dfrac{Q^2}{4}$，求：

(1)当 $Q=10$ 时的总成本、平均成本及边际成本；

(2)平均成本最小时的产量.

解 (1)由 $C(Q)=100+\dfrac{Q^2}{4}$，有

$$\overline{C}(Q)=\frac{100}{Q}+\frac{Q}{4},\quad C'(Q)=\frac{Q}{2}.$$

当 $Q=10$ 时，总成本为 $C(10)=125$，平均成本为 $\overline{C}(10)=12.5$，边际成本为 $C'(10)=5$（表示产量为 10 时，再生产一个产品，成本新增 5 个单位）.

(2)令 $\overline{C}'(Q)=\frac{1}{4}-\frac{100}{Q^2}=0$，得驻点 $Q=20$. 又

$\overline{C}''(Q)=\frac{200}{Q^3}$，$C''(20)>0$，所以，当产量 $Q=20$ 时，平均成本最小. 此时有 $\overline{C}(20)=C'(20)=10$.

2)库存管理问题

在总需要量一定的条件下，订购批量大，订购次数和订购费用就小，而保管费用就要相应增加；反之，订购费用大，保管费用少. 那么，如何确定订购批量使总费用最少？

假设某企业某种物资的年需用量为 D，单价为 P，平均每次订购费用为 C_1，年保管费用率（库存物资价值的百分比）为 I，订购批量为 Q，进货周期为 T，则年总费用 C 由订货费用和保管费用两部分组成.

(1)订货费用. 全年订购次数为 $\frac{D}{Q}$，订货费用 $=\frac{C_1D}{Q}$.

(2)保管费用. 每一进货周期 T 内都是初始库存量最大，到每个周期末库存量为零，所以全年每天平均库存量为 $\frac{1}{2}Q$，保管费用为 $\frac{1}{2}QPI$. 于是，总费用

$$C=\frac{C_1D}{Q}+\frac{1}{2}QPI.$$

由于 $\frac{dC}{dQ}=-\frac{C_1D}{Q^2}+\frac{1}{2}PI$，令 $\frac{dC}{dQ}=0$，得

最优订购批量 $$Q=\sqrt{\frac{2C_1D}{PI}},$$

最优订购次数 $$n=\frac{D}{Q}=\sqrt{\frac{PID}{2C_1}},$$

最优进货周期 $$T=\frac{360}{n}=360\sqrt{\frac{2C_1}{PID}},$$

最小总费用 $$C_{\min}=C_1D\sqrt{\frac{PI}{2C_1D}}+\frac{1}{2}PI\sqrt{\frac{2C_1D}{PI}}=\sqrt{2PDIC_1}.$$

例 2 某厂生产某种商品，其年销售量为 100 万件，每批生产需增加准备费 1 000元，而每件产品的库存费为 0.05 元. 如果年销售是均匀的，且上批销售完后，立即再生产下一批（此时产品库存数为批量的一半），问应分几批生产，能使生产准备费及库存费之和最小？

解 设应分 x 批生产,库存费与生产准备费之和为 $C(x)$,依题意知每批生产 $\frac{100}{x}$ 万件,库存量为 $\frac{100}{2x}=\frac{50}{x}$ 万件. 库存费为 $0.05\times\frac{500\ 000}{x}=\frac{25\ 000}{x}$ 元,所以总费用为 $C(x)=1\ 000x+\frac{25\ 000}{x}$.

令 $C'(x)=1\ 000-\frac{25\ 000}{x^2}=0$,得驻点 $x=5$($x=-5$ 舍去). 又 $C''(5)=400>0$,即当 $x=5$ 时,$C(x)$ 取极小值,唯一驻点,即为最小值. 故应分 5 批生产,能使生产准备费及库存费之和最小.

例 3 某种物资一年需用量为 24 000 件,每件价格为 40 元,年保管费用率为 12%,每次订购费用为 64 元,试求最优订购批量、最优订购次数、最优进货周期和最小总费用.

解 订购费用 $C_1=64$ 元,单价 $P=40$ 元,年保管费用率 $I=12\%$,订货费用为

$$\frac{C_1D}{Q}=\frac{64\times 24\ 000}{Q}=\frac{1\ 536\ 000}{Q},$$

其中 Q 为订购批量.

保管费用为

$$\frac{1}{2}QPI=\frac{Q}{2}\times 40\times 12\%=2.4Q,$$

因此,年总费用

$$C=\frac{C_1D}{Q}+\frac{1}{2}QPI,\quad \frac{\mathrm{d}C}{\mathrm{d}Q}=-\frac{C_1D}{Q^2}+\frac{1}{2}PI.$$

令 $\frac{\mathrm{d}C}{\mathrm{d}Q}=0$,得唯一驻点,即最优订购批量

$$Q=\sqrt{\frac{2C_1D}{PI}}=\sqrt{\frac{2\times 64\times 24\ 000}{40\times 12\%}}\ \text{件/批}=800\ \text{件/批};$$

最优订购批次 $$n=\frac{D}{Q}=\frac{24\ 000}{800}\ \text{批/年}=30\ \text{批/年};$$

最优进货周期 $$T=\frac{360}{n}=\frac{360}{30}\ \text{天}=12\ \text{天};$$

最小总费用 $$C_{\min}=\frac{C_1D}{Q}+\frac{1}{2}QPI=C_1D\sqrt{\frac{PI}{2C_1D}}+\frac{1}{2}PI\sqrt{\frac{2C_1D}{PI}}=\sqrt{2PDIC_1}$$
$$=\sqrt{2\times 40\times 24\ 000\times 12\%\times 64}\ \text{元}=3\ 840\ \text{元},$$

即年最小总费用为 3 840 元.

2. 收益问题

总收益是生产者出售一定量产品时所得到的全部收入.

平均收益是生产者出售一定量产品，平均每出售单位产品所得到的收入，即单位商品的售价.

边际收益为总收益的变化率.

总收益、平均收益、边际收益均为产量的函数. 设 P 为商品价格，Q 为商品数量，R 为总收益，$\overline{R}$为平均收益，R'为边际收益，则有：

需求(价格)函数 $P=P(Q)$；

总收益函数 $R=R(Q)=Q\cdot P(Q)$；

平均收益函数 $\overline{R}=\overline{R}(Q)=\dfrac{R(Q)}{Q}=P(Q)$；

边际收益函数 $R'=R'(Q)=QP'(Q)+P(Q)$.

边际收入表示在一定的销售水平下，再多售出一件产品而产生的收入.

收益最大化问题就是求总收益函数 $R=R(Q)=Q\cdot P(Q)$的最大值.

例 4 某型号电视机的月销售收入 R(单位：元)与月售出台数 x(单位：台)的函数为

$$R(x)=100\ 000\left(1-\frac{1}{2x}\right).$$

(1)求销售出第 100 台电视机时的边际收入.

(2)由边际收入函数得出什么有意义的结论，并解释当 $x\to\infty$时，$R'(x)$的极限值表示什么含义.

解 (1)因为边际收入为 $R'(x)=\dfrac{50\ 000}{x^2}$，所以销售出第 100 台电视机时的边际收入是

$$R'(100)=\frac{50\ 000}{100^2}=5.$$

(2)由 $R'(x)=\dfrac{50\ 000}{x^2}$可知，边际收入随着销售台数的增加而减少. 特别地，

$$\lim_{x\to\infty}R'(x)=\lim_{x\to\infty}\frac{50\ 000}{x^2}=0.$$

这说明当销售台数达到一个较大的数值时，其边际收入就很小了. 也就是说，此时再扩大销售量是没有多大意义的.

3. 利润最大化问题

设总利润为 L，则有

$$L=L(Q)=R(Q)-C(Q),$$
$$L'(Q)=R'(Q)-C'(Q).$$

总利润 $L(Q)$取得最大值的必要条件为 $L'(Q)=0$，即 $R'(Q)=C'(Q)$. 于是可

取得最大利润的必要条件是边际收益等于边际成本.

总利润 $L(Q)$ 取得最大值的充分条件(最大利润原则)为 $L'(Q)=0$ 且 $L''(Q)<0$,即 $R''(Q)<C''(Q)$. 于是可取得最大利润的充分条件是边际收益等于边际成本,边际收益的变化率小于边际成本的变化率.

例 5 某大学正试图为足球票定价,如果每张票价为 6 元,则平均每场比赛有 70 000 名观众. 每提高 1 元,就要从平均人数中失去 10 000 名观众. 每名观众在让价上平均花 1.5 元. 为使收入最大化,每张票应定价多少? 按该票价,将有多少名观众观看比赛?

解 设每张票应提价的金额为 x(如果 x 是负值,则票价下跌),则总收入 R 是 x 的函数. 由题设,得

$$\begin{aligned} R(x) &= (70\ 000-10\ 000x)(6+x)+1.5(70\ 000-10\ 000x) \\ &= -10\ 000x^2-5\ 000x+525\ 000, \end{aligned}$$

于是
$$R'(x)=-20\ 000x-5\ 000, R''(x)=-20\ 000.$$

令 $R'(x)=0$,得 $x=-0.25$ 元.

因为 $x=-0.25$ 是唯一驻点,又 $R''(x)=-20\ 000<0$,所以 $R(-0.25)$ 是最大值,即为使收入最大化,足球票应定价为

$$(6-0.25)\text{ 元}=5.75\text{ 元}.$$

其人数为

$$70\ 000\text{ 人}-1\ 000\times(-0.25)\text{ 人}=72\ 500\text{ 人}.$$

例 6 已知某产品的需求函数为 $P=10-\frac{Q}{5}$,成本函数为 $C=50+2Q$,求产量为多少时总利润最大,并验证是否符合最大利润原则.

解 已知 $P(Q)=10-\frac{Q}{5}$,$C(Q)=50+2Q$,则有

$$R(Q)=10Q-\frac{Q^2}{5},$$

$$L(Q)=R(Q)-C(Q)=8Q-\frac{Q^2}{5}-50,$$

$$L'(Q)=8-\frac{2Q}{5}, \quad L''(Q)=-\frac{2}{5},$$

令 $L'(Q)=0$,得 $Q=20$,$L''(20)<0$,所以 $Q=20$ 时,总利润最大.

此时 $R'(20)=2$,$C'(20)=2$,有

$$R'(20)=C'(20);$$

$$R''(20)=-\frac{2}{5}, \quad C''(20)=0,$$

有 $R''(20)<C''(20)$,所以符合最大利润原则.

例 7 某企业对某种产品的销售情况进行了大量的统计分析后，得出总利润 $L(Q)$（单位：万元）与每月产量 Q（单位：t）的关系为 $L(Q)=250Q-5Q^2$，试确定每月生产 20 t、25 t 和 30 t 时的边际利润，并作出经济解释.

解 边际利润
$$L'(Q)=250-10Q,$$
故
$$L'(20)=50,\quad L'(25)=0,\quad L'(30)=-50.$$

结果表明：当每月生产 20 t 时，再增加生产 1 t，利润将增加 50 万元；当每月生产 25 t 时，再增加 1 t 产量，利润不变；当每月生产 30 t 时，再增加生产 1 t，利润将减少 50 万元.

令 $L'(Q)=0$，得驻点 $Q=25$. 当 $0<Q<25$ 时，$L'(Q)>0$，$L(Q)$ 为单调增加函数，于是有 $L(21)>L(20)$，即当月产量为 20 t 时，再多生产 1 t，利润将增加 $L(21)-L(20)=45$ 万元.

当 $Q>25$ 时，$L'(Q)<0$，$L(Q)$ 为单调减少函数，故 $L(31)<L(30)$，即当月产量为 30 t 时，再多生产 1 t 产品，利润将减少 $L(30)-L(31)=55$ 万元.

例 8 设每月产量为 x 吨时，总成本函数为 $C(x)=\frac{1}{40}x^2+200x+25\ 000$. 问：

(1)生产多少吨产品，可使平均成本最低？

(2)若每吨以 300 元售出，则生产多少吨产品，可获利最大？

解 (1)平均成本为
$$\overline{C}(x)=\frac{C(x)}{x}=\frac{1}{40}x+200+\frac{25\ 000}{x},$$
令 $\overline{C}'(x)=\frac{1}{40}-\frac{25\ 000}{x^2}=0$，得 $x_1=1\ 000$，$x_2=-1\ 000$（舍去）. 因为
$$\overline{C}''(1\ 000)=5\times 10^{-5}>0,$$
所以当每月产量为 1 000 t 时，平均成本最低，其最低平均成本为
$$\overline{C}(1\ 000)=\left(\frac{1}{40}\times 10^3+200+\frac{25\ 000}{1\ 000}\right)\text{元}=250\ \text{元}.$$
边际成本函数为
$$C'(x)=\frac{1}{20}x+200,$$
故当产量为 1 000 t 时，边际成本为 $C'(1\ 000)=250$ 元.

(2)利润函数
$$L(x)=300x-\frac{x^2}{40}-200x-25\ 000=100x-\frac{x^2}{40}-25\ 000.$$
令 $L'(x)=100-\frac{x}{20}=0$，得 $x=2\ 000$. 又 $L''(x)=-\frac{1}{20}<0$，即当月产量为 2 000 t，每吨以 300 元出售时，可获得最大利润，最大利润为

$$L_{\max}(2\ 000)=\left(100\times 2\ 000-\frac{2\ 000^2}{40}-25\ 000\right)\text{元}=75\ 000\ \text{元}.$$

例 9 一商家销售某种商品的价格满足关系式 $P=7-0.2x$，x 为销售量，商品成本函数 $C=3x+1$.

(1)若每销售一单位商品，政府要征税 t，求该商家获最大利润时的销售量；

(2)t 为何值时，政府税收总额最大？

解 (1)总税额 $T=tx$，利润函数为

$$\begin{aligned}L&=R-C-T=Px-C-T\\&=7x-0.2x^2-(3x+1)-tx\\&=-0.2x^2+(4-t)x-1,\end{aligned}$$

$$L'(x)=-0.4x+4-t,$$

令 $L'(x)=0$，得 $x=\dfrac{4-t}{0.4}=\dfrac{5}{2}(4-t)$（唯一驻点）. 所以 $x=\dfrac{5}{2}(4-t)$ 为利润最大时的销售量.

(2)将 $x=\dfrac{5}{2}(4-t)$ 代入 $T=tx$ 中，得

$$T=\frac{5}{2}(4-t)t=10t-\frac{5}{2}t^2,$$

$$T'(t)=10-5t,$$

令 $T'(t)=0$，得 $t=2$（唯一驻点）. 又 $T''(t)=-5<0$，故 $t=2$ 时，T 最大，即 $t=2$ 时，政府税收总额最大，为 10.

例 10 设某酒厂有一批新酿的好酒，如果现在（假定 $t=0$）就售出，总收入为 R_0 元，如果窖藏起来等来日按陈酒价格出售，t 年末总收入为 $R=R_0\mathrm{e}^{\frac{2}{5}\sqrt{t}}$. 假定银行的年利率为 r，并以连续复利计息，试求窖藏多少年售出可使总收入的现值最大，并求 $r=0.06$ 时 t 的值.

解 根据连续复利公式，这批酒在窖藏 t 年末售出的总收入 R 的现值为

$$T(t)=R\mathrm{e}^{-rt},$$

$$R=R_0\mathrm{e}^{\frac{2}{5}\sqrt{t}},$$

故

$$T(t)=R_0\mathrm{e}^{\frac{2}{5}\sqrt{t}-rt},$$

$$\frac{\mathrm{d}T}{\mathrm{d}t}=R_0\mathrm{e}^{\frac{2}{5}\sqrt{t}-rt}\cdot\left(\frac{1}{5\sqrt{t}}-r\right),$$

令 $\dfrac{\mathrm{d}T}{\mathrm{d}t}=0$，解得 $t=\dfrac{1}{25r^2}$（唯一驻点）. 又

$$\frac{\mathrm{d}^2T}{\mathrm{d}t^2}=R_0\mathrm{e}^{\frac{2}{5}\sqrt{t}-rt}\left[\left(\frac{1}{5\sqrt{t}}-r\right)^2-\frac{1}{10\sqrt{t^3}}\right],$$

$$\left.\frac{\mathrm{d}^2 T}{\mathrm{d}t^2}\right|_{t=\frac{1}{25r^2}}=R_0\mathrm{e}^{\frac{1}{25r}}\cdot(-12.5r^3)<0,$$

于是 $t=\dfrac{1}{25r^2}$ 即为最大值点. 故窖藏 $\dfrac{1}{25r^2}$ 年后出售总收入的现值最大，且最大值为

$T=R_0\mathrm{e}^{\frac{2}{25r}-\frac{1}{25r}}=R_0\mathrm{e}^{\frac{1}{25r}}$. 当 $r=0.06$ 时，$t=\dfrac{1}{25\times 0.06^2}\approx 11$ 年.

注 边际函数值是一个近似值.

*4.8.2 弹性分析

前面所谈的函数改变量与函数变化率是绝对改变量与绝对变化率. 我们从实践中体会到，仅仅研究函数的绝对改变量与绝对变化率还是不够的. 例如，商品甲每单位价格 10 元，涨价 1 元；商品乙每单位价格 1 000 元，也涨价 1 元. 两种商品价格的绝对改变量都是 1 元，但各与其原价相比，两者涨价的百分比却有很大的不同，商品甲涨了10%，而商品乙涨了 0.1%. 因此，我们还有必要研究函数的相对改变量与相对变化率.

例如，$y=x^2$，当 x 由 10 改变到 12 时，y 由 100 改变到 144，此时自变量与因变量的绝对改变量分别为 $\Delta x=2$，$\Delta y=44$，而

$$\frac{\Delta x}{x}=20\%,\quad \frac{\Delta y}{y}=44\%,$$

这表示当 $x=10$ 改变到 $x=12$ 时，x 产生了 20%的改变，y 产生了 44%的改变. 这就是相对改变量.

而比值 $\dfrac{\Delta y/y}{\Delta x/x}=2.2$，表示在(10,12)内，从 $x=10$ 开始，x 改变 1%时，y 平均改变 2.2%. 我们称该比值为从 $x=10$ 到 $x=12$，函数 $y=x^2$ 的相对变化率.

定义 4.8.2 设函数 $y=f(x)$ 在点 $x=x_0$ 可导，函数的相对改变量

$$\frac{\Delta y}{y_0}=\frac{f(x_0+\Delta x)-f(x_0)}{f(x_0)}$$

与自变量的相对改变量 $\dfrac{\Delta x}{x_0}$ 之比 $\dfrac{\Delta y/y_0}{\Delta x/x_0}$，称为函数 $y=f(x)$ 从点 $x=x_0$ 到点 $x_0+\Delta x$ 的相对变化率，或称两点间的弹性. 当 $\Delta x\to 0$ 时，$\dfrac{\Delta y/y_0}{\Delta x/x_0}$ 的极限称为 $f(x)$ 在点 $x=x_0$ 处的**相对变化率**或**弹性**，记为

$$\left.\frac{Ey}{Ex}\right|_{x=x_0} \quad 或 \quad \frac{E}{Ex}f(x_0),$$

即
$$\left.\frac{Ey}{Ex}\right|_{x=x_0}=\lim_{\Delta x\to 0}\frac{\Delta y/y_0}{\Delta x/x_0}=\lim_{\Delta x\to 0}\frac{\Delta y}{\Delta x}\cdot\frac{x_0}{y_0}=f'(x_0)\frac{x_0}{f(x_0)}.$$

若 $f(x)$ 可导,则

$$\frac{Ey}{Ex}=\frac{E}{Ex}f(x)=\lim_{\Delta x\to 0}\frac{\Delta y/y}{\Delta x/x}=\lim_{\Delta x\to 0}\frac{\Delta y}{\Delta x}\cdot\frac{x}{y}=f'(x)\frac{x}{f(x)}$$

称为 $f(x)$ 的**弹性函数**.

函数 $f(x)$ 在点 x 处的弹性 $\frac{Ey}{Ex}$ 反映随 x 变化 $f(x)$ 变化幅度的大小,即 $f(x)$ 对 x 变化反应的**强烈程度或灵敏度**. 数值上,$\frac{E}{Ex}f(x_0)$ 表示在点 $x=x_0$ 处,当 x 产生 1%的改变时,$f(x)$ 近似地改变 $\frac{E}{Ex}f(x_0)$%. 在应用问题中解释弹性的具体意义时,通常略去"近似"二字.

例 11 求函数 $y=3+2x$ 在 $x=3$ 处的弹性.

解 $y'=2,\frac{Ey}{Ex}=y'\frac{x}{y}=\frac{2x}{3+2x},\left.\frac{Ey}{Ex}\right|_{x=3}=\frac{2\times 3}{3+2\times 3}=\frac{2}{3}$.

例 12 求幂函数 $y=x^a$(a 为常数)的弹性函数.

解 $y'=ax^{a-1},\frac{Ey}{Ex}=ax^{a-1}\frac{x}{x^a}=a$.

可以看出,幂函数的弹性函数为常数,即在任意点处弹性不变,所以称幂函数为不变弹性函数. 特别地,函数 $y=ax$ 的弹性为 1,函数 $y=\frac{a}{x}$ 的弹性为 -1.

1. 需求(价格)弹性

设某商品的需求函数为 $Q=f(P)$,这里 P 表示商品的价格,Q 表示需求量. 一般说来,若商品价格降低,则需求量会增加,因此需求函数是单调减少函数,即需求价格弹性为负值,说明需求量的变化与价格变化是相反的. 为了用正数表示需求弹性,常采用需求函数相对变化率的相反数(绝对值)来定义需求弹性,即

$$\eta|_{P=P_0}=\eta(P_0)=-f'(P_0)\frac{P_0}{f(P_0)}.$$

称 $\eta>1$ 的需求是富有弹性的,表示该商品的需求对价格变动比较敏感;称 $\eta<1$ 的需求是缺乏弹性的,表示该商品的需求对价格变动不太敏感. 一般情况下,生活必需品是缺乏弹性的,而奢侈品是富有弹性的.

例 13 设某种商品的需求量 Q 与价格 P 的关系为 $Q(P)=1\,600\left(\frac{1}{4}\right)^P$.

(1)求需求弹性 $\eta(P)$;

(2)当商品的价格 $P=10$ 元时,再上涨 1%,描述该商品需求量的变化情况.

解 (1)需求弹性为

$$\eta(P)=-\frac{P}{Q}Q'=-\frac{P}{1\ 600\left(\frac{1}{4}\right)^P}1\ 600\left(\frac{1}{4}\right)^P\ln\frac{1}{4}=(2\ln 2)P\approx 1.39P,$$

说明商品价格 P 上涨(或下降)1%时，商品需求量 Q 将减少(或增加)$1.39P\%$.

(2)当商品价格 $P=10$ 元时，

$$\eta(10)\approx 1.39\times 10=13.9.$$

这表明商品价格 $P=10$ 元时，价格再上涨 1%，商品需求量 Q 将减少 13.9%. 若价格下降 1%，商品需求量 Q 将增加 13.9%.

例 14 设某商品的需求函数为 $Q=\mathrm{e}^{-\frac{P}{5}}$，求：

(1)需求弹性函数；

(2)$P=3,P=5,P=6$ 时的需求弹性.

解 (1)需求弹性函数为

$$\eta(P)=-Q'\cdot\frac{P}{Q}=\frac{1}{5}P.$$

(2) $$\eta(3)=\frac{3}{5}=0.6,\quad \eta(5)=\frac{5}{5}=1,\quad \eta(6)=\frac{6}{5}=1.2.$$

2. 供给弹性

设某商品的供给函数为 $Q=\varphi(P)$，这里 P 表示商品的价格，Q 表示需求量. 一般说来，商品价格高，供给量就大，因此供给函数是单调增加函数. 于是，供给弹性为

$$\eta=\eta(P)=\lim_{\Delta x\to 0}\frac{\Delta Q/Q}{\Delta P/P}=\lim_{\Delta x\to 0}\frac{\Delta Q}{\Delta P}\cdot\frac{P}{Q}=\varphi'(P)\frac{P}{\varphi(P)}.$$

因为供给函数是单调增加函数，供给量随价格上涨而增加，故供给弹性一般是正值.

3. 用需求弹性分析总收益的变化

总收益是商品价格 P 与销售量 Q 的乘积. 设需求函数是 $Q=f(P)$，有

$$R=PQ=P\cdot f(P),$$

$$R'=f(P)+Pf'(P)=f(P)\left[1+P\frac{f'(P)}{f(P)}\right]$$

$$=f(P)(1-\eta).$$

总收益的变化受需求弹性的制约：

(1)若 $\eta<1$，需求变动的幅度小于价格变动的幅度，此时 $R'>0$，R 增加，即价格上涨总收益增加，价格下跌总收益减少；

(2)若 $\eta>1$，需求变动的幅度大于价格变动的幅度，此时 $R'<0$，R 减少，即价

格上涨总收益减少，价格下跌总收益增加；

(3)若 $\eta=1$，需求变动的幅度等于价格变动的幅度，此时 $R'=0$，R 取得最大值.

例 15 录像带商店设计出一个关于录像带租金的需求函数，并把它表示为 $Q=120-20P$，其中 Q 是当每盒租金是 P 元时每天出租录像带的数量.

(1)求当 $P=2$ 元和 $P=4$ 元时的弹性，并说明其经济意义.

(2)求 $|\eta(P)|=1$ 时 P 的值，并说明其经济意义.

(3)求总收益最大时的价格.

解 (1)先求需求弹性

$$\eta(P)=\left|P\cdot\frac{Q'}{Q}\right|=\left|P\cdot\frac{-20}{120-20P}\right|=\frac{P}{6-P}.$$

当 $P=2$ 元时，有

$$\eta(2)=\frac{2}{6-2}=\frac{1}{2}.$$

$\eta(2)=\frac{1}{2}<1$，表明出租数量改变量的百分比与价格改变量的百分比的比率小于 1，价格的小幅度增加所引起出租量减少的百分比小于价格改变的百分比.

当 $P=4$ 元时，有

$$\eta(4)=\frac{4}{6-4}=2.$$

$\eta(4)=2>1$，表明出租数量改变量的百分比与价格改变量的百分比的比率大于 1，价格的小幅度增加所引起出租量减少的百分比大于价格改变的百分比.

(2)令 $|\eta(P)|=1$，即

$$\left|\frac{-P}{6-P}\right|=1\Rightarrow P=3.$$

因此，当每盒租金是 3 元时，出租数量改变的百分比与价格改变量的百分比的比率是 1.

(3)总收益是 $R(P)=PQ=120P-20P^2$，于是

$$R'(P)=120-40P, R''(P)=-40.$$

令 $R'(P)=0$，得驻点 $P=3$. 又 $R''(P)=-40<0$，所以 $P=3$ 为 $R(P)$ 的极大值点，也是最大值点，即当每盒租金是 3 元时，总收益最大.

上例说明，使 $|\eta(P)|=1$ 的 P 值与使总收益最大的 P 值是相同的. 这一事实总是成立的.

例 16 设某商品的需求函数为 $Q=f(P)=12-\frac{P}{2}$.

(1)求需求弹性函数；

(2)求 $P=6$ 时的需求弹性；

(3)当价格 $P=6$ 时，若价格上涨 1%，总收益增加还是减少？将变化百分之几？

(4)P 为何值时，总收益最大？最大的总收益是多少？

解 (1)$\eta(P)=\frac{1}{2}\cdot\frac{P}{12-\frac{P}{2}}=\frac{P}{24-P}$.

(2)$\eta(6)=\frac{6}{24-6}=\frac{1}{3}$.

(3)$\eta(6)=\frac{1}{3}<1$，所以价格上涨 1%，总收益将增加. 下面求 R 增长的百分比，即求 R 的弹性.

$$R'=f(P)(1-\eta),\quad R'(6)=f(6)\left(1-\frac{1}{3}\right)=9\times\frac{2}{3}=6.$$

$$R=12P-\frac{P^2}{2},\quad R(6)=54.$$

$$\frac{ER}{EP}\Big|_{P=6}=R'(6)\frac{6}{R(6)}=6\times\frac{6}{54}=\frac{2}{3}\approx 0.67,$$

所以当 $P=6$ 时，价格上涨 1%，总收益约增加 0.67%.

(4)$R'=12-P$，令 $R'=0$，则 $P=12$，$R(12)=72$. 所以当 $P=12$ 时总收益最大，最大总收益为 72.

习题 4.8

(A)

1. 生产 x 单位某产品的总成本 C 为 x 的函数：$C=C(x)=1\ 100+\frac{1}{1\ 200}x^2$. 求：

(1)生产 900 单位时的总成本和平均成本；

(2)生产 900 单位到 1 000 单位时总成本的平均变化率；

(3)生产 900 单位和 1 000 单位时的边际成本.

2. 体育用品商店每年销售 100 张台球桌. 库存一张台球桌一年的费用为 20 元. 为订购，需付 40 元的固定成本，以及每张台球桌另加 16 元. 为了最小化总费用，商店每年应该订购台球桌几次？每次批量是多少？

3. 设生产 x 单位某产品，总收益 R 为 x 的函数：$R=R(x)=200x-0.01x^2$. 求：生产 50 单位产品时的总收益、平均收益和边际收益.

4. 生产 x 单位某种商品的利润是 x 的函数：$L=L(x)=5\ 000+x-0.00\ 001x^2$. 问

生产多少单位时获得的利润最大？

5. 某商品的价格 P 与需求量 Q 的关系为 $P=10-\frac{Q}{5}$.

(1)求需求量为 20 及 30 时的总收益 R、平均收益 $\overline{R}$ 及边际收益 R'；

(2)Q 为多少时总收益最大？

6. 设某商品的需求量 Q 对价格 P 的函数关系为 $Q=f(P)=1600\left(\frac{1}{4}\right)^{P}$，求需求 Q 对价格 P 的弹性函数.

7. 设某商品的需求函数是 $Q=\mathrm{e}^{-\frac{P}{2}}$，求需求弹性函数及 $P=3$，$P=4$，$P=5$ 时的需求弹性.

8. 设某商品的供给函数是 $Q=2+3P$，求供给弹性函数及 $P=3$ 时的供给弹性.

(B)

1. 某型号电视机的生产成本(元)与生产量(台)的关系函数为 $C(x)=6\,000+900x-0.8x^2$.

(1)求生产前 100 台的平均成本.

(2)求当第 100 台生产出来时的边际成本.

(3)证明(2)中求得的边际成本的合理性.

2. 设总产品的总成本函数为 $C(x)=400+3x+0.5x^2$，而需求函数为 $P=\frac{100}{\sqrt{x}}$，其中 x 为产量(假设等于需求量)，P 为价格，试求边际成本、边际收入和边际利润.

3. 某企业生产一种商品 x 件时的总收益为 $R(x)=100x-x^2$，总成本函数为 $C(x)=200+50x+x^2$. 问政府对每件商品征收货物税为多少时，在企业获得最大利润的情况下，总税额最大？

4. 设某商品的需求函数为 $Q=10-\frac{P}{2}$，求：

(1)需求弹性；

(2)$P=3$ 时的需求弹性；

(3)在 $P=3$ 时，若价格上涨 1%，总收益增加还是减少？它将变化百分之几？

5. 已知某厂生产 x 件产品的成本为 $C=25\,000+200x+\frac{1}{40}x^2$(单位：元). 问：

(1)若使平均成本最小，应生产多少件产品？

(2)若产品以每件 500 元售出，要使利润最大，应生产多少件产品？

6. 某产品的销售量是根据价格确定的：若每千克售价 50 元，则可售出 10 000 千克，若售价每降 2 元，则可多售出 2 000 千克. 又设生产这种产品的固定成本为 60 000 元，变动成本为每千克 20 元. 在产销平衡的条件下，求：

(1)销量 x 与价格 P 之间的函数关系；

(2)获利最大时的产量及相应的价格.

数学家约瑟夫·拉格朗日简介

约瑟夫·拉格朗日

1736 年 1 月 25 日拉格朗日生于意大利西北部的都灵.父亲是法国陆军骑兵里的一名军官,后由于经商破产,家道中落.据拉格朗日本人回忆,如果幼年时家境富裕,他也就不会作数学研究了,因为父亲一心想把他培养成为一名律师.拉格朗日个人却对法律毫无兴趣.

到了青年时代,在数学家雷维里的教导下,拉格朗日喜爱上了几何学.17 岁时,他读了英国天文学家哈雷的介绍牛顿微积分成就的短文《论分析方法的优点》后,感觉到"分析才是自己最热爱的学科",从此他迷上了数学分析,开始专攻当时迅速发展的数学分析.

18 岁时,拉格朗日用意大利语写了第一篇论文,内容是用牛顿二项式定理处理两函数乘积的高阶微商,他又将论文用拉丁语写出寄给了当时在柏林科学院任职的数学家欧拉.不久后,他获知这一成果早在半个世纪前就被莱布尼兹取得了.这个并不幸运的开端未使拉格朗日灰心,相反,更坚定了他投身数学分析领域的信心.

1791 年,拉格朗日被选为英国皇家学会会员,又先后在巴黎高等师范学院和巴黎综合工科学校任数学教授．1795 年建立了法国最高学术机构——法兰西研究院后，拉格朗日被选为科学院数理委员会主席．此后，他才重新进行研究工作，编写了一批重要著作，如《论任意阶数值方程的解法》、《解析函数论》和《函数计算讲义》，总结了那一时期的特别是他自己的一系列研究工作．

1813 年 4 月 3 日，拿破仑授予拉格朗日帝国大十字勋章，但此时的他已卧床不起，4 月 11 日早晨，逝世．

第 4 章总习题

1. 选择题.

(1)下列函数中在给定区间上满足拉格朗日中值定理条件的是(　　).

A. $y=|x|,[-1,1]$　　B. $y=\frac{1}{x},[1,2]$

C. $y=x^{\frac{2}{3}},[-1,1]$　　D. $y=\frac{x}{x^2-1},[-2,2]$

(2)函数 $f(x)=x^3$ 和 $g(x)=x^2+1$，在区间$[1,2]$上满足柯西定理的 ξ 等于(　　).

A. $\frac{7}{3}$　　B. 1

C. 0　　D. $\frac{14}{9}$

(3) $\lim\limits_{x\to 0^+}\frac{\ln\sin 5x}{\ln\sin 2x}=$(　　).

A. $\frac{5}{2}$　　B. $\frac{2}{5}$

C. 1　　D. ∞

(4)函数 $y=e^x+e^{-x}$ 在区间$(-1,1)$内(　　).

A. 单调减少　　B. 单调增加

C. 不增不减　　D. 有增有减

(5)函数 $f(x)$ 在 $x=x_0$ 处取得极大值，则(　　).

A. $f'(x_0)=0$　　B. $f''(x_0)<0$

C. $f'(x_0)=0,f''(x_0)<0$　　D. $f'(x_0)=0$ 或 $f'(x_0)$不存在

(6)若在区间(a,b)内函数 $f(x)$满足 $f'(x)<0,f''(x)>0$，则函数 $f(x)$在此区间内(　　).

A. 单调减少，曲线为凹　　B. 单调增加，曲线为凹

C. 单调减少，曲线为凸　　D. 单调增加，曲线为凸

(7)函数 $f(x)=\sin x-x$ 在区间$[0,\pi]$上的最大值是(　　).

A. $\frac{\sqrt{2}}{2}$　　B. 0

C. $-\pi$　　D. π

(8)若直线 $x=1$ 是曲线 $y=f(x)$的铅直渐近线,则 $f(x)$是(　　).

A. $\frac{x^2}{x+1}$　　B. $\frac{x^2-1}{x-1}$

C. $\frac{1}{x^2-2x+1}$　　D. $\frac{1}{x^2+2x+1}$

(9)下列函数极限中,不能用洛必达法则计算的是(　　).

A. $\lim\limits_{x\to 0}\frac{\tan 2x}{\sin 3x}$　　B. $\lim\limits_{x\to\infty}\frac{x^3-1}{3x^3+2x}$

C. $\lim\limits_{x\to 1}\frac{x^2\sin x}{(x-1)^2}$　　D. $\lim\limits_{x\to+\infty}\frac{\ln x}{e^x}$

(10)若 $f'(x_0)=0$,$f''(x_0)<0$,则函数 $f(x)$在点 x_0 处(　　).

A. 不一定有极值　　B. 一定有极大值

C. 无极值　　D. 一定有极小值

(11)函数 $f(x)=\frac{1}{2}(e^x-e^{-x})$在其定义域内的极小值(　　).

A. 等于$\frac{1}{2}$　　B. 不存在

C. 等于 1　　D. 等于 0

(12)若 $f'(x_0)=0$,$f''(x_0)=0$,则函数 $f(x)$在点 x_0 处(　　).

A. 一定有极大值　　B. 一定有极小值

C. 不一定有极值　　D. 一定有最大值

(13)(2014 年考研题)设函数 $f(x)$具有二阶导数,$g(x)=f(0)(1-x)+f(1)x$,则在$[0,1]$上(　　).

A. 当 $f'(x)\geqslant 0$ 时,$f(x)\geqslant g(x)$　　B. 当 $f'(x)\geqslant 0$ 时,$f(x)\leqslant g(x)$

C. 当 $f''(x)\geqslant 0$ 时,$f(x)\geqslant g(x)$　　D. 当 $f''(x)\geqslant 0$ 时,$f(x)\leqslant g(x)$

2. 填空题.

(1)设函数 $y=x-\ln(1+x)$,则该函数在区间________内单调增加,在区间________内单调减少.

(2)设函数 $y=\frac{1-x}{1+x}$在区间$[0,1]$上,则当 $x=$________时,函数取最大值为________;当 $x=$________时,函数取最小值为________.

(3)设(1,3)是曲线 $y=ax^3+bx^2+1$ 的拐点，则 $a=$________，$b=$________.

(4)曲线 $y=xe^x$ 在区间________内为凸曲线，在区间________内为凹曲线，拐点为________.

(5)设 $\lim\limits_{x\to 0}\dfrac{\ln(1+x)-ax-bx^2}{x^2}=2$，则 $a=$________，$b=$________.

(6)函数 $y=2x^2-\ln x$ 的单调增加区间为________，单调减少区间为________.

(7)函数 $y=2e^x+e^{-x}$ 的极小值点是________.

(8)函数 $y=x+\dfrac{4}{x}$ 在其定义域内的极大值是________，极小值是________.

(9)设 $x_1=1,x_2=2$ 均为函数 $y=a\ln x+bx^2+3x$ 的极值点，则 $a=$________，$b=$________.

(10)设点(1,3)为曲线 $y=ax^3+bx^2$ 的拐点，则 $a=$________，$b=$________.

(11)曲线 $y=x^4-2x^2+5$ 的两个拐点分别是________和________.

(12)曲线 $y=\dfrac{e^x}{x}$ 的水平渐近线方程是________，铅直渐近线方程是________.

(13)设某商品的需求价格函数为 $Q=20-\dfrac{P}{12}$，则它的边际函数为________，需求价格弹性为________.

(14)曲线 $y=\ln\left(e+\dfrac{1}{x}\right)$ 的两条铅直渐近线是________和________.

(15)函数 $y=x^{\frac{1}{x}}$ 的极值为________.

3.讨论函数 $y=x^3-6x^2+9x-2$ 的单调区间、极值、凹凸区间和拐点.

4.求下列极限：

(1) $\lim\limits_{x\to 0^+}x^{\sin x}$；

(2) $\lim\limits_{x\to 1}\left(\dfrac{x}{x-1}-\dfrac{1}{\ln x}\right)$；

(3) $\lim\limits_{x\to +\infty}\dfrac{\ln(1+e^x)}{x}$；

(4) $\lim\limits_{x\to 0}\left(\dfrac{2}{\pi}\arccos x\right)^{\frac{1}{x}}$；

(5) $\lim\limits_{x\to 0}\left(\dfrac{1}{e^x-1}-\dfrac{1}{x}\right)$；

(6) $\lim\limits_{x\to \frac{\pi}{2}}(\sec x-\tan x)$；

(7) $\lim\limits_{x\to 0^+}(\sin x)^x$；

(8) $\lim\limits_{x\to \frac{\pi}{2}}(\sin x)^{\tan x}$；

(9) $\lim\limits_{x\to +\infty}\dfrac{\ln\left(\dfrac{\pi}{2}-\arctan x\right)}{\ln x}$；

(10) $\lim\limits_{x\to 1}(1-x^2)\tan\dfrac{\pi}{2}x$；

(11) $\lim\limits_{x\to 0^+}\left(\ln\dfrac{1}{x}\right)^x$；

(12) $\lim\limits_{x\to 0}\dfrac{x-\tan x}{x\sin^2 x}$；

(13) $\lim\limits_{x\to 0}\frac{1}{x}\left(\frac{1}{x}-\cot x\right)$；

(14) $\lim\limits_{x\to 0}\frac{x^2}{\sqrt{1+x\sin x}-\sqrt{\cos x}}$；

(15) $\lim\limits_{x\to 0}\frac{1}{x^2}\ln\frac{\sin x}{x}$；

(16) $\lim\limits_{x\to 0}\left(\frac{1+x}{1-e^{-x}}-\frac{1}{x}\right)$；

(17) $\lim\limits_{x\to+\infty}x\left(\frac{\pi}{2}-\arctan x\right)$；

(18) $\lim\limits_{x\to 0^+}(e^x-1-x)^{\frac{1}{\ln x}}$；

(19) $\lim\limits_{x\to\infty}x\left[\sin\ln\left(1+\frac{3}{x}\right)-\sin\ln\left(1+\frac{1}{x}\right)\right]$；

(20) $\lim\limits_{x\to 0}\left[\frac{(1+x)^{\frac{1}{x}}}{e}\right]^{\frac{1}{x}}$；

(21) $\lim\limits_{x\to+\infty}\frac{\ln\left(\frac{2}{\pi}\arctan x\right)}{e^{-x}}$.

5. 确定下列函数的凹凸性及拐点：

(1) $y=x+\frac{x}{x^2-1}$；

(2) $y=3x^2-x^3$；

(3) $y=e^{\arctan x}$；

(4) $y=(x+1)^4+e^x$；

(5) $y=xe^{-x}$；

(6) $y=x^4(12\ln x-7)$.

6. 求下列函数的极值：

(1) $y=(2x-5)\sqrt[3]{x^2}$；

(2) $y=x2^x$.

7. 设函数 $f(x)$在它的某个邻域内有二阶导数，且$\lim\limits_{x\to 0}\left(1+x+\frac{f(x)}{x}\right)^{\frac{1}{x}}=e^3$，求：

$f(0)$，$f'(0)$，$f''(0)$和$\lim\limits_{x\to 0}\left(1+\frac{f(x)}{x}\right)^{\frac{1}{x}}$.

8. 设 $xf(x)=3\sin x-4x^3+2x\lim\limits_{x\to 0}f(x)$，求$\lim\limits_{x\to 0}f(x)$.

9. 设 $f(x)$在点 $x=1$ 处连续，且$\lim\limits_{x\to 1}\frac{f(x)+x^x-3}{x-1}=-3$，证明：$f(x)$在点 $x=1$ 处可导，并求 $f'(1)$.

10. 已知$\lim\limits_{x\to 0}\frac{\ln\left(1+\frac{f(x)}{\sin x}\right)}{2^x-1}=2$，求$\lim\limits_{x\to 0}\frac{f(x)}{x^2}$.

11. 写出 $f(x)=e^x\sin x$ 的三阶带有皮亚诺余项的麦克劳林展开式.

12. 求 $\ln(1+x+x^2)$的带皮亚诺余项的麦克劳林公式到 x^3 项.

13. 利用泰勒展开式求下列极限：

(1) $\lim\limits_{x\to 0}\frac{e^x\sin x-x(1+x)}{x^3}$；　(2) $\lim\limits_{x\to 0}\frac{x-\arcsin x}{\sin^3 x}$；　(3) $\lim\limits_{x\to\infty}x^4\left(\cos\frac{1}{x}-e^{-\frac{1}{2x^2}}\right)$.

14. 设 $f(x)=\frac{x^3}{(2+x)^2}+4$，求函数的单调区间和极值，曲线的凹凸区间和拐点及渐近线.

15. 设函数 $f(x)$ 满足方程 $f(x)+4f\left(-\frac{1}{x}\right)=\frac{1}{x}$，求函数 $f(x)$ 的极大值与极小值.

16. 求曲线 $y=\frac{1}{x}+\ln(1+e^x)$ 的渐近线.

17. 若方程 $x^3-6x^2-15x+a=0$ 恰有三个实根，求 a 的范围.

18. 已知函数 $y=\frac{x^3}{(x-1)^2}$，求：

(1)函数的增减区间及极值；

(2)函数图形的凹凸区间及拐点；

(3)函数图形的渐近线.

19. 某商品的需求函数为 $Q=Q(P)=75-P^2$.

(1)求 $P=4$ 时的边际需求，并说明其经济意义；

(2)求 $P=4$ 时的需求弹性，并说明其经济意义；

(3)当 $P=4$ 时，若价格上涨 1%，总收益将变化百分之几？是增加还是减少？

(4)当 $P=6$ 时，若价格上涨 1%，总收益将变化百分之几？是增加还是减少？

(5)当 P 为多少时，总收益最大？

20. 某厂打算生产一批产品投放市场，其需求量 x 与价格 P 的函数关系为 $P=10e^{-\frac{x}{2}}$ 且最大需求量为 6. 求：

(1)该商品的收益函数和边际收益函数；

(2)产量为多少时，收益最大？最大的收益和相应的价格是多少？

21. 假设某商品的需求量 Q 是单价 P(单位：元)的函数：$Q=12\ 000-80P$，商品的总成本 C 是需求量 Q 的函数：$C=25\ 000+50Q$. 每单位商品需要纳税 2 元，试求使销售利润最大的商品价格和最大利润额.

22. 欲制作容积为 30 m^3 的圆柱形无盖容器，其底用钢板，侧面用铝板，若已知每平方米钢板的价格为铝板的 3 倍，试问如何取圆柱的高和半径才能使造价最低？

23. (2013 年考研题)设生产某产品的固定成本为 6 000 元，可变成本为 20 元/件，价格函数为 $P=60-\frac{Q}{1\ 000}$，(P 是单价，单位：元，Q 是销量，单位：件). 已知产销平衡，求：

(1)边际利润.

(2)当 $P=50$ 元时的边际利润，并解释其经济意义.

(3)使得利润最大的定价 P.

24.(2016年考研题)设某商品的最大需求量为1 200件,该商品的需求函数为 $Q=Q(P)$,需求弹性 $\eta=\frac{P}{120-P}(\eta>0)$,$P$ 为单价(万元).

(1)求需求函数的表达式.

(2)求 $P=100$ 万元时的边际收益,并说明其经济意义.

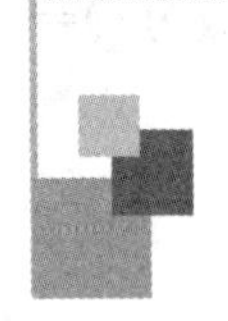

第5章　不定积分

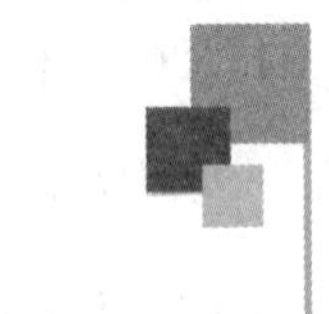

人总是要死的，但是，他们的业绩永存.

——柯西

微分学和积分学是微积分的重要组成部分，通过前面几章的学习，我们知道微分学是已知函数求其导数和微分.但在科学、技术和经济的很多问题中，往往会遇到相反的问题，就是已知某函数的导数，求原来的函数.这种运算是微分(导数)运算的逆运算，即积分学.不定积分和定积分是积分学中的两个基本问题，本章将介绍不定积分的概念及其计算方法.

5.1　原函数和不定积分的概念

5.1.1　原函数

从微分学中知道：若已知曲线方程 $y=f(x)$，则可求出该曲线在任一点 x 处的切线的斜率 $k=f'(x)$.例如，曲线 $y=x^2$ 在点 x 处的切线的斜率 $k=2x$.

若已知物体的运动方程为 $s=f(t)$，则此物体的速度是距离 s 对时间 t 的导数.例如，自由落体的运动方程为 $s=\frac{1}{2}gt^2$，该落体在 t 时的瞬时速度为 gt.

但是在实际中常常会遇到这些问题的反问题，如：

(1)已知曲线上任意一点 x 处切线的斜率，要求该曲线的方程；

(2)已知物体运动的速度 v 是时间 t 的函数，要求物体的运动方程.

为此，我们引入原函数的概念.

定义 5.1.1　设 $f(x)$ 是定义在区间 I 上的一个函数，如果存在一个函数 $F(x)$，对于 I 上的每一点都满足 $F'(x)=f(x)$ 或 $\mathrm{d}F(x)=f(x)\mathrm{d}x$，则称函数 $F(x)$ 为 $f(x)$ 在 I 上的一个原函数.

例如，在区间 $(-\infty,+\infty)$ 内，$(x^2)'=2x$，那么 x^2 就是 $2x$ 的一个原函数；

$\left(\frac{1}{2}\sin 2x\right)'=\cos 2x$，故 $\frac{1}{2}\sin 2x$ 是 $\cos 2x$ 的一个原函数；$\arcsin x$ 在 $[-1,1]$ 上连续，在 $(-1,1)$ 内可导，其导数为 $\frac{1}{\sqrt{1-x^2}}$，故 $\arcsin x$ 是 $\frac{1}{\sqrt{1-x^2}}$ 的一个原函数.

关于原函数，我们自然会提出两个问题：一是对于给定的函数 $f(x)$，它在什么条件下有原函数？二是如果它有原函数，原函数有多少个，相互之间有没有关系？

对于前一个问题，这里只给出结论，其证明在定积分中讨论.

定理 5.1.1（原函数存在定理） 如果 $f(x)$ 在区间 I 上连续，则 $f(x)$ 在区间 I 上必有原函数. 简言之，连续函数一定有原函数.

由于初等函数在其定义区间上都是连续的，所以初等函数在其定义区间上都有原函数.

关于后一问题，有以下两个结论：

(1) 由导数公式可得，若 $F(x)$ 为 $f(x)$ 在区间 I 上的一个原函数，则 $F(x)+C$（C 为任意常数）也是 $f(x)$ 在该区间上的原函数.

(2) 由第 4 章定理 4.1.2 推论 2 可得，$f(x)$ 在区间 I 上的任意两个原函数之间只相差一个常数.

由此可见，若 $f(x)$ 有一个原函数，则必有无穷多个原函数，这些原函数之间只能相差一个常数. 所以，若设 $F(x)$ 是 $f(x)$ 的一个原函数，则 $f(x)$ 的全体原函数为 $F(x)+C$（C 为任意常数）.

5.1.2 不定积分的概念

定义 5.1.2 函数 $f(x)$ 的全体原函数，称为 $f(x)$ 的不定积分，记作 $\int f(x)\mathrm{d}x$. 如果 $F(x)$ 是 $f(x)$ 的一个原函数，则由定义有

$$\int f(x)\mathrm{d}x=F(x)+C,$$

其中，符号“$\int$”称为积分号，$f(x)$ 称为被积函数，$f(x)\mathrm{d}x$ 称为被积表达式，x 称为积分变量，C 称为积分常数.

由定义可知，求函数 $f(x)$ 的不定积分，就是求 $f(x)$ 的全体原函数.

例 1 求 $\int x^2\mathrm{d}x$.

解 因为 $\left(\frac{x^3}{3}\right)'=x^2$，所以

$$\int x^2\mathrm{d}x=\frac{x^3}{3}+C.$$

例 2 求$\int \sin x \mathrm{d}x$.

解 因为$(-\cos x)'=\sin x$,所以

$$\int \sin x \mathrm{d}x=-\cos x+C.$$

例 3 求$\int \frac{1}{x}\mathrm{d}x$.

解 当$x>0$时,$(\ln x)'=\frac{1}{x}$,故

$$\int \frac{1}{x}\mathrm{d}x=\ln x+C \quad (x>0);$$

当$x<0$时,$[\ln(-x)]'=\frac{(-x)'}{-x}=\frac{1}{x}$,故

$$\int \frac{1}{x}\mathrm{d}x=\ln(-x)+C \quad (x<0).$$

合并上面两式,得

$$\int \frac{1}{x}\mathrm{d}x=\ln|x|+C \quad (x\neq 0).$$

5.1.3 不定积分的几何意义

由于函数$f(x)$的不定积分中含有任意常数C,因此,对于每一个给定的C,都有一个确定的原函数,在几何上,相应地就有一条确定的曲线,称为$f(x)$的积分曲线.因为C可以取任意值,因此,不定积分表示$f(x)$的一簇积分曲线,而$f(x)$正是积分曲线在点$(x,F(x)+C)$处的斜率.由于积分曲线簇中的每一条曲线,对应于同一横坐标$x=x_0$的点处有相同的斜率$f(x_0)$,所以在这些点处,它们的切线互相平行,任意两条曲线的纵坐标之间相差一个常数.所以,积分曲线簇$y=F(x)+C$中每一条曲线都可以由曲线$y=F(x)$沿y轴方向上、下移动而得到,如图5-1所示.

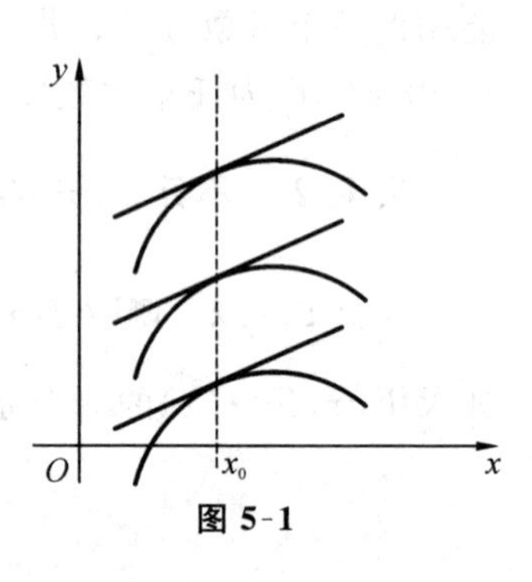

图 5-1

给定一个初始条件,就可以确定一个C的值,因而就确定了一个原函数.例如,给定的初始条件为$x=x_0$时$y=y_0$,则由$y_0=F(x_0)+C$得到常数$C=y_0-F(x_0)$,于是就确定了一条积分曲线.

例 4 求过点$(1,1)$,且切线斜率等于$3x^2$的曲线.

解 设曲线为$y=F(x)$,则$F'(x)=3x^2$,于是

$$F(x)=\int F'(x)\mathrm{d}x=\int 3x^2\mathrm{d}x=x^3+C.$$

因过点(1,1),所以 $C=0$.因此所求曲线为 $F(x)=x^3$.

5.1.4 不定积分的基本性质

由不定积分的定义和导数或微分的运算法则,可以得到不定积分的下列基本性质.

性质1 如果将函数先求积分后再求导,其结果等于被积函数,即

$$\frac{\mathrm{d}}{\mathrm{d}x}\left[\int f(x)\mathrm{d}x\right]=f(x)$$

或

$$\mathrm{d}\left[\int f(x)\mathrm{d}x\right]=f(x)\mathrm{d}x.$$

性质2 如果将函数先求导(或微分),然后求积分,其结果等于原来的函数再加上一个任意常数,即

$$\int F'(x)\mathrm{d}x=F(x)+C \quad 或 \quad \int \mathrm{d}F(x)=F(x)+C.$$

从上面两个性质可以看出,如果不计相差一个常数的情况下,求导和求不定积分互为逆运算.

性质3 被积函数中不为零的常数因子可以提到积分号外,即

$$\int kf(x)\mathrm{d}x=k\int f(x)\mathrm{d}x \quad (k 是常数,k\neq 0).$$

性质4 两个函数的代数和的不定积分,等于各个函数不定积分的代数和,即

$$\int [f(x)\pm g(x)]\mathrm{d}x=\int f(x)\mathrm{d}x\pm\int g(x)\mathrm{d}x.$$

性质4可以推广到有限个函数的代数和的情形.

例5 求 $\int(\cos x+\sin x)\mathrm{d}x$.

解 $\int(\cos x+\sin x)\mathrm{d}x=\int\cos x\mathrm{d}x+\int\sin x\mathrm{d}x=\sin x-\cos x+C.$

例6 求 $\int\left(3x^2-\frac{2}{x}\right)\mathrm{d}x$

解

$$\begin{aligned}\int\left(3x^2-\frac{2}{x}\right)\mathrm{d}x&=3\int x^2\mathrm{d}x-2\int\frac{\mathrm{d}x}{x}\\&=3\left(\frac{1}{3}x^3\right)-2\ln|x|+C=x^3-2\ln|x|+C.\end{aligned}$$

例7 已知 $\int f(x)\mathrm{d}x=\mathrm{e}^{x^2}+C$,求 $f(x)$.

解 由假设,e^{x^2} 是 $f(x)$ 的一个原函数,所以 $f(x)=(\mathrm{e}^{x^2})'=2x\mathrm{e}^{x^2}$.

习题 5.1

(A)

1. 下列各式是否正确，为什么？

(1) $\int x^2\mathrm{d}x=\frac{1}{3}x^3+1$.　　(2) $\int x^2\mathrm{d}x=\frac{1}{3}x^3+C$（$C$ 为任意常数）.

(3) $\frac{\mathrm{d}}{\mathrm{d}x}\left[\int f(x)\mathrm{d}x\right]=f(x)$.　　(4) $\int f'(x)\mathrm{d}x=f(x)$.

(5) $\mathrm{d}\left[\int f(x)\mathrm{d}x\right]=f(x)$.

2. 选择题.

(1)设 $\int F'(x)\mathrm{d}x=\int G'(x)\mathrm{d}x$，则下列结论中错误的是（　　）.

A. $F(x)=G(x)$　　B. $F(x)=G(x)+C$

C. $F'(x)=G'(x)$　　D. $\mathrm{d}\int F'(x)\mathrm{d}x=\mathrm{d}\int G'(x)\mathrm{d}x$

(2)已知 $y'=2x$，且 $x=1$ 时 $y=2$，则 $y=$（　　）.

A. x^2　　B. x^2+C

C. x^2+1　　D. x^2+2

(3)设 $f(x)$ 的导数为 $\sin x$，则下列选项中是其原函数的是（　　）.

A. $1+\sin x$　　B. $1-\sin x$

C. $1+\cos x$　　D. $1-\cos x$

(4)设 $f'(x)$ 存在，则 $\left[\int \mathrm{d}f(x)\right]'=$（　　）.

A. $f(x)$　　B. $f'(x)$

C. $f(x)+C$　　D. $f'(x)+C$

3. 验证下列函数是同一函数的原函数：

(1) $y=\ln(2x)$，$y=\ln x+2$，$y=\ln(ax)$　$(a>0)$；

(2) $y=(\mathrm{e}^x+\mathrm{e}^{-x})^2$，$y=(\mathrm{e}^x-\mathrm{e}^{-x})^2$.

4. 求下列不定积分：

(1) $\int (2-5x^4)\mathrm{d}x$；　　(2) $\int \left(\sqrt[3]{x}-\frac{1}{\sqrt{x}}\right)\mathrm{d}x$；

(3) $\int (2\sin x-5\cos x)\mathrm{d}x$；　　(4) $\int \left(x-\frac{2}{x}+\frac{3}{x^3}-\frac{4}{x^4}\right)\mathrm{d}x$.

5. 一直线运动的瞬时速度 $v=3t-2$，且 $s(0)=5$，求运动方程 $s=s(t)$.

(B)

1. 验证下列各式：

(1) $\int \cos^2 x\mathrm{d}x=\int \frac{1+\cos 2x}{2}\mathrm{d}x=\frac{1}{2}x+\frac{1}{4}\sin 2x+C$；

(2) $\int \csc x\mathrm{d}x=\ln\tan\frac{x}{2}+C$；

(3) $\int \sqrt{a^2-x^2}\mathrm{d}x=\frac{a^2}{2}\arcsin\frac{x}{a}+\frac{x}{2}\sqrt{a^2-x^2}+C \quad (a>0)$.

2. 设 $\int xf(x)\mathrm{d}x=\arccos x+C$，求 $f(x)$.

3. 设曲线 $y=f(x)$ 上点 (x,y) 处的切线斜率为 $2x-\frac{1}{x^2}\ (x>0)$，且此曲线过点 $(1,3)$，求该曲线的方程.

4. 已知某产品产量的变化率为 $f(t)=50t+200$，其中 t 为时间，求此产品在 t 时刻的产量 $P(t)$（设 $P(0)=0$）.

5.2 基本积分公式

因为求不定积分是求导数的逆运算，所以由基本导数公式对应地可以得到一些基本积分公式.

(1) $\int k\mathrm{d}x=kx+C \quad (k\text{ 为任意常数})$.

(2) $\int x^{\mu}\mathrm{d}x=\frac{1}{\mu+1}x^{\mu+1}+C \quad (\mu\neq -1)$.

(3) $\int \frac{1}{x}\mathrm{d}x=\ln|x|+C$.

(4) $\int \frac{1}{1+x^2}\mathrm{d}x=\arctan x+C$.

(5) $\int \frac{1}{\sqrt{1-x^2}}\mathrm{d}x=\arcsin x+C$.

(6) $\int \cos x\mathrm{d}x=\sin x+C$.

(7) $\int \sin x\mathrm{d}x=-\cos x+C$.

(8) $\int \frac{1}{\cos^2 x}\mathrm{d}x=\int \sec^2 x\mathrm{d}x=\tan x+C$.

(9) $\int \frac{1}{\sin^2 x}\mathrm{d}x=\int \csc^2 x\mathrm{d}x=-\cot x+C$.

(10) $\int \sec x\cdot\tan x\mathrm{d}x=\sec x+C$.

(11) $\int \csc x\cdot\cot x\mathrm{d}x=-\csc x+C$.

(12) $\int \mathrm{e}^x\mathrm{d}x=\mathrm{e}^x+C$.

(13) $\int a^x\mathrm{d}x=\frac{1}{\ln a}a^x+C$.

这些基本积分公式是求不定积分的基础，必须熟记. 其他函数的积分往往通过对被积函数进行适当的变形，最后归结为以上这些基本不定积分.

例 1 求 $\int 3^x\mathrm{d}x$.

解
$$\int 3^x dx=\frac{3^x}{\ln 3}+C.$$

例 2 求 $\int \frac{1}{x^4}dx$.

解
$$\int \frac{1}{x^4}dx=\int x^{-4}dx=\frac{1}{-4+1}x^{-4+1}+C$$
$$=-\frac{1}{3x^3}+C.$$

例 3 求 $\int e^x 5^{-x}dx$.

解
$$\int e^x 5^{-x}dx=\int \left(\frac{e}{5}\right)^x dx=\frac{\left(\frac{e}{5}\right)^x}{\ln\frac{e}{5}}+C$$
$$=\frac{e^x\cdot 5^{-x}}{1-\ln 5}+C.$$

例 4 求 $\int \tan^2 x dx$.

解
$$\int \tan^2 x dx=\int (\sec^2 x-1)dx=\int \sec^2 x dx-\int dx$$
$$=\tan x-x+C.$$

例 5 求 $\int \cos^2\frac{x}{2}dx$.

解
$$\int \cos^2\frac{x}{2}dx=\int \frac{1+\cos x}{2}dx=\frac{1}{2}\int dx+\frac{1}{2}\int \cos x dx$$
$$=\frac{1}{2}x+\frac{1}{2}\sin x+C.$$

例 6 求 $\int \frac{x^4}{x^2+1}dx$.

解 由于$\frac{x^4}{x^2+1}=x^2-1+\frac{1}{1+x^2}$，所以
$$\int \frac{x^4}{x^2+1}dx=\int \left(x^2-1+\frac{1}{1+x^2}\right)dx=\int x^2dx-\int dx+\int \frac{1}{1+x^2}dx$$
$$=\frac{x^3}{3}-x+\arctan x+C.$$

例 7 求 $\int \frac{1+\cos^2 x}{1+\cos 2x}dx$.

解 利用三角函数的倍角公式 $\cos 2x=2\cos^2 x-1$，可得 $1+\cos 2x=2\cos^2 x$，所以

$$\int \frac{1+\cos^2 x}{1+\cos 2x}dx = \int \frac{1+\cos^2 x}{2\cos^2 x}dx$$
$$=\frac{1}{2}\int (\sec^2 x+1)dx$$
$$=\frac{1}{2}\left(\int \sec^2 x dx+\int dx\right)$$
$$=\frac{1}{2}(\tan x+x)+C.$$

习题 5.2

(A)

1. 求下列不定积分：

(1) $\int \frac{1}{3\sqrt[3]{x^2}}dx$；

(2) $\int \sqrt{x}(x^2-5)dx$；

(3) $\int (x-2)^2 dx$；

(4) $\int \cot^2 x dx$；

(5) $\int 2^x e^x dx$；

(6) $\int \frac{1+x+x^2}{x(1+x^2)}dx$；

(7) $\int \frac{e^{2x}-1}{e^x+1}dx$；

(8) $\int \sin^2 \frac{x}{2}dx$；

(9) $\int \frac{\cos 2x}{\sin^2 x\cos^2 x}dx$；

(10) $\int \frac{\cos 2x dx}{\cos x+\sin x}$；

(11) $\int \frac{x^2}{1+x^2}dx$；

(12) $\int \frac{dx}{x^2(1+x^2)}$；

(13) $\int \left(\sqrt[3]{x}-\frac{1}{\sqrt{x}}\right)dx$；

(14) $\int \left(\frac{3}{1+x^2}-\frac{2}{\sqrt{1-x^2}}\right)dx$；

(15) $\int \frac{2\cdot 3^x-5\cdot 2^x}{3^x}dx$；

(16) $\int \left(\sqrt{\frac{1-x}{1+x}}+\sqrt{\frac{1+x}{1-x}}\right)dx$.

(B)

1. 设 $f'(\ln x)=1+x$，则 $f(x)=$(　　).

A. $x+e^x+C$

B. $e^x+\frac{1}{2}x^2+C$

C. $\ln x+\frac{1}{2}(\ln x)^2+C$

D. $e^x+\frac{1}{2}e^{2x}+C$

2. 设 $f(x)=e^{-x}$，则 $\int \frac{f'(\ln x)dx}{x}=$(　　).

A. $-\frac{1}{x}+C$　　B. $-\ln x+C$　　C. $\frac{1}{x}+C$　　D. $\ln x+C$

3. 求下列不定积分：

(1) $\int e^x\left(1-\frac{e^{-x}}{2\sqrt{x}}\right)dx$；　　(2) $\int \frac{dx}{\sin^2 x\cos^2 x}$；

(3) $\int \frac{1}{1+\cos 2x}dx$；　　(4) $\int \frac{\sqrt{1+x^2}}{\sqrt{1-x^4}}dx$.

4. 已知 $f'(\ln x)=\begin{cases}1, & 0<x\leqslant 1,\\ x, & 1<x,\end{cases}$ 且 $f(0)=0$，求 $f(x)$.

5. 某曲线在任一点处的切线斜率等于该点横坐标的倒数，且通过点$(e^3,3)$，求此曲线的方程.

6. 某工厂生产某种商品，每日生产的产品的总成本 y 的变化率(即边际成本)是日产量 x 的函数，即 $y'=7+\frac{25}{\sqrt{x}}$，已知固定成本为 1 000，求总成本与日产量的函数关系.

5.3 换元积分法

能直接用基本积分公式与积分性质求积分的函数是很少的，因此有必要寻求更有效的积分方法. 在计算函数的导数时，复合函数求导法则是最常用的法则，把它反过来用于求不定积分，就是通过引进中间变量作变量代换，把一个被积表达式变成另一个被积表达式，从而把原来的不定积分转化为较易计算的不定积分，这就是换元积分法. 换元积分法分为两类：第一换元积分法和第二换元积分法.

5.3.1 第一换元积分法(凑微分法)

设 $f(u)$有原函数 $F(u)$，即 $F'(u)=f(u)$或 $\int f(u)du=F(u)+C$. 如果 u 是 x 的函数 $u=\varphi(x)$，且 $\varphi(x)$可微，$du=\varphi'(x)dx$，则由复合函数微分法则有

$$dF(\varphi(x))=dF(u)=F'(u)du=f(\varphi(x))\varphi'(x)dx,$$

所以

$$\int f(\varphi(x))\varphi'(x)dx=\int f(u)du=F(u)+C=F(\varphi(x))+C.$$

一般地，如果 $\int g(x)dx$ 不能直接利用基本积分公式计算，而其被积表达式 $g(x)dx$ 能表示成 $g(x)dx=f(\varphi(x))\varphi'(x)dx=f(\varphi(x))d\varphi(x)$，且 $\int f(u)du$ 较易计算，则通过变量代换 $u=\varphi(x)$把计算 $\int g(x)dx$ 变成计算 $\int f(u)du$，即

$$\int g(x)\mathrm{d}x=\int f(\varphi(x))\varphi'(x)\mathrm{d}x=\int f(\varphi(x))\mathrm{d}\varphi(x)$$

$$\xlongequal{\text{代换 } u=\varphi(x)}\int f(u)\mathrm{d}u=F(u)+C$$

$$\xlongequal{\text{还原 } u=\varphi(x)}F(\varphi(x))+C.$$

这就是**第一换元积分法**. 这一过程中关键的一步在于将 $g(x)\mathrm{d}x$“凑成”$f(\varphi(x))\mathrm{d}\varphi(x)$,因而这种方法亦称**凑微分法**. 要注意的是,在计算出 $\int f(u)\mathrm{d}u=F(u)+C$ 后,一定要用 $u=\varphi(x)$代入 $F(u)$中,回到原来的积分变量 x.

定理 5.3.1(第一换元法) 设 $g(u)$的原函数为 $F(u)$,$u=\varphi(x)$可导,则有换元公式

$$\int g(\varphi(x))\varphi'(x)\mathrm{d}x=\int g(u)\mathrm{d}u=F(u)+C=F(\varphi(x))+C.$$

注 上述公式中,第一个等式表示换元 $\varphi(x)=u$,最后一个等式表示回代 $u=\varphi(x)$.

例 1 求 $\int\frac{1}{2x+1}\mathrm{d}x$.

解 令 $u=2x+1$,则 $\mathrm{d}u=2\mathrm{d}x$,得

$$\int\frac{\mathrm{d}x}{2x+1}=\frac{1}{2}\int\frac{\mathrm{d}u}{u}=\frac{1}{2}\ln|u|+C.$$

再将 $u=2x+1$ 代入上式,得

$$\int\frac{\mathrm{d}x}{2x+1}=\frac{1}{2}\ln|2x+1|+C.$$

说明:当运算熟练后,可以不必把 u 写出来,直接计算.

例 2 求 $\int xe^{x^2}\mathrm{d}x$.

解
$$\int xe^{x^2}\mathrm{d}x=\frac{1}{2}\int e^{x^2}\mathrm{d}(x^2)=\frac{1}{2}e^{x^2}+C.$$

例 3 求 $\int\tan x\mathrm{d}x$.

解
$$\int\tan x\mathrm{d}x=\int\frac{\sin x}{\cos x}\mathrm{d}x=-\int\frac{\mathrm{d}\cos x}{\cos x}=-\ln|\cos x|+C.$$

例 4 求 $\int\frac{1}{x^2-a^2}\mathrm{d}x\ (a>0)$.

解
$$\begin{aligned}\int\frac{1}{x^2-a^2}\mathrm{d}x&=\frac{1}{2a}\int\left(\frac{1}{x-a}-\frac{1}{x+a}\right)\mathrm{d}x\\&=\frac{1}{2a}\left[\int\frac{\mathrm{d}(x-a)}{x-a}-\int\frac{\mathrm{d}(x+a)}{x+a}\right]\\&=\frac{1}{2a}(\ln|x-a|-\ln|x+a|)+C\end{aligned}$$

$$=\frac{1}{2a}\ln\left|\frac{x-a}{x+a}\right|+C.$$

例 5 求 $\int \sec x\mathrm{d}x$.

解

$$\begin{aligned}\int \sec x\mathrm{d}x&=\int \frac{1}{\cos x}\mathrm{d}x\\&=\int \frac{\cos x}{\cos^2 x}\mathrm{d}x=\int \frac{\mathrm{d}(\sin x)}{1-\sin^2 x}\\&\xlongequal{令 u=\sin x}\int \frac{\mathrm{d}u}{1-u^2}=\frac{1}{2}\ln\left|\frac{1+u}{1-u}\right|+C\\&=\frac{1}{2}\ln\left|\frac{1+\sin x}{1-\sin x}\right|+C\\&=\ln|\tan x+\sec x|+C.\end{aligned}$$

例 6 求 $\int \frac{\mathrm{d}x}{a^2+x^2}$.

解

$$\begin{aligned}\int \frac{\mathrm{d}x}{a^2+x^2}&=\int \frac{\mathrm{d}x}{a^2\left(1+\frac{x^2}{a^2}\right)}=\frac{1}{a}\int \frac{\mathrm{d}\,\frac{x}{a}}{1+\left(\frac{x}{a}\right)^2}\\&\xlongequal{令 u=\frac{x}{a}}\frac{1}{a}\int \frac{\mathrm{d}u}{1+u^2}+C\\&=\frac{1}{a}\arctan\frac{x}{a}+C.\end{aligned}$$

例 7 求 $\int \frac{x^3\mathrm{d}x}{1+x^2}$.

解

$$\begin{aligned}\int \frac{x^3\mathrm{d}x}{1+x^2}&=\int \frac{x^3+x-x}{1+x^2}\mathrm{d}x=\int \left(x-\frac{x}{1+x^2}\right)\mathrm{d}x\\&=\int x\mathrm{d}x-\frac{1}{2}\int \frac{\mathrm{d}(1+x^2)}{1+x^2}\\&=\frac{1}{2}[x^2-\ln(1+x^2)]+C.\end{aligned}$$

例 8 求 $\int \frac{\mathrm{d}x}{x^2+2x+3}$.

解 利用例 6 的结论有

$$\begin{aligned}\int \frac{\mathrm{d}x}{x^2+2x+3}&=\int \frac{\mathrm{d}x}{(x+1)^2+2}\\&=\int \frac{\mathrm{d}(x+1)}{(x+1)^2+(\sqrt{2})^2}\end{aligned}$$

$$=\frac{1}{\sqrt{2}}\arctan\frac{x+1}{\sqrt{2}}+C.$$

例 9　求$\int\frac{2x-3}{x^2-5x+6}dx$.

解　分母x^2-5x+6的导数等于$2x-5$，而分子$2x-3$可化为$2x-5+2$. 于是

$$\begin{aligned}\int\frac{2x-3}{x^2-5x+6}dx&=\int\frac{2x-5+2}{x^2-5x+6}dx\\&=\int\frac{2x-5}{x^2-5x+6}dx+\int\frac{2}{x^2-5x+6}dx\\&=\int\frac{2x-5}{x^2-5x+6}dx+2\int\frac{(x-2)-(x-3)}{(x-3)(x-2)}dx\\&=\int\frac{1}{x^2-5x+6}d(x^2-5x+6)+2\left(\int\frac{1}{x-3}dx-\int\frac{1}{x-2}dx\right)\\&=\ln|x^2-5x+6|+2(\ln|x-3|-\ln|x-2|)+C\\&=3\ln|x-3|-\ln|x-2|+C.\end{aligned}$$

例 10　$\int\frac{x+1}{x^2-2x+5}dx$.

解　分母x^2-2x+5的导数等于$2x-2=2(x-1)$，故把分子$x+1$化为$x-1+2$. 于是

$$\begin{aligned}\int\frac{x+1}{x^2-2x+5}dx&=\int\frac{(x-1)+2}{x^2-2x+5}dx\\&=\int\frac{x-1}{x^2-2x+5}dx+2\int\frac{1}{x^2-2x+5}dx\\&=\frac{1}{2}\int\frac{1}{x^2-2x+5}d(x^2-2x+5)+2\int\frac{1}{(x-1)^2+2^2}d(x-1)\\&=\frac{1}{2}\ln|x^2-2x+5|+\arctan\frac{x-1}{2}+C.\end{aligned}$$

例 11　求$\int\frac{dx}{\sqrt{x-x^2}}$.

解法一

$$\begin{aligned}\int\frac{dx}{\sqrt{x-x^2}}&=\int\frac{dx}{\sqrt{\frac{1}{4}-\left(x-\frac{1}{2}\right)^2}}=\int\frac{2dx}{\sqrt{1-(2x-1)^2}}\\&=\int\frac{d(2x-1)}{\sqrt{1-(2x-1)^2}}\\&=\arcsin(2x-1)+C.\end{aligned}$$

解法二

$$\int\frac{\mathrm{d}x}{\sqrt{x-x^2}}=\int\frac{\mathrm{d}x}{\sqrt{x(1-x)}}$$
$$=2\int\frac{\mathrm{d}\sqrt{x}}{\sqrt{1-(\sqrt{x})^2}}$$
$$=2\arcsin\sqrt{x}+C.$$

这个例子说明,同一个不定积分,选用不同的积分方法,其积分结果的形式也可能不同,但是通过变形后,可以得到同样的结果.

5.3.2 第二换元积分法

第一换元积分法是用新变量 u 代换被积函数中的可微函数 $\varphi(x)$,从而使不定积分容易计算;而第二换元积分法,则是引入新变量 t,将 x 表示为 t 的一个连续函数 $x=\psi(t)$,从而简化积分计算.

一般地,如果积分 $\int f(x)\mathrm{d}x$ 不易计算,可设 $x=\psi(t)$,则上式变为

$$\int f(x)\mathrm{d}x=\int f(\psi(t))\mathrm{d}\psi(t)=\int f(\psi(t))\psi'(t)\mathrm{d}t=\int g(t)\mathrm{d}t,$$

其中 $g(t)=f(\psi(t))\psi'(t)$.

若设 $\int g(t)\mathrm{d}t=G(t)+C$,另假设函数 $x=\psi(t)$ 单调、可导,且 $\psi'(t)\neq 0$,则 $x=\psi(t)$ 的反函数存在且可导,将 $t=\psi^{-1}(x)$ 代入 $G(t)$ 中,得到 $\int f(x)\mathrm{d}x=G(\psi^{-1}(x))+C$. 以上就是**第二换元积分法**.

定理 5.3.2(第二换元法) 设 $x=\psi(t)$ 是单调、可导函数,且 $\psi'(t)\neq 0$,又设 $f(\psi(t))\psi'(t)$ 具有原函数 $F(t)$,则

$$\int f(x)\mathrm{d}x=\int f(\psi(t))\psi'(t)\mathrm{d}t=F(t)+C=F(\psi^{-1}(x))+C,$$

其中 $\psi^{-1}(x)$ 是 $x=\psi(t)$ 的反函数.

注 由定理 5.3.2 可见,第二换元积分法的换元和回代过程与第一换元积分法的正好相反.

例 12 求 $\int\frac{1}{1+\sqrt{x}}\mathrm{d}x$.

解 令 $\sqrt{x}=u$,即作变量代换 $x=u^2(u>0)$,则 $\mathrm{d}x=2u\mathrm{d}u$,代入不定积分得

$$\int\frac{1}{1+\sqrt{x}}\mathrm{d}x=\int\frac{2u}{1+u}\mathrm{d}u=2\int\frac{(u+1)-1}{1+u}\mathrm{d}u$$

$$=2\int\left(1-\frac{1}{1+u}\right)\mathrm{d}u$$

$$=2(u-\ln|1+u|)+C$$

$$\xlongequal{\text{回代}}2\left[\sqrt{x}-\ln(1+\sqrt{x})\right]+C.$$

例 13 求 $\int\frac{\mathrm{d}x}{\sqrt{x}+\sqrt[3]{x}}$.

解 令 $\sqrt[6]{x}=t$,即 $x=t^6$,$\mathrm{d}x=6t^5\mathrm{d}t$. 于是

$$\begin{aligned}\int\frac{\mathrm{d}x}{\sqrt{x}+\sqrt[3]{x}}&=\int\frac{6t^5}{t^3+t^2}\mathrm{d}t\\&=6\int\frac{t^3}{t+1}\mathrm{d}t=6\int\frac{t^3+1-1}{t+1}\mathrm{d}t\\&=6\int\left[(t^2-t+1)-\frac{1}{t+1}\right]\mathrm{d}t\\&=6\left(\frac{t^3}{3}-\frac{t^2}{2}+t-\ln|t+1|\right)+C\\&=2\sqrt{x}-3\sqrt[3]{x}+6\sqrt[6]{x}-6\ln(\sqrt[6]{x}+1)+C.\end{aligned}$$

例 14 求 $\int\sqrt{a^2-x^2}\mathrm{d}x\ (a>0)$.

解 为了化去根式 $\sqrt{a^2-x^2}$,可以利用三角公式 $\sin^2t+\cos^2t=1$.

设 $x=a\sin t$,$t\in\left(-\frac{\pi}{2},\frac{\pi}{2}\right)$,则

$$\sqrt{a^2-x^2}=\sqrt{a^2-a^2\sin^2t}=a\cos t,\quad \mathrm{d}x=a\cos t\mathrm{d}t$$

因而

$$\begin{aligned}\int\sqrt{a^2-x^2}\mathrm{d}x&=\int a\cos t\cdot a\cos t\mathrm{d}t,\\&=a^2\int\cos^2t\mathrm{d}t=a^2\int\frac{1+\cos2t}{2}\mathrm{d}t\\&=\frac{a^2}{2}\left(t+\frac{\sin2t}{2}\right)+C\\&=\frac{a^2}{2}t+\frac{a^2}{2}\sin t\cos t+C.\end{aligned}$$

由 $x=a\sin t$,$t\in\left(-\frac{\pi}{2},\frac{\pi}{2}\right)$,有 $t=\arcsin\frac{x}{a}$,

$$\cos t=\sqrt{1-\sin^2t}=\sqrt{1-\left(\frac{x}{a}\right)^2}=\frac{\sqrt{a^2-x^2}}{a},$$

于是所求积分为

$$\int \sqrt{a^2-x^2}\,dx=\frac{a^2}{2}\arcsin\frac{x}{a}+\frac{x}{2}\sqrt{a^2-x^2}+C.$$

注 若令 $x=a\cos t$,同样可计算.

例 15 求 $\int \frac{dx}{\sqrt{x^2+a^2}}\ (a>0)$.

解 与上例类似,可以利用公式 $1+\tan^2 t=\sec^2 t$ 化去根式.

设 $x=a\tan t, t\in\left(-\frac{\pi}{2},\frac{\pi}{2}\right)$,则 $dx=a\sec^2 t\,dt$,

$$\sqrt{x^2+a^2}=\sqrt{a^2+a^2\tan^2 t}=a\sqrt{1+\tan^2 t}=a\sec t.$$

于是

$$\int \frac{dx}{\sqrt{x^2+a^2}}=\int \frac{a\sec^2 t}{a\sec t}dt=\int \sec t\,dt$$

$$=\ln|\tan t+\sec t|+C.\quad(\text{利用例 5 的结果.})$$

而 $\tan t=\frac{x}{a},\sec t=\frac{\sqrt{x^2+a^2}}{a}$,且 $\tan t+\sec t>0$,因此

$$\int \frac{dx}{\sqrt{x^2+a^2}}=\ln\left(\frac{x}{a}+\frac{\sqrt{x^2+a^2}}{a}\right)+C_1$$

$$=\ln(x+\sqrt{x^2+a^2})+C,$$

其中 $C=C_1-\ln a$.

例 16 求 $\int \frac{1}{\sqrt{x^2-a^2}}dx\ (a>0)$.

解 设 $x=a\sec t\ \left(0<t<\frac{\pi}{2}\right)$,则 $dx=a\sec t\tan t\,dt$,

$$\sqrt{x^2-a^2}=\sqrt{a^2\sec^2 t-a^2}=a\tan t,$$

所以 $$\int \frac{1}{\sqrt{x^2-a^2}}dx=\int \frac{a\sec t\tan t}{a\tan t}dt=\int \sec t\,dt=\ln|\sec t+\tan t|+C_1.$$

由于 $\sec t=\frac{x}{a}$, $\sin t=\sqrt{1-\cos^2 t}=\sqrt{1-\left(\frac{a}{x}\right)^2}=\frac{\sqrt{x^2-a^2}}{x}$,所以 $\tan t=\frac{\sqrt{x^2-a^2}}{a}$,从而

$$\int \frac{1}{\sqrt{x^2-a^2}}dx=\ln\left|\frac{x}{a}+\frac{\sqrt{x^2-a^2}}{a}\right|+C_1=\ln\left|x+\sqrt{x^2-a^2}\right|+C,$$

其中 C_1 和 $C=C_1-\ln a$ 都是任意常数.

本节中一些例题的结果以后会经常遇到,它们通常也被当做公式使用.补充的公式还有下面几个(其中常数 $a>0$).

(14) $\int \tan x\mathrm{d}x=-\ln|\cos x|+C.$

(15) $\int \cot x\mathrm{d}x=\ln|\sin x|+C.$

(16) $\int \sec x\mathrm{d}x=\ln|\sec x+\tan x|+C.$

(17) $\int \csc x\mathrm{d}x=\ln|\csc x-\cot x|+C.$

(18) $\int \frac{\mathrm{d}x}{a^2+x^2}=\frac{1}{a}\arctan\frac{x}{a}+C.$

(19) $\int \frac{\mathrm{d}x}{x^2-a^2}=\frac{1}{2a}\ln\left|\frac{x-a}{x+a}\right|+C.$

(20) $\int \frac{\mathrm{d}x}{\sqrt{a^2-x^2}}=\arcsin\frac{x}{a}+C.$

(21) $\int \frac{\mathrm{d}x}{\sqrt{x^2\pm a^2}}=\ln\left|x+\sqrt{x^2\pm a^2}\right|+C.$

(22) $\int \sqrt{a^2-x^2}\mathrm{d}x=\frac{a^2}{2}\arcsin\frac{x}{a}+\frac{x}{2}\sqrt{a^2-x^2}+C.$

习题 5.3

(A)

1. 在下列各式等号右端的空白处填入适当的系数,使等式成立:

(1) $\mathrm{d}x=$ ____ $\mathrm{d}(ax+b)$;

(2) $\mathrm{d}x=$ ____ $\mathrm{d}(7x-3)$;

(3) $x\mathrm{d}x=$ ____ $\mathrm{d}(5x^2)$;

(4) $x^3\mathrm{d}x=$ ____ $\mathrm{d}(3x^4-2)$;

(5) $\mathrm{e}^{2x}\mathrm{d}x=$ ____ $\mathrm{d}(\mathrm{e}^{2x})$;

(6) $\mathrm{e}^{-\frac{x}{2}}\mathrm{d}x=$ ____ $\mathrm{d}(1+\mathrm{e}^{-\frac{x}{2}})$;

(7) $\frac{\mathrm{d}x}{1+9x^2}=$ ____ $\mathrm{d}(\arctan 3x)$;

(8) $\frac{\mathrm{d}x}{\sqrt{1-x^2}}=$ ____ $\mathrm{d}(1-\arccos x)$.

2. 求下列不定积分:

(1) $\int \cos 5t\mathrm{d}t$;

(2) $\int (3-2x)^3\mathrm{d}x$;

(3) $\int \frac{6x}{1+x^2}\mathrm{d}x$;

(4) $\int \frac{\mathrm{e}^x}{\mathrm{e}^x+2}\mathrm{d}x$;

(5) $\int \sin^3 x\mathrm{d}x$;

(6) $\int \frac{\mathrm{d}x}{\sqrt{5-4x-x^2}}$.

3. 求下列不定积分:

(1) $\int \frac{\mathrm{d}u}{\sqrt{1-2u}}$;

(2) $\int \frac{\sin\sqrt{t}}{\sqrt{t}}\mathrm{d}t$;

(3) $\int \frac{\mathrm{d}x}{x^2\sqrt{1+x^2}}$;

(4) $\int \frac{\mathrm{d}x}{\sqrt{9x^2+6x+5}}$;

(5) $\int \frac{dx}{\sqrt{1+e^x}}$;　　(6) $\int \frac{dx}{x^2\sqrt{x^2-1}}$.

4. 求下列不定积分:

(1) $\int e^{1-x}dx$;　　(2) $\int \frac{1}{x^2}\cos\frac{2}{x}dx$;

(3) $\int \frac{1}{x^2-5x+6}dx$;　　(4) $\int \frac{x^3}{x+3}dx$;

(5) $\int \frac{10^{\arccos x}}{\sqrt{1-x^2}}dx$;　　(6) $\int \frac{dx}{(\arcsin x)^2\sqrt{1-x^2}}$;

(7) $\int \frac{\arctan\sqrt{x}}{\sqrt{x}(1+x)}dx$.

5. 求一个函数 $f(x)$,满足 $f'(x)=\frac{1}{\sqrt{x+1}}$,且 $f(0)=1$.

(B)

1. 选择题.

(1)设 $\int f(x)dx=\sin x+C$,则 $\int \frac{f(\arcsin x)}{\sqrt{1-x^2}}dx=($　　$)$.

A. $\arcsin x+C$　　B. $\sin\sqrt{1-x^2}+C$

C. $\frac{1}{2}(\arcsin x)^2+C$　　D. $x+C$

(2) $\int x(x+1)^{10}dx=($　　$)$.

A. $\frac{1}{11}(x+1)^{11}+C$　　B. $\frac{1}{2}x^2+\frac{1}{11}(x+1)^{11}+C$

C. $\frac{1}{12}(x+1)^{12}-\frac{1}{11}(x+1)^{11}+C$　　D. $\frac{1}{12}(x+1)^{12}+\frac{1}{11}(x+1)^{11}+C$

(3) $\int xf(x^2)f'(x^2)dx=($　　$)$.

A. $\frac{1}{2}f(x^2)+C$　　B. $\frac{1}{2}f^2(x^2)+C$

C. $\frac{1}{4}f^2(x^2)+C$　　D. $\frac{1}{4}x^2f^2(x^2)+C$

2. 若 $\int f(x)dx=F(x)+C$,试求下列积分:

(1) $\int \frac{f(2\ln x)}{x}dx$;　　(2) $\int f(\tan x)\sec^2 x dx$;

(3) $\int \frac{f(e^{-x}+1)}{e^x}dx$;　　(4) $\int \frac{f(\sqrt{x}+a)}{\sqrt{x}}dx$.

3. 求下列不定积分：

(1) $\int \frac{x+1}{\sqrt{1-x^2}}dx$； (2) $\int \sin^4 x dx$；

(3) $\int \tan^8 x\sec^2 x dx$； (4) $\int \frac{1+\sqrt{4-x^2}}{\sqrt{4-x^2}}dx$；

(5) $\int \frac{1+\ln x}{(x\ln x)^2}dx$； (6) $\int \frac{dx}{1+\sin x}$；

(7) $\int \frac{x dx}{x^2-2x-3}$； (8) $\int \frac{dx}{x^2\sqrt{1-x^2}}$；

(9) $\int \frac{2x}{x^2+x+1}dx$； (10) $\int \cos^2(\omega t+\varphi)dt$；

(11) $\int \tan^3 x\sec x dx$； (12) $\int \frac{dx}{1-e^x}$.

5.4 分部积分法

由函数乘积的求导法则，可得到计算不定积分的又一重要方法——**分部积分法**.

设函数 $u(x)$，$v(x)$ 均有连续的导数，由 $(uv)'=u'v+uv'$ 得 $uv'=(uv)'-vu'$，两边对 x 求不定积分，得 $\int uv'dx=uv-\int u'vdx$，或写为 $\int udv=uv-\int vdu$. 这就是分部积分公式. 如果 $u(x)$，$v(x)$ 选择恰当，$\int vdu$ 要比 $\int udv$ 容易计算得多.

例 1 求 $\int xe^x dx$.

解 取 $u=x$，$dv=e^x dx$，则 $du=dx$，$v=e^x$. 于是

$$\int xe^x dx=xe^x-\int e^x dx=xe^x-e^x+C=e^x(x-1)+C.$$

例 2 求 $\int x\cos x dx$.

解 取 $u=x$，$dv=\cos x dx$，则 $du=dx$，$v=\sin x$. 于是

$$\begin{aligned}\int x\cos x dx &= x\sin x-\int \sin x dx\\ &= x\sin x+\cos x+C.\end{aligned}$$

如果取 $u=\cos x$，$dv=x dx$，则 $du=-\sin x dx$，$v=\frac{x^2}{2}$. 于是

$$\int x\cos x dx=\frac{x^2}{2}\cos x+\int \frac{x^2}{2}\sin x dx.$$

这种取法把问题搞复杂了，因而选择适当的 u 和 dv 至关重要. 选取 u 和 dv 一般要考虑下面两点：

(1) v 要容易求得；

(2) $\int v\,du$ 要比 $\int u\,dv$ 容易计算.

熟练后选择 u 和 dv 的过程不必写出.

例 3 求 $\int x^2 e^x dx$.

解 $\int x^2 e^x dx = \int x^2 d(e^x) = x^2 e^x - \int e^x dx^2 = x^2 e^x - 2\int x e^x dx$，

这里 $\int x e^x dx$ 比 $\int x^2 e^x dx$ 容易积出，因为被积函数中 x 的幂次前者比后者降低了一次. 由例 1 可知，对 $\int x e^x dx$ 再使用一次分部积分法就可以了. 于是，

$$\begin{aligned}\int x^2 e^x dx &= x^2 e^x - 2\int x e^x dx \\ &= x^2 e^x - 2(xe^x - e^x) + C \\ &= e^x(x^2 - 2x + 2) + C.\end{aligned}$$

一般地，如果被积函数是幂函数和正/余弦函数或幂函数和指数函数的的乘积，就可以考虑用分部积分法，并设幂函数为 u，这样用一次分部积分法就可以使幂函数的幂次降低一次(这里假定幂指数是正整数).

例 4 求 $\int x\arctan x dx$.

解

$$\begin{aligned}\int x\arctan x dx &= \frac{1}{2}\int \arctan x dx^2 \\ &= \frac{1}{2}x^2\arctan x - \frac{1}{2}\int x^2 \frac{dx}{1+x^2} \\ &= \frac{1}{2}x^2\arctan x - \frac{1}{2}\int \frac{1+x^2-1}{1+x^2}dx \\ &= \frac{1}{2}x^2\arctan x - \frac{1}{2}\int \left(1-\frac{1}{1+x^2}\right)dx \\ &= \frac{1}{2}x^2\arctan x - \frac{1}{2}x + \frac{1}{2}\arctan x + C \\ &= \frac{1+x^2}{2}\arctan x - \frac{x}{2} + C.\end{aligned}$$

例 5 求 $\int \ln x dx$.

解 取 $u=\ln x, dv=dx$，则 $du=\frac{1}{x}dx, v=x$. 于是

$$\int \ln x \mathrm{d}x = x\ln x - \int x \cdot \frac{1}{x}\mathrm{d}x = x\ln x - x + C.$$

总结上面两个例子可以知道，如果被积函数是幂函数和对数函数或幂函数和反三角函数的乘积，就可以考虑用分部积分法，并设对数函数或反三角函数为 u.

在多数情况下，可按照下列顺序：反三角函数、对数函数、幂函数、三角函数、指数函数. 将排在前面的那类函数选作 u，后面的那类函数选作 v'.

此外，下面几个例子的方法也比较典型.

例 6 求 $\int \mathrm{e}^x \sin x \mathrm{d}x$.

解

$$\begin{aligned}\int \mathrm{e}^x \sin x \mathrm{d}x &= \int \sin x \mathrm{d}\mathrm{e}^x = \mathrm{e}^x \sin x - \int \mathrm{e}^x \cos x \mathrm{d}x \\ &= \mathrm{e}^x \sin x - \int \cos x \mathrm{d}\mathrm{e}^x \\ &= \mathrm{e}^x \sin x - \mathrm{e}^x \cos x - \int \mathrm{e}^x \sin x \mathrm{d}x,\end{aligned}$$

将 $\int \mathrm{e}^x \sin x \mathrm{d}x$ 作为未知函数解出来得

$$\int \mathrm{e}^x \sin x \mathrm{d}x = \frac{1}{2}\mathrm{e}^x(\sin x - \cos x) + C.$$

例 7 求 $\int \sec^3 x \mathrm{d}x$.

解

$$\begin{aligned}\int \sec^3 x \mathrm{d}x &= \int \sec x \cdot \sec^2 x \mathrm{d}x = \int \sec x \mathrm{d}\tan x \\ &= \sec x \tan x - \int \tan x \mathrm{d}\sec x \\ &= \sec x \tan x - \int \tan^2 x \cdot \sec x \mathrm{d}x \\ &= \sec x \tan x - \int \sec x(\sec^2 x - 1)\mathrm{d}x \\ &= \sec x \tan x - \int \sec^3 x \mathrm{d}x + \int \sec x \mathrm{d}x \\ &= \sec x \tan x - \int \sec^3 x \mathrm{d}x + \ln|\sec x + \tan x|,\end{aligned}$$

所以

$$\int \sec^3 x \mathrm{d}x = \frac{1}{2}(\sec x \tan x + \ln|\sec x + \tan x|) + C.$$

例 8 求不定积分 $I_n = \int \frac{\mathrm{d}x}{(x^2+a^2)^n}$，其中 n 为正整数.

解 当 $n=1$ 时，有

$$I_1=\int\frac{\mathrm{d}x}{x^2+a^2}=\frac{1}{a}\arctan\frac{x}{a}+C.$$

当 $n>1$ 时,利用分部积分法,得

$$\begin{aligned}\int\frac{\mathrm{d}x}{(x^2+a^2)^{n-1}}&=\frac{x}{(x^2+a^2)^{n-1}}+2(n-1)\int\frac{x^2\mathrm{d}x}{(x^2+a^2)^n}\\&=\frac{x}{(x^2+a^2)^{n-1}}+2(n-1)\int\left[\frac{1}{(x^2+a^2)^{n-1}}-\frac{a^2}{(x^2+a^2)^n}\right]\mathrm{d}x,\end{aligned}$$

即
$$I_{n-1}=\frac{x}{(x^2+a^2)^{n-1}}+2(n-1)(I_{n-1}-a^2I_n),$$

于是
$$I_n=\frac{1}{2a^2(n-1)}\left[\frac{x}{(x^2+a^2)^{n-1}}+(2n-3)I_{n-1}\right].$$

以此作递推公式,则由 I_1 开始可计算出 $I_n(n>1)$.

在积分的过程中,往往要兼用换元法和分部积分法,如下面的例 9.

例 9 求 $\int \mathrm{e}^{\sqrt{x}}\mathrm{d}x$.

解 令 $\sqrt{x}=t$,则

$$\begin{aligned}\int \mathrm{e}^{\sqrt{x}}\mathrm{d}x&=2\int t\mathrm{e}^t\mathrm{d}t=2\left(t\mathrm{e}^t-\int \mathrm{e}^t\mathrm{d}t\right)\\&=2(t\mathrm{e}^t-\mathrm{e}^t)+C\\&=2\mathrm{e}^t(t-1)+C\\&=2\mathrm{e}^{\sqrt{x}}(\sqrt{x}-1)+C.\end{aligned}$$

习题 5.4

(A)

1. 求下列各式的不定积分:

(1) $\int x\mathrm{e}^x\mathrm{d}x$;

(2) $\int x^2\mathrm{e}^{-x}\mathrm{d}x$;

(3) $\int x\sin x\mathrm{d}x$;

(4) $\int \sin\sqrt{x}\mathrm{d}x$;

(5) $\int x^2\ln x\mathrm{d}x$;

(6) $\int \mathrm{e}^{-x}\cos x\mathrm{d}x$;

(7) $\int \ln(x^2+1)\mathrm{d}x$;

(8) $\int \mathrm{e}^{-2x}\sin\frac{x}{2}\mathrm{d}x$;

(9) $\int x\cos\frac{x}{2}\mathrm{d}x$;

(10) $\int x\tan^2x\mathrm{d}x$;

(11) $\int \ln^2x\mathrm{d}x$;

(12) $\int x\sin x\cos x\mathrm{d}x$;

(13) $\int x^2\cos^2\frac{x}{2}\mathrm{d}x$；　　(14) $\int \mathrm{e}^{\sqrt[3]{x}}\mathrm{d}x$.

2. 若 $f(x)$ 可积，求不定积分 $I=\int xf(x^2)f'(x^2)\mathrm{d}x$，又当 $f(x)=2x$ 时，求 I.

(B)

1. 选择题.

(1) 设 $f'(\mathrm{e}^x)=1+x$，则 $f(x)=($　　$)$.

A. $1+\ln x+C$　　B. $x\ln x+C$

C. $x+\frac{x^2}{2}+C$　　D. $x\ln x-x+C$

(2) 已知 $f'(\cos x)=\sin x$，则 $f(\cos x)=($　　$)$.

A. $-\cos x+C$　　B. $\cos x+C$

C. $\frac{1}{2}(x-\sin x\cos x)+C$　　D. $\frac{1}{2}(\sin x\cos x-x)+C$

2. 求下列各式的不定积分：

(1) $\int \frac{x\mathrm{d}x}{\cos^2 x}$；　　(2) $\int \cos\ln x\mathrm{d}x$；

(3) $\int (\arcsin x)^2\mathrm{d}x$；　　(4) $\int x^2\arctan x\mathrm{d}x$；

(5) $\int \frac{\ln^2 x}{x^2}\mathrm{d}x$；　　(6) $\int (x^2-1)\sin 2x\mathrm{d}x$；

(7) $\int x\ln\frac{1+x}{1-x}\mathrm{d}x$；　　(8) $\int \frac{\ln(1+x)}{\sqrt{x}}\mathrm{d}x$；

(9) $\int \frac{\ln(\mathrm{e}^x+1)}{\mathrm{e}^x}\mathrm{d}x$；　　(10) $\int \frac{\mathrm{d}x}{\sin 2x\cos x}$.

3. 已知 $f(x)=\frac{\mathrm{e}^x}{x}$，求 $\int xf''(x)\mathrm{d}x$.

4. 已知 $f(x)$ 的一个原函数是 e^{-x^2}，求 $\int xf'(x)\mathrm{d}x$.

5. 已知 $\frac{\sin x}{x}$ 是 $f(x)$ 的一个原函数，求 $\int xf'(x)\mathrm{d}x$.

6. 设 $I_n=\int \frac{\mathrm{d}x}{\sin^n x}(2\leqslant n)$，证明 $I_n=-\frac{1}{n-1}\cdot\frac{\cos x}{\sin^{n-1}x}+\frac{n-2}{n-1}I_{n-2}$.

*5.5 有理函数的积分

本节介绍一种常见的函数类型——有理函数的积分. 有理函数是指有理式所

表示的函数,它包括有理整式和有理分式两类.

有理整式

$$F(x)=a_0x^n+a_1x^{n-1}+\cdots+a_{n-1}x+a_n.$$

有理分式

$$R(x)=\frac{P(x)}{Q(x)}=\frac{a_0x^n+a_1x^{n-1}+\cdots+a_{n-1}x+a_n}{b_0x^m+b_1x^{m-1}+\cdots+b_{m-1}x+b_m},$$

其中:m,n 都是非负整数;$a_0,a_1,\cdots,a_n$ 及 $b_0,b_1,\cdots,b_n$ 都是实数,并且 $a_0\neq0,b_0\neq0$;$P(x)$与 $Q(x)$是不可约的. 当 $Q(x)$的次数高于 $P(x)$的次数时,$R(x)$是真分式,否则 $R(x)$为假分式.

利用多项式的除法,总可以把假分式化为有理整式与真分式之和,例如

$$\frac{x^4-1}{x^2+2x-1}=x^2-2x+5-\frac{12x-4}{x^2+2x-1},$$

有理整式可以逐项积分,因此以下只讨论真分式的积分.

在 5.3 节例 4 中,不定积分 $\int\frac{1}{x^2-a^2}\mathrm{d}x$ 的求解方法是将真分式$\frac{1}{x^2-a^2}$按其分母的因式拆成两个简单分式,即

$$\frac{1}{x^2-a^2}=\frac{1}{(x+a)(x-a)}=\frac{1}{2a}\left(\frac{1}{x-a}-\frac{1}{x+a}\right),$$

然后再分别对这两个简单分式积分,从而得出结果. 一般真分式的积分方法,就是按照这一解题思路发展而来的. 首先,将分母 $Q(x)$分解为一次因式(可能有重因式)和二次质因式的乘积,然后再把该真分式按分母的因式分解成若干简单分式(称为部分分式)之和. 下面举例说明如何用待定系数法化真分式为部分分式之和.

(1)当分母 $Q(x)$含有单因式 $x-a$ 时,这时分解式中对应有一项$\frac{A}{x-a}$,其中 A 为待定系数.

例如:

$$R(x)=\frac{2x+3}{x^3+x^2-2x}=\frac{2x+3}{x(x-1)(x+2)}=\frac{A}{x}+\frac{B}{x-1}+\frac{C}{x+2}.$$

为确定系数 A,B,C 我们用 $x(x-1)(x+2)$乘等式两边,得

$$2x+3=A(x-1)(x+2)+Bx(x+2)+Cx(x-1).$$

因为这是一个恒等式,将任何 x 值代入都相等. 令 $x=0$,得 $3=-2A$,即 $A=-\frac{3}{2}$.

类似地,令 $x=1$,得 $B=\frac{5}{3}$. 令 $x=-2$,得 $C=-\frac{1}{6}$. 于是

$$R(x)=\frac{2x+3}{x(x-1)(x+2)}=\frac{-3/2}{x}+\frac{5/3}{x-1}+\frac{-1/6}{x+2}.$$

(2)当分母 $Q(x)$ 含有重因式 $(x-a)^n$ 时，这时部分分式中对应有 n 项

$$\frac{A_n}{(x-a)^n}+\frac{A_{n-1}}{(x-a)^{n-1}}+\cdots+\frac{A_1}{x-a}.$$

例如：

$$\frac{x^2+1}{x^3-2x^2+x}=\frac{x^2+1}{x(x-1)^2}=\frac{A}{x}+\frac{B}{(x-1)^2}+\frac{C}{x-1}.$$

为确定系数 A,B,C 将上式两边同乘以 $x(x-1)^2$，得

$$x^2+1=A(x-1)^2+Bx+Cx(x-1).$$

令 $x=0$，得 $A=1$. 令 $x=1$，得 $B=2$. 令 $x=2$，得 $5=A+2B+2C$，再将 $A=1,B=2$ 代入，得 $C=0$. 所以

$$\frac{x^2+1}{x^3-2x^2+x}=\frac{1}{x}+\frac{2}{(x-1)^2}.$$

(3)当分母 $Q(x)$ 含有质因式 x^2+px+q 时，这时部分分式中对应项是$\frac{Ax+B}{x^2+px+q}$.

例如：

$$\frac{x+4}{x^3+2x-3}=\frac{x+4}{(x-1)(x^2+x+3)}$$
$$=\frac{A}{x-1}+\frac{Bx+C}{x^2+x+3}.$$

为确定待定系数，等式两边同乘以 $(x-1)(x^2+x+3)$，得

$$x+4=A(x^2+x+3)+(Bx+C)(x-1).$$

令 $x=1$，得 $A=1$. 令 $x=0$，得 $4=3A-C$，即 $C=-1$. 令 $x=2$，得 $6=9A+2B+C$，即 $B=-1$. 所以

$$\frac{x+4}{x^3+2x-3}=\frac{1}{x-1}+\frac{-x-1}{x^2+x+3}.$$

(4)当分母 $Q(x)$ 含有重因式 $(x^2+px+q)^n$ 时，这时部分分式中对应有 n 项

$$\frac{M_1x+N_1}{(x^2+px+q)^n}+\frac{M_2x+N_2}{(x^2+px+q)^{n-1}}+\cdots+\frac{M_nx+N_n}{x^2+px+q}.$$

例如：

$$\frac{x^4+1}{x^5+2x^4+3x^3+2x^2+x}=\frac{x^4+1}{x(x^2+x+1)^2}$$
$$=\frac{A}{x}+\frac{Bx+C}{(x^2+x+1)^2}+\frac{Dx+E}{x^2+x+1}.$$

为确定系数，等式两边同乘以 $x(x^2+x+1)^2$，得

$$x^4+1=A(x^2+x+1)^2+x(Bx+C)+(Dx+E)x(x^2+x+1),$$

比较系数可得，$A=1,B=-1,C=0,D=0,E=-2$，所以

$$\frac{x^4+1}{x^5+2x^4+3x^3+2x^2+x}=\frac{1}{x}+\frac{-x}{(x^2+x+1)^2}+\frac{-2}{x^2+x+1}.$$

综合以上讨论，有理真分式的积分大体有下面四种形式，其中 n 为大于等于 2 的正整数，A,M,N,a,p,q 均为常数，且 $p^2-4q<0$.

(1) $\displaystyle\int\frac{A}{x-a}\mathrm{d}x$.

(2) $\displaystyle\int\frac{A}{(x-a)^n}\mathrm{d}x$.

(3) $\displaystyle\int\frac{Ax+B}{x^2+px+q}\mathrm{d}x$.

(4) $\displaystyle\int\frac{Ax+B}{(x^2+px+q)^n}\mathrm{d}x$.

前两种积分，简单凑微分即可获得，下面举例说明(3)的积分方法.

例 1 求 $\displaystyle\int\frac{3x-1}{x^2+2x+4}\mathrm{d}x$.

解 因为 $(x^2+2x+4)'=2x+2$，所以

$$3x-1=\frac{3}{2}(2x+2)-4,$$

于是

$$\begin{aligned}\int\frac{3x-1}{x^2+2x+4}\mathrm{d}x&=\frac{3}{2}\int\frac{2x+2}{x^2+2x+4}\mathrm{d}x-4\int\frac{1}{x^2+2x+4}\mathrm{d}x\\&=\frac{3}{2}\int\frac{\mathrm{d}(x^2+2x+4)}{x^2+2x+4}-4\int\frac{\mathrm{d}x}{(x^2+2x+1)+3}\\&=\frac{3}{2}\ln|x^2+2x+4|-4\int\frac{\mathrm{d}x}{(x+1)^2+(\sqrt{3})^2}\\&=\frac{3}{2}\ln|x^2+2x+4|-\frac{4}{\sqrt{3}}\arctan\frac{x+1}{\sqrt{3}}+C.\end{aligned}$$

例 2 求 $\displaystyle\int\frac{x^2+1}{x^3-2x^2+x}\mathrm{d}x$.

解 由前可知，$\displaystyle\frac{x^2+1}{x^3-2x^2+x}=\frac{1}{x}+\frac{2}{(x-1)^2}$，

所以

$$\int \frac{x^2+1}{x^3-2x^2+x}dx = \int \frac{1}{x}dx+2\int \frac{1}{(x-1)^2}dx$$
$$=\ln|x|-\frac{2}{x-1}+C.$$

例 3 求 $\int \frac{x^2}{(1+2x)(1+x^2)}dx$.

解 令

$$\frac{x^2}{(1+2x)(1+x^2)}=\frac{A}{1+2x}+\frac{Bx+C}{1+x^2},$$

将等式两边同乘以 $(1+2x)(1+x^2)$，得

$$x^2=A(1+x^2)+(Bx+C)(1+2x),$$

分别令 $x=\frac{1}{2}$，得 $A=\frac{1}{5}$.

$x=0$，得 $0=A+C$，即 $C=-A=-\frac{1}{5}$.

$x=1$，得 $1=2A+3(B+C)$，得 $B=\frac{2}{5}$.

所以

$$\frac{x^2}{(1+2x)(1+x^2)}=\frac{1/5}{1+2x}+\frac{(2/5)x-1/5}{1+x^2}.$$

于是

$$\int \frac{x^2}{(1+2x)(1+x^2)}dx=\frac{1}{5}\int \frac{dx}{1+2x}+\frac{1}{5}\int \frac{2x-1}{1+x^2}dx$$
$$=\frac{1}{5}\times\frac{1}{2}\int \frac{d(1+2x)}{1+2x}+\frac{1}{5}\int \frac{d(1+x^2)}{1+x^2}-\frac{1}{5}\int \frac{dx}{1+x^2}$$
$$=\frac{1}{10}\ln|1+2x|+\frac{1}{5}\ln|1+x^2|-\frac{1}{5}\arctan x+C.$$

$\int \frac{Ax+B}{(x^2+px+q)^n}dx$ 的积分方法：先将 x^2+px+q 配方为

$$x^2+px+q=\left(x+\frac{p}{2}\right)^2+q-\frac{p^2}{4},$$

令 $x+\frac{p}{2}=t$，记 $a^2=q-\frac{p^2}{4}$，$b=B-\frac{Ap}{2}$，则

$$x^2+px+q=t^2+a^2,$$
$$Ax+B=At+b,$$

于是

$$\int \frac{Ax+B}{(x^2+px+q)^n}dx = \int \frac{At}{(t^2+a^2)^n}dt+\int \frac{b}{(t^2+a^2)^n}dt$$

$$=-\frac{A}{2(n-1)(t^2+a^2)^{n-1}}+\int\frac{b}{(t^2+a^2)^n}\mathrm{d}t.$$

上式后一个不定积分在上节中的例 9 中已经给出,这样不定积分 $\int\frac{Ax+B}{(x^2+px+q)^n}\mathrm{d}x$ 就可求出,整个过程较烦琐.

由以上例题可知,有理函数的原函数都是初等函数,也就是说有理函数都是可积的.但需要指出的是,在有理函数积分的一般方法中计算较繁,有时需要考虑其他简便方法.

例如,求 $\int\frac{x^2}{x^3+1}\mathrm{d}x$,直接用凑微分法更为简便,即

$$\int\frac{x^2}{x^3+1}\mathrm{d}x=\frac{1}{3}\int\frac{\mathrm{d}(x^3+1)}{x^3+1}=\frac{1}{3}\ln|x^3+1|+C.$$

本章我们介绍了不定积分的概念及计算方法.必须指出的是:初等函数在它有定义的区间上的不定积分一定存在,但不定积分存在与不定积分能否用初等函数表示并不是一回事.事实上,有很多初等函数,它的不定积分是存在的,但它们的不定积分却无法用初等函数表示出来,如 $\int\mathrm{e}^{-x^2}\mathrm{d}x$, $\int\frac{\sin x}{x}\mathrm{d}x$, $\int\frac{\mathrm{d}x}{\sqrt{1+x^3}}$.

同时我们还应了解,求函数的不定积分与求函数的导数的区别,求一个函数的导数总可以按照一定的规则和方法去做,而求一个函数的不定积分并无统一的规则可循,需要具体问题具体分析,灵活应用各类积分方法和技巧.

习题 5.5

(A)

1. 求下列不定积分(有理函数积分):

(1) $\int\frac{2x+3}{x^2+3x-10}\mathrm{d}x$;

(2) $\int\frac{\mathrm{d}x}{(x^2+1)(x^2+x)}$;

(3) $\int\frac{\mathrm{d}x}{\sqrt{x}+\sqrt[4]{x}}$;

(4) $\int\frac{\mathrm{d}x}{\sqrt[3]{(x+1)^2(x-1)^4}}$.

(B)

1. 求下列不定积分(有理函数积分):

(1) $\int\frac{3}{x^3+1}\mathrm{d}x$;

(2) $\int\frac{3x}{x^3-1}\mathrm{d}x$;

(3) $\int\frac{\mathrm{d}x}{(x^2+1)(x^2+x+1)}$;

(4) $\int\frac{1}{x}\sqrt{\frac{x+1}{x}}\mathrm{d}x$.

5.6 综合例题

例 1 设 $f(x)=\begin{cases} x^2-\dfrac{x}{2}+1, & x<0, \\ 1, & x=0, \\ e^x, & x>0, \end{cases}$ 求 $f(x)$ 的原函数 $F(x)$.

解 当 $x\leqslant 0$ 时，

$$F(x)=\int f(x)\mathrm{d}x=\int \left(x^2-\frac{x}{2}+1\right)\mathrm{d}x=\frac{x^3}{3}-\frac{x^2}{4}+x+C_1;$$

当 $x>0$ 时，

$$F(x)=\int f(x)\mathrm{d}x=\int e^x\mathrm{d}x=e^x+C_2.$$

$F(x)$ 在 $x=0$ 处连续，因此有

$$\lim_{x\to 0^-}F(x)=\lim_{x\to 0^+}F(x),$$

即

$$C_1=1+C_2.$$

设 $C_1=C$，则 $C_2=C_1-1=C-1$. 于是，$f(x)$ 的原函数为

$$F(x)=\begin{cases} \dfrac{x^3}{3}-\dfrac{x^2}{4}+x+C, & x\leqslant 0, \\ e^x-1+C, & x>0. \end{cases}$$

例 2 求不定积分 $\displaystyle\int \frac{1}{x(x^7+2)}\mathrm{d}x$.

解 令 $x=\dfrac{1}{t}$，则 $\mathrm{d}x=-\dfrac{1}{t^2}\mathrm{d}t$. 于是

$$\int \frac{1}{x(x^7+2)}\mathrm{d}x=\int \frac{t}{\left(\frac{1}{t}\right)^7+2}\cdot\left(-\frac{1}{t^2}\right)\mathrm{d}t=-\int \frac{t^6}{1+2t^7}\mathrm{d}t$$

$$=-\frac{1}{14}\ln|1+2t^7|+C=-\frac{1}{14}\ln|2+x^7|+\frac{1}{2}\ln|x|+C.$$

例 3 求不定积分 $\displaystyle\int \frac{x^2\arctan x}{1+x^2}\mathrm{d}x$.

解
$$\int \frac{x^2\arctan x}{1+x^2}\mathrm{d}x=\int \frac{x^2+1-1}{1+x^2}\arctan x\mathrm{d}x$$

$$=\int \left(1-\frac{1}{1+x^2}\right)\arctan x\mathrm{d}x$$

$$=\int \arctan x\mathrm{d}x-\int \frac{1}{1+x^2}\arctan x\mathrm{d}x$$

$$=x\cdot\arctan x-\int\frac{x}{1+x^2}dx-\int\arctan x\,d(\arctan x)$$

$$=x\cdot\arctan x-\frac{1}{2}\int\frac{1}{1+x^2}d(1+x^2)-\frac{1}{2}(\arctan x)^2$$

$$=x\cdot\arctan x-\frac{1}{2}\ln(1+x^2)-\frac{1}{2}(\arctan x)^2+C.$$

例 4 求不定积分$\int\frac{(x+1)}{x(1+xe^x)}dx$.

解 令 $t=xe^x$,则 $dt=e^x(1+x)dx$,从而

$$\int\frac{(x+1)}{x(1+xe^x)}dx=\int\frac{e^x(1+x)}{xe^x(1+xe^x)}dx=\int\frac{dt}{t(1+t)}$$

$$=\int\left(\frac{1}{t}-\frac{1}{1+t}\right)dt=\int\frac{dt}{t}-\int\frac{d(1+t)}{1+t}$$

$$=\ln|t|-\ln|1+t|+C$$

$$=\ln\left|\frac{t}{1+t}\right|+C$$

$$=\ln\left|\frac{xe^x}{1+xe^x}\right|+C.$$

例 5 求不定积分$\int\frac{\sin x}{1+\sin x+\cos x}dx$.

解 由万能公式,令 $u=\tan\frac{x}{2}$,则

$$\int\frac{\sin x}{1+\sin x+\cos x}dx=\int\frac{\frac{2u}{1+u^2}\cdot\frac{2}{1+u^2}}{1+\frac{2u}{1+u^2}+\frac{1-u^2}{1+u^2}}du=\int\frac{2u}{(1+u)(1+u^2)}du$$

$$=\int\frac{2u+1+u^2-1-u^2}{(1+u)(1+u^2)}du=\int\frac{(1+u)^2-(1+u^2)}{(1+u)(1+u^2)}du$$

$$=\int\frac{1+u}{1+u^2}du-\int\frac{1}{1+u}du=\arctan u+\frac{1}{2}\ln(1+u^2)-\ln|1+u|+C$$

$$=\frac{x}{2}+\ln\left|\sec\frac{x}{2}\right|-\ln\left|1+\tan\frac{x}{2}\right|+C.$$

例 6 求不定积分$\int\frac{1}{\sin^4x}dx$.

解法一 由万能公式,令 $u=\tan\frac{x}{2}$,则

$$\int\frac{1}{\sin^4x}dx=\int\frac{1}{\left(\frac{2u}{1+u^2}\right)^4}\cdot\frac{2}{1+u^2}du$$

$$=\int\frac{1+3u^2+3u^4+u^6}{8u^4}du=\frac{1}{8}\left[-\frac{1}{3u^3}-\frac{3}{u}+3u+\frac{u^3}{3}\right]+C$$

$$=-\frac{1}{24\left(\tan\frac{x}{2}\right)^3}-\frac{3}{8\tan\frac{x}{2}}+\frac{3}{8}\tan\frac{x}{2}+\frac{1}{24}\left(\tan\frac{x}{2}\right)^3+C.$$

解法二

$$\int\frac{1}{\sin^4 x}dx=\int\frac{\sin^2 x+\cos^2 x}{\sin^4 x}dx=\int\csc^2 x(1+\cot^2 x)dx$$

$$=\int\csc^2 x dx+\int\cot^2 x\csc^2 x dx$$

$$=-\cot x-\frac{1}{3}\cot^3 x+C.$$

习题 5.6

(A)

1. 设不定积分 $I_1=\int\frac{1+x}{x(1+xe^x)}dx, I_2=\int\frac{du}{u(1+u)}$，则有(　　).

A. $I_1=I_2+x$　　B. $I_1=I_2-x$　　C. $I_1=-I_2$　　D. $I_1=I_2$

2. 求下列不定积分：

(1) $\int\frac{xe^x}{\sqrt{e^x-1}}dx$；　　(2) $\int\frac{dx}{x^3+1}$；

(3) $\int\frac{x}{(x^2+1)(x^2+4)}dx$；　　(4) $\int\frac{dx}{3+\cos x}$；

(5) $\int\frac{dx}{1+\tan x}$；　　(6) $\int\frac{x^3dx}{\sqrt{1+x^2}}$；

(7) $\int\frac{(\arctan x)^2}{1+x^2}dx$；　　(8) $\int\frac{e^x dx}{\arcsin e^x\cdot\sqrt{1-e^{2x}}}$.

3. 设 $\int xf(x)dx=\arcsin x+C$，求 $\int\frac{dx}{f(x)}$.

4. 设 $f(x^2-1)=\ln\frac{x^2}{x^2-2}$，且 $f(\varphi(x))=\ln x$，求 $\int\varphi(x)dx$.

(B)

1. $\int\sqrt{\frac{1+x}{1-x}}dx=$(　　).

A. $x-\cos x+C$　　B. $\arcsin x-\sqrt{1-x^2}+C$

C. $\arcsin x+\sqrt{1-x^2}+C$　　D. $\arccos x-\sqrt{1-x^2}+C$

2. 求下列不定积分：

(1) $\int \frac{x+1}{x^2\sqrt{x^2-1}}\mathrm{d}x$；　(2) $\int \frac{\mathrm{d}x}{(1+x^2)\sqrt{1-x^2}}$；

(3) $\int \ln(x+\sqrt{1+x^2})\mathrm{d}x$；　(4) $\int \frac{\ln(1+x^2)}{x^3}\mathrm{d}x$；

(5) $\int \frac{\sin x\cos x}{\sin^4 x+\cos^4 x}\mathrm{d}x$；　(6) $\int \frac{1-\ln x}{(x-\ln x)^2}\mathrm{d}x$；

(7) $\int \frac{x^2 \mathrm{e}^x}{(2+x)^2}\mathrm{d}x$；　(8) $\int \frac{\sqrt{x(x+1)}}{\sqrt{x}+\sqrt{x+1}}\mathrm{d}x$；

(9) $\int \frac{1+\sin x}{\sin x(1+\cos x)}\mathrm{d}x$.

数学家柯西简介

柯西

柯西于1789年8月21日出生于巴黎，他的父亲路易·弗朗索瓦·柯西是法国波旁王朝的官员，在法国动荡的政治漩涡中一直担任公职.由于家庭的原因，柯西本人属于拥护波旁王朝的正统派，是一位虔诚的天主教徒.

在柯西幼年时，他的父亲常带着他到法国参议院内的办公室，并且在那里指导他进行学习，因此他有机会遇到参议员拉普拉斯和拉格朗日两位大数学家.他们对他的才能十分赏识；拉格朗日认为他将来必定会成为大数学家，但建议他的父亲在他学好文科前不要学数学.

柯西于 1802 年入中学. 在中学时,他的拉丁文和希腊文取得优异成绩,多次参加竞赛获奖;数学成绩也深受老师赞扬. 他于 1805 年考入综合工科学校,在那里主要学习数学和力学;1807 年考入桥梁公路学校,1810 年以优异的成绩毕业,前往瑟堡参加海港建设工程.

柯西去瑟堡时携带了拉格朗日的《解析函数论》和拉普拉斯的《天体力学》,后来还陆续收到从巴黎寄出或从当地借得的一些数学书. 他在业余时间悉心攻读有关数学各分支方面的书籍,从数论直到天文学方面. 根据拉格朗日的建议,他进行了多面体的研究,并于 1811 年及 1812 年向科学院提交了两篇论文.

柯西于 1813 年在巴黎被任命为运河工程的工程师,由于身体欠佳,故接受拉格朗日和拉普拉斯的劝告,放弃工程师而致力于纯数学的研究. 柯西在数学上的最大贡献是在微积分中引进了极限概念,并以极限为基础建立了逻辑清晰的分析体系. 这是微积分发展史上的精华,也是柯西对科学发展所作的巨大贡献.

1821 年柯西提出极限定义的 ε 方法,把极限过程用不等式来刻画,后经维尔斯特拉斯改进,成为现在所说的柯西极限定义或叫 ε-δ 定义. 当今所有微积分的教科书都还(至少是在本质上)沿用着柯西等人关于极限、连续、导数、收敛等概念的定义. 他对微积分的解释被后人普遍采用. 柯西对定积分作了最系统的开创性工作. 他把定积分定义为“和的极限”. 在定积分运算之前,强调必须确立积分的存在性. 他利用中值定理首先严格证明了微积分基本定理. 柯西及后来维尔斯特拉斯的艰苦工作,使数学分析的基本概念得到严格的论述,从而结束了微积分两百年来思想上的混乱局面,把微积分及其推广从对几何概念、运动和直觉了解的完全依赖中解放出来,并使微积分发展成现代数学最基础、最庞大的数学学科.

栖西在其他方面的研究成果也很丰富. 复变函数的微积分理论就是由他创立的. 在代数、理论物理、光学、弹性理论方面,他也有突出贡献. 柯西的数学成就不仅辉煌,而且数量惊人.《柯西全集》有 27 卷,其论著有 800 多篇,在数学史上是仅次于欧拉的多产数学家. 他的光辉名字与许多定理、准则一起铭记在当今许多教材中.

1857 年 5 月 23 日,他突然去世,享年 68 岁. 他临终前,还与巴黎大主教在说话,他说的最后一句话是:“人总是要死的,但是,他们的功绩永存.”

第 5 章总习题

1. 已知曲线 $y=f(x)$ 在任一点处的切线斜率为 k(k 为常数),求曲线的方程.
2. 已知函数 $y=f(x)$ 的导数等于 $x+2$,且 $x=2$ 时 $y=5$,求此函数.
3. 已知质点在时刻 t 的速度 $v=3t-2$,且 $t=0$ 时距离 $s=5$,求此质点的运动方程.

4. 一物体由静止开始运动，经过 t 后的速度为 $3t^2$ m/s，问：

(1)在 3 s 后物体离开出发点的距离是多少？

(2)物体走完 360 m 需要多长时间？

5. 已知某产品产量的变化率是时间 t 的函数 $f(t)=at+b$(a,b 是常数)，设此产品 t 时刻的产量函数为 $P(t)$，已知 $P(0)=0$，求 $P(t)$.

6. 求下列不定积分：

(1) $\int(2^x+x^2)\mathrm{d}x$；　(2) $\int\frac{(t+1)^3}{t^2}\mathrm{d}t$；

(3) $\int\frac{\mathrm{d}x}{1+\cos2x}$；　(4) $\int\sqrt{x\sqrt{x\sqrt{x}}}\mathrm{d}x$.

7. 求下列不定积分：

(1) $\int\frac{(\ln x)^2}{x}\mathrm{d}x$；　(2) $\int\frac{\mathrm{e}^{\frac{1}{x}}}{x^2}\mathrm{d}x$；

(3) $\int u\sqrt{u^2-5}\mathrm{d}u$；　(4) $\int\frac{\mathrm{d}x}{4+9x^2}$；

(5) $\int\frac{\mathrm{d}x}{4x^2+4x+5}$；　(6) $\int\frac{\mathrm{d}x}{\sqrt{5-2x-x^2}}$；

(7) $\int\frac{\mathrm{d}x}{x^2-x-6}$；　(8) $\int\mathrm{e}^{\sin x}\cos x\mathrm{d}x$；

(9) $\int\mathrm{e}^x\cos\mathrm{e}^x\mathrm{d}x$；　(10) $\int\cos^5x\mathrm{d}x$；

(11) $\int\frac{\mathrm{d}x}{\sqrt{\mathrm{e}^{2x}-1}}$；　(12) $\int\frac{\ln x}{x\sqrt{1+\ln x}}\mathrm{d}x$；

(13) $\int\frac{x+\ln x^2}{x}\mathrm{d}x$；　(14) $\int\frac{1}{x(1+x^6)}\mathrm{d}x$.

8. 求下列不定积分：

(1) $\int x\sqrt{x+1}\mathrm{d}x$；　(2) $\int\frac{x}{\sqrt[4]{3x+1}}\mathrm{d}x$；

(3) $\int\frac{\mathrm{e}^{2x}}{\sqrt[4]{1+\mathrm{e}^x}}\mathrm{d}x$；　(4) $\int x\sqrt[4]{2x+3}\mathrm{d}x$；

(5) $\int\frac{1}{\sqrt[3]{x+1}+1}\mathrm{d}x$；　(6) $\int\frac{1}{(a^2+x^2)^{\frac{3}{2}}}\mathrm{d}x$；

(7) $\int\frac{1}{x\sqrt{x^2-1}}\mathrm{d}x$.

9. 求下列不定积分：

(1) $\int\frac{\ln x}{x^2}\mathrm{d}x$；　(2) $\int x^3(\ln x)^2\mathrm{d}x$；

(3) $\int \frac{\ln\ln x}{x}\mathrm{d}x$;

(4) $\int x\ln(x-1)\mathrm{d}x$;

(5) $\int \frac{1}{\sqrt{x}}\arcsin\sqrt{x}\mathrm{d}x$;

(6) $\int \frac{\ln x}{\sqrt{x}}\mathrm{d}x$;

(7) $\int xf''(x)\mathrm{d}x$;

(8) $\int \frac{\arctan x}{x^2}\mathrm{d}x$.

10. 若 $f'(\mathrm{e}^x)=1+\mathrm{e}^{2x}$,且 $f(0)=1$,求 $f(x)$.

11. 若 $f(x)=x+\sqrt{x}(x>0)$,求 $\int f'(x^2)\mathrm{d}x$.

12. 设 $f(x^2-1)=\ln\frac{x^2}{x^2-2}$,且 $f(\varphi(x))=\ln x$,求 $\int\varphi(x)\mathrm{d}x$.

13. 设 $f(x)=\begin{cases}x^2, & x\leqslant 0,\\ \sin x, & x>0,\end{cases}$ 求 $f(x)$的不定积分.

14. 设 $F(x)$为 $f(x)$的原函数,当 $x\geqslant 0$ 时,有 $f(x)F(x)=\sin^2 2x$,且 $F(0)=1$,试求 $f(x)$.

15. 求不定积分 $\int\left[\frac{f(x)}{f'(x)}-\frac{f^2(x)f''(x)}{f'^3(x)}\right]\mathrm{d}x$.

16. 设 $I_n=\int\tan^n x\mathrm{d}x$,求证:$I_n=\frac{1}{n-1}\tan^{n-1}x-I_{n-2}$,并求 $\int\tan^5 x\mathrm{d}x$.

17. 求不定积分 $\int x^n\mathrm{e}^x\mathrm{d}x$,$n$ 为自然数.

18. 设 $y(x-y)^2=x$,求 $\int\frac{1}{x-3y}\mathrm{d}x$.

19. 设生产 x 单位某产品的总成本 C 是 x 的函数 $C(x)$,固定成本(即 $C(0)$)为 20 元,边际成本函数为 $C'(x)=2x+10$(单位:元). 求总成本函数 $C(x)$.

20. 设某商店的边际需求为 $Q'(P)=-2P$(单位:件/元),且最大需求量为 972 件.

(1)求需求量 Q 与价格 P 的函数关系.

(2)定价不高于多少元,才能使需求量不少于 296 件?

(3)求 $Q=296$ 时需求量对价格的弹性 η.

(4)价格 P 为多少时总收益最大?

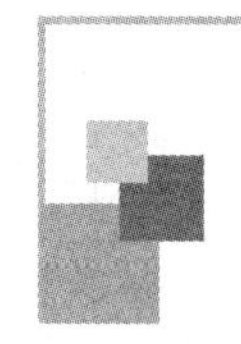

第6章 Mathematica简介

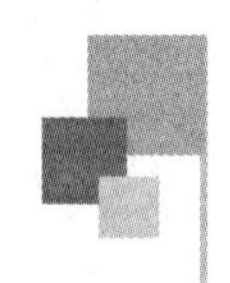

数学支配宇宙.

——毕达哥拉斯

Mathematica是美国Wolfram研究公司开发的符号计算系统. 1988年发布Mathematica系统的1.0版,因其高精度的数值计算和强大的图形功能而广为流行. 现在,Mathematica已经被工业和教育领域广泛地采用,在世界各地已拥有了超过百万的忠实用户. 本章是按照Mathematica 10.4版本编写的,力图在不长的篇幅中向读者介绍该软件在一元函数微积分中的应用.

6.1 Mathematica 10.4概述

6.1.1 Mathematica 10.4的启动和退出

双击(左键,无论是单击还是双击,不特殊说明,均默认左键)桌面上的Mathematica 10.4的图标或者在"开始"菜单的"程序"中单击Mathematica 10.4的图标,均可启动该软件. 启动后屏幕上会显示一个工作窗口. 工作窗口是用户输入、输出、显示各种信息,以及运行程序的区域,用户的全部操作均在此进行,故此窗口为"Notebook".

当软件使用完毕后,用户只需点击右上角的"×"或者在"文件"菜单中单击"退出",系统对未保存的"Notebook"会弹出一个如图6-1所示的提示对话框. 单击"保存"则可重命名保存后退出软件,单击"不保存"则直接退出软件,单击"取消"则放弃退出软件.

图6-1

6.1.2 输入和计算表达式

在 Mathematica 的 Notebook 界面下，可以用交互方式完成各种运算，如函数作图、求极限、求导数、求微分、求积分、解方程等，也可以用它编写像 C 语言那样的结构化程序. 在 Mathematica 系统中定义了许多功能强大的函数，称之为**内建函数**(built-in function)，直接调用这些函数可以起到事半功倍的效果. 这种函数分为两类：一类是数学意义上的函数，如绝对值函数 Abs[x]、正弦函数 Sin[x]、余弦函数 Cos[x]、以 e 为底的对数函数 Log[x]，以 a 为底的对数函数 Log[a,x]等；第二类是命令意义上的函数，如作函数图形的函数 Plot[f[x],{x,xmin,xmax}]、解方程函数 Solve[eqn,x]、求导函数 D[f[x],x]等.

在 Mathematica 的 Notebook 界面中，除了调用各种内建函数，还可以根据要求自定义各种函数. 为此，Mathematica 用“＋”、“－”、“ ∗ ”、“/”和“ ^ ”分别表示算术运算中的“加”、“减”、“乘”、“除”和“幂”运算. 因自定义函数属于延迟赋值，故在函数定义时需用“ ：＝”符号.

例 1 计算 $3\times8+8\div2-2^4-\sqrt{8}$的值.

解 在“Notebook”界面输入“3 ∗ 8＋8/2－2^4－8^(1/2)”，如图 6-2 所示，按“Shift＋Enter”发出运行指令，可得结果 $12-2\sqrt{2}$.

```
ln[1]:= 3* 8+ 8/2- 2^4- 8^(1/2)
Out[1]= 12- 2√2
```

图 6-2

例 2 定义函数 $f(x)=x\cdot\sin x+\ln x-|x|$ 并分别求 $x=3,x=\frac{\pi}{2}$时的函数值.

解 在“Notebook”界面内输入如图 6-3 所示的内容.

```
ln[2]:= Clear[f,x]
        清除
        f[x_]:= x* Sin[x]+ Ln[x]- Abs[x];
                   正弦              绝对值
        f[3]
        x= Pi/2;
           圆周率
        f[x]
Out[4]= - 3+ Ln[3]+ 3Sin[3]
Out[6]= Ln[π/2]
```

图 6-3

注 (1)命令“Clear[f,x]”表示清除对变量 f 和 x 已有的赋值.图中的汉字是显示的代码说明,可以在“编辑▶偏好设置”下将其关闭,为帮助读者加深对代码的认识,文中示例均保留了中文代码说明.

(2)“;”表示不显示该行输入的内容.

例 3 定义符号函数 sgn(x)并验证.

解 符号函数演示如图 6-4 所示.

```
In[7]:= sgn[x_]:= - 1/;x< 0
        sgn[x_]:= 1/;x> 0
        sgn[x_]:= x/;x== 0
        sgn[- 2]
        sgn[2]
        sgn[0]
Out[10]= - 1
Out[11]= 1
Out[12]= 0
```

图 6-4

注 (1)Mathematica 严格区分大小写,内建函数的首写字母必须大写,有时一个函数名是由几个单词构成,则每个单词的首写字母也必须大写.一般地,为了区分,自定义函数的首字母一般用小写字母表示.

(2)用键盘上的“Shift+Enter”发出运行指令.

6.1.3 Help 菜单

任何时候都可以通过按“F1”键或点击“帮助”菜单项中的“Wolfram 参考资料”,调出帮助菜单,如图 6-5 所示.

图 6-5

如果要查找 Mathematica 中具有某个功能的函数，可以通过 Wolfram 语言参考资料中心，根据其目录索引可以快速定位到自己要找的帮助信息. 例如：需要查找 Mathematica 中有关画图的命令，单击“可视化与图形”按钮，再单击“函数可视化”，在目录中找到有关画图的函数，点击相应的超链接，有关内容的详细说明就马上调出来了，如图 6-6 所示.

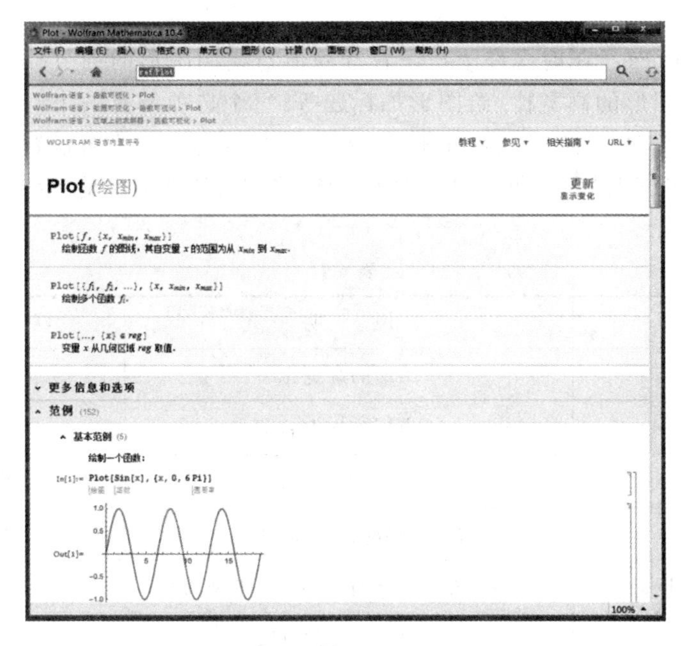

图 6-6

如果已经确知 Mathematica 中有具有某个功能的函数，但不知具体函数名，可以按功能分类从粗到细一步一步地找到具体的函数.

习题 6.1

1. 在 Mathematica 中输入基本初等函数，并计算两个函数值进行验证.
2. 在 Mathematica 中输入个人所得税计算函数，并分别计算收入为 2 400 元、4 800 元、7 200 元、9 600 元时，应缴税额。

6.2 函数作图

函数的图形能够直观、形象地反映函数的性质，在直角坐标系下描绘函数的图形对研究函数的有界性、连续性与可导性等性质有着重要的意义. 本节介绍利用 Mathematica 软件进行一元函数图形的描绘.

6.2.1 一般函数作图

Mathematica 在直角坐标系中作初等函数图形用下列基本命令：

Plot[f[x],{x,xmin,xmax},option->value]

在指定区间[xmin,xmax]上按选项(option)定义值(value)画出函数在直角坐标系中的图形.

Mathematica 绘图时允许用户设置选项值对绘制图形的细节提出各种要求.例如,要设置图形的高宽比,给图形加标题等.每个选项都有一个确定的名字,以“选项名->选项值”的形式放在 Plot 中的最右边位置,一次可设置多个选项,选项依次排列,用逗号隔开,也可以不设置选项,采用系统的默认值.函数作图常用选项如表 6-1 所示.

表 6-1

选　　项	说　　明	默　认　值
AspectRatio	图形的高宽比	1/0.618
AxesLabel	给坐标轴加上名字	不加
PlotLabel	给图形加上标题	不加
PlotRange	指定函数因变量的区间	计算的结果
PlotStyle	用什么样的方式作图(颜色、粗细等)	值是一个表
PlotPoint	画图时计算的点数	25

用户需在指定区间上按选项定义值同时画出多个函数在直角坐标系中的图形时,可以调用命令：

Plot[{f1[x],f2[x],f3[x],…},{x,xmin,xmax},option->value]

例 1 试在直角坐标系中分别作出满足下列条件的函数 $f(x)=x+\frac{1}{x}$ 的图形：

(1)在区间[-2,2]上作图；

(2)在区间[-2,2]上作图,并将坐标轴命名为 x,y；

(3)在区间[-2,2]上作图,将坐标轴命名为 x,y,同时给图形命名“$x+\frac{1}{x}$的图形”.

解 如图 6-7 所示,函数 $f(x)=x+\frac{1}{x}$ 作图演示.

另外,在图片的下方可以通过图形化的命令对所作图形进行相关设置,如设置主题、标签、视图等,也可进行导出等操作。

```
ln[1]:= Clear[f,x]
        清除
        f[x_]:= x+ 1/x;
        Plot[f[x],{x,- 2,2}]
        绘图
```

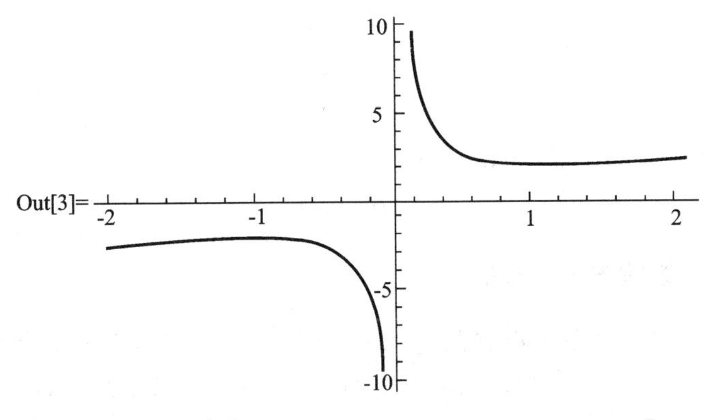


```
ln[3]:= Plot[f[x],{x,- 2,2},AxesLabel→{"X","Y"}]
        绘图                  坐标轴标签
```

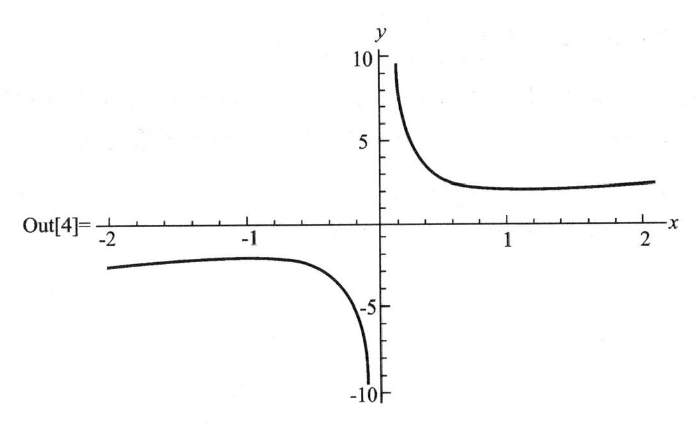


```
ln[5]:= Plot[f[x],{x,- 2,2},AxesLabel→{"X","Y"},
        绘图                  坐标轴标签
        PlotLabel→1/x+ x的图形]
        绘图标签
```

图像 $x+\frac{1}{x}$

图 6-7

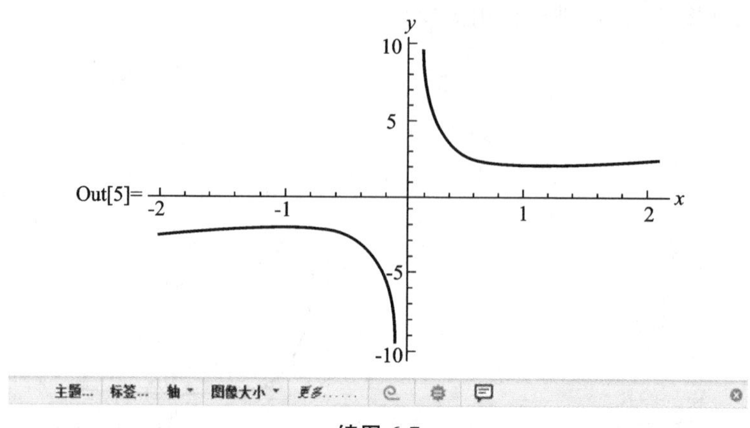

续图 6-7

6.2.2 参数方程作图

前面使用 Plot 命令可以绘制初等函数的图形,在绘制参数方程确定的曲线时需使用 ParametricPlot 命令.下面给出 ParametricPlot 的常用形式:

ParametricPlot[{fx,fy},{t,tmin,tmax}]　　绘出参数图

ParametricPlot[{fx,fy},{gx,gy},…,{t,tmin,tmax}]　　绘出一组参数图

例 2　绘制由参数方程 $\begin{cases} x(t)=a\sin^3 t, \\ y(t)=a\cos^3 t \end{cases}$ $(a>0, 0\leqslant t\leqslant 2\pi)$ 确定的曲线.

解　取 $a=2$ 时作图,按 Shift+Enter 键,即可绘制该参数方程所确定的曲线如图 6-8 所示.因其形状与海星外观相似,故此图形又称**星形线**.

```
ln[6]:= ParametricPlot[{2* Sin[t]^3,2* Cos[t]^3},{t,0,2* Pi}]
        绘制参数图          正弦          余弦              圆周率
```

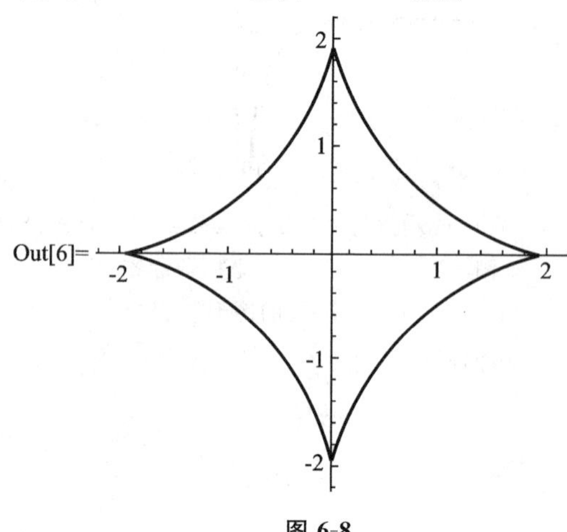

图 6-8

每次绘制图形后，Mathematica 都保存了图形的所有信息，因此，用户可以重绘这些图形. 表 6-2 是常用重绘图形的函数.

表 6-2

选　　项	说　　明
Show[plot]	重绘图形
Show[plot,option－＞value]	改变方案重绘图形
Show[plot1,plot2,plot3…]	绘制多个图形
Show[GraphicsArray[{{plot1,plot2,…}…}]]	绘制图形矩阵
InputForm[plot]	给出所有的图形信息

因篇幅有限，这里不再一一举例，具体的应用可以参考相关书籍.

习题 6.2

1. 利用 Mathematica 分别绘制三角函数和反三角函数的图形.

2. 绘制参数方程 $\begin{cases} x(t)=\dfrac{3at}{1+t^3}, \\ y(t)=\dfrac{3at^2}{1+t^3} \end{cases}$ 确定的曲线(笛卡儿叶形线).

6.3　微积分基本操作

极限、导数和积分是微积分的三大基本运算. 这一节介绍如何利用 Mathematica 进行上述三种运算.

6.3.1　极限运算

Mathematica 中极限运算的基本命令是 Limit，其主要使用方法是：

Limit[f[x],x－＞x_0]　　当 x 趋向于 x_0 时，求 $f(x)$ 的极限；

Limit[f[x],x－＞x_0,Direction－＞1]　　当 x 趋向于 x_0 时，求 $f(x)$ 的左极限；

Limit[f[x],x－＞x_0,Direction－＞－1]　　当 x 趋向于 x_0 时，求 $f(x)$ 的右极限；

Limit[f[x],x－＞ Infinity]　　当 x 趋向于正无穷大时，求 $f(x)$ 的极限；

Limit[f[x],x－＞ －Infinity]　　当 x 趋向于负无穷大时，求 $f(x)$ 的极限.

例 1　用 Mathematica 分别求下列极限：

(1) $\lim\limits_{x\to 0}\dfrac{\sin^3 x}{x^3}$；　(2) $\lim\limits_{x\to 0^-} e^{\frac{1}{x}}$；　(3) $\lim\limits_{x\to 0^+} e^{\frac{1}{x}}$；

(4) $\lim\limits_{x\to+\infty}\arctan x$；　　(5) $\lim\limits_{x\to-\infty}\arctan x$；　　(6) $\lim\limits_{n\to\infty}\left(1-\frac{1}{n}\right)^n$.

解　极限的运算演示如图 6-9 所示.

```
ln[32]:= Clear[x];
         清除
         Limit[Sin[x]^3/x^3,x→0]
         极限   正弦
         Limit[Exp[1/x],x→0,Direction→1]
         极限   指数形式          方向
         Limit[Exp[1/x],x→0,Direction→- 1]
         极限   指数形式          方向
         Limit[ArcTan[x],x→Infinity]
         极限   反正切            无穷大
         Limit[ArcTan[x],x→- Infinity]
         极限   反正切             无穷大
         Limit[(1- 1/n)^n,n→Infinity]
         极限                     无穷大
Out[9]= 1
Out[10]= 0
Out[11]= ∞
Out[12]= π/2
Out[13]= - π/2
Out[14]= 1/e
```

图 6-9

6.3.2　导数运算

Mathematica 中 n 阶导数的基本命令是"D[f[x],{x,n}]"，在 x_0 处求 n 阶导数的调用命令为"D[f[x],{x,n}]/. x－＞x_0".

注　(1)求一、二、三阶导数还可以使用命令"$f'[x],f''[x],f'''[x]$"；同理，在 x_0 处求一、二、三阶导数值可以使用命令"$f'[x_0],f''[x_0],f'''[x_0]$".

(2)对于分段函数在分段点求单侧导数，只能使用单侧导数的定义，一般格式为：

Limit[(f[x+a]－f[a])/(x－a),x－＞a,Direction－＞1]　　　　左导数；

Limit[(f[x+a]−f[a])/(x−a),x−>a,Direction−>−1]　　　右导数.

例 2　已知函数 $f(x)=\cos\left(2x+\frac{\pi}{4}\right)$,试求:(1)$f'(x)$;(2)$f''\left(\frac{\pi}{4}\right)$;(3)$f^{(5)}(x)$.

解　导数的运算演示如图 6-10 所示.

```
ln[25]:= Clear[f,x]
         清除
         f[x_]:= Cos[2x+ Pi/4];
                 余弦    圆周率
         f'[x]
         f"[Pi/4]
            圆周率
         D[f[x],{x,5}]
         偏导
```

Out[27]= $-2\mathrm{Sin}\left[\frac{\pi}{4}+2x\right]$

Out[28]= $2\sqrt{2}$

Out[29]= $-32\mathrm{Sin}\left[\frac{\pi}{4}+2x\right]$

图 6-10

例 3　设 $f(x)=\begin{cases}2x+1, & x<0,\\ \cos 2x, & x\geqslant 0,\end{cases}$ 求左导数 $f'_-(0)$和右导数 $f'_+(0)$.

解　单侧导数的运算演示如图 6-11 所示.

```
ln[21]:= Clear[f,x]
         清除
         f[x_]:= Which[x< 0,2x+ 1,x≥0,Cos[2x]];
                 Which循环              余弦
         left= Limit[(f[x+ 0]- f[0])/(x- 0),x→0,Direction→1]
               极限                                方向
         right= Limit[(f[x+ 0]- f[0])/(x- 0),x→0,Direction→- 1]
                极限                                方向
Out[23]= 2
Out[24]= 0
```

图 6-11

参数方程与隐函数的导数也可以用 Mathematica 软件进行计算,读者可以参考介绍 Mathematica 软件的相关书籍.

6.3.3 不定积分运算

Mathematica 中不定积分运算的基本命令是 Integrate,其主要使用方法是:

Integrate[f[x],x]　　　被积函数是 $f(x)$,积分变量为 x

注　所显示的结果为 $f(x)$的一个原函数.

例 4　求下列函数的原函数:

(1)$f(x)=x+\sin x-\tan x+1$;

(2)$f(x)=\dfrac{\sin\sqrt{x}}{\sqrt{x}}+xe^{x^2}$;

(3)$f(x)=x\sin x$.

解　不定积分的运算演示,如图 6-12 所示.

```
ln[30]:= Clear[f,x];
         清除
         Integrate[x+ Sin[x]- Tan[x]+ 1,x]
         积分          正弦      正切
         Integrate[Sin[x^(1/2)]/x^(1/2)+ x* Exp[x^2],x]
         积分        正弦                         指数形式
         f[x_]:= x* Sin[x];
                     正弦
         Integrate[f[x],x]
         积分
Out[31]= x+ x^2/2 - Cos[x]+ Log[Cos[x]]
Out[32]= e^(x^2)/2 - 2Cos[√x]
Out[34]= - xCos[x]+ Sin[x]
```

图 6-12

习题 6.3

1. 利用 Mathematica 分别计算下列极限:

(1)$\lim\limits_{x\to0}\dfrac{\tan x-\sin x}{\sin^3 x}$;　(2)$\lim\limits_{x\to\infty}\left(\dfrac{x-1}{x+1}\right)^x$;

(3)$\lim\limits_{n\to\infty}\{n[\ln(n+2)-\ln n]\}$.

2. 利用 Mathematica 求函数 $f(x)=\sin x\cdot e^{-x}$的三阶导数.

3. 利用 Mathematica 分别计算下列不定积分:

(1)$f(x)=2^x+x^2$;　(2)$f(x)=x\sqrt{x+1}$;

(3)$f(x)=\arctan x+\ln x$.

6.4 导数的应用

通过第 4 章的学习，我们可以知道，导数在函数的单调性判断、极值求法、凹凸性的判断及拐点的求法中发挥着重要的作用；但是，利用导数解决这些问题时的计算有时会很复杂. 若利用 Mathematica 软件，这一困难将得到解决. 本节重点介绍 Mathematica 在这方面的应用.

6.4.1 单调区间和极值

首先，Mathematica 软件描绘函数图形，然后根据图形得到函数的极值点和单调区间.

例 1 求函数 $f(x)=\dfrac{x}{2+x^2}$ 的单调区间、极值.

解 函数 $f(x)=\dfrac{x}{2+x^2}$ 的单调区间和极值的计算演示如图 6-13 所示.

```
ln[46]:= f[x_]:= x/(x^2+ 2);
        Plot[f[x],{x,- 5,5}]
        绘图
        Solve[f'[x]= = 0,x]
        解方程
        f[x]/.%
```

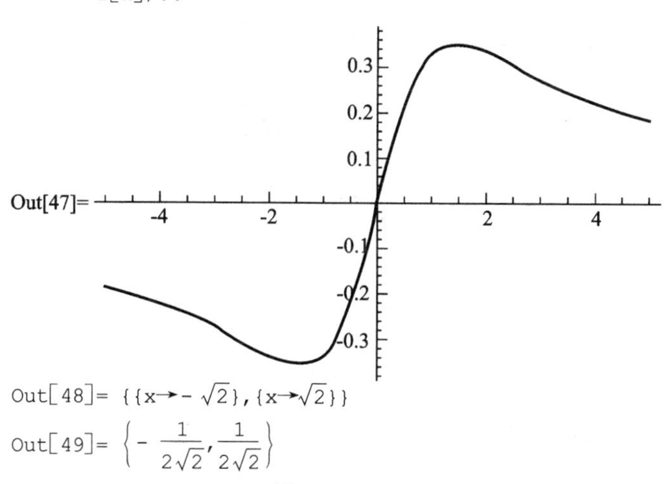

图 6-13

在“Notebook”输入中“Solve[f′[x]==0,x]”代表求方程 $f'(x)=0$ 的根. 利用函数 $f(x)=\dfrac{x}{2+x^2}$ 的图形可以知道：函数的极小值点是 $x=-\sqrt{2}$，极小值是

$-\frac{1}{2\sqrt{2}}$，极大值点是 $x=\sqrt{2}$，极大值是$\frac{1}{2\sqrt{2}}$；单调减区间是$(-\infty,-\sqrt{2})$，$(\sqrt{2},+\infty)$，单调增区间是$(-\sqrt{2},\sqrt{2})$.

6.4.2 凹凸区间和拐点

首先，利用 Mathematica 软件描绘函数图形，然后根据 $f''(x)$的符号判断函数曲线的凹凸性.

例 2 求函数 $f(x)=\frac{x}{2+x^2}$的凹凸区间和拐点.

解 凹凸区间和拐点的计算演示如图 6-14 所示.

函数 $f(x)$的拐点是$\left(-\sqrt{6},-\frac{\sqrt{6}}{8}\right)$，$(0,0)$，$\left(\sqrt{6},\frac{\sqrt{6}}{8}\right)$.

```
In[50]:= f[x_]:= x/(x^2+ 2);
         Plot[f[x],{x,- 5,5}]
         绘图
         Solve[f"[x]= = 0,x]
         解方程
         f[x]/.%
```

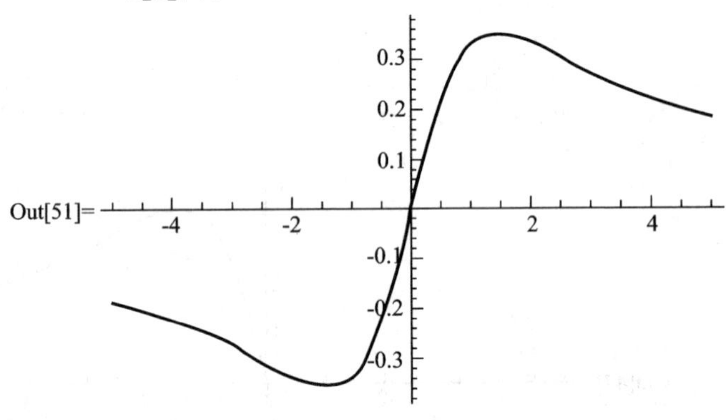

Out[52]= {{x→0},{x→- √6},{x→√6}}

Out[53]= $\left\{-\frac{\sqrt{\frac{3}{2}}}{4},\frac{\sqrt{\frac{3}{2}}}{4}\right\}$

图 6-14

6.4.3 渐近线与作图

我们可以利用函数的一阶、二阶导数及其渐近线来作图，利用 Mathematica 软件，将函数的图形和渐近线在同一直角坐标系内表示.

例 3 求函数 $f(x)=\frac{\sin x}{x^2+x}$的渐近线并作图.

解 函数 $f(x)$的定义域为$(-\infty,-1)\cup(-1,0)\cup(0,+\infty)$，则其铅直渐近线可能出现的位置是 $x=-1$，$x=0$，如图 6-15 所示，利用 Mathematica 软件求得函数 $f(x)$的渐近线，$x=-1$ 为该函数的铅直渐近线，无斜渐近线.

```
ln[58]:= Clear[f,x]
         清除
         f[x_]:= Sin[x]/(x^2+ x);
                 正弦
         Limit[f[x]/x,x→Infinity]
         极限              无穷大
         Limit[f[x]/x,x→- Infinity]
         极限                无穷大
         Limit[f[x],x→0]
         极限
         Limit[f[x]/x,x→- 1]
         极限
Out[60]= 0
Out[61]= 0
Out[62]= 1
```

$$\text{Out[63]}= \frac{i(-1+e^{2i})e^{-i}}{\sqrt{(-1+\text{Cos}[2])^2+\text{Sin}[2])^2}}\infty$$

图 6-15

函数 $f(x)$及其渐近线的图形如图 6-16 所示.

```
ln[132]:= tx= Plot[f[x],{x,- 4,4}];
          绘图
          jjx= ParametricPlot[{- 1,y},{y,- 2,2}];
               绘制参数图
          Show[tx,jjx]
          显示
```

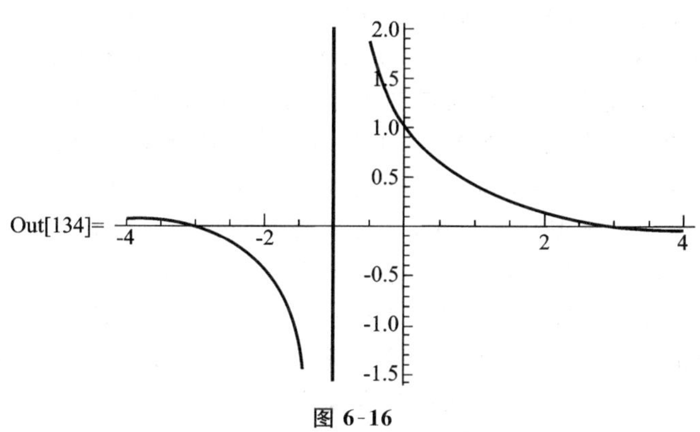

图 6-16

习题 6.4

1. 利用 Mathematica 求函数 $f(x)=x^2e^{-x}$ 的单调区间和极值.
2. 利用 Mathematica 求曲线 $f(x)=xe^x$ 的凹凸区间和拐点.
3. 利用 Mathematica 求函数 $f(x)=xe^{-x}$ 的渐近线并作图.

数学家图灵简介

图灵

阿兰·麦席森·图灵(Alan Mathison Turing)于 1912 年 6 月 23 日生于英国伦敦，是英国著名的数学家和逻辑学家，被称为计算机科学之父、人工智能之父，是计算机逻辑的奠基者，提出了“图灵机”和“图灵测试”等重要概念. 1927 年末，年仅 15 岁的阿兰·麦席森·图灵为了帮助母亲理解爱因斯坦的相对论，写了爱因斯坦的一部著作的内容提要，表现出他已具备非同凡响的数学水平和科学理解力. 他对自然科学的兴趣使他在 1930 年和 1931 年两次获得他的一位同学莫科姆的父母设立的自然科学奖，获奖作品中有一篇论文题为《亚硫酸盐和卤化物在酸性溶液中的反应》，受到政府派来的督学的赞赏，对自然科学的兴趣为他后来的一些研究奠定了基础，他的数学能力使他在念中学时获得过国王爱德华六世数学金盾奖章.

1937 年，阿兰·麦席森·图灵发表的一篇文章——《可计算性与 λ 可定义性》，拓广了丘奇(Church)提出的“丘奇论点”，形成“丘奇-图灵论点”，对计算理论的严格化，对计算机科学的形成和发展都具有奠基性的意义. 1936 年 9 月，阿兰·麦席森·图灵应邀到美国普林斯顿高级研究院学习，并与丘奇一同工作. 在美国期间，他对群论作了一些研究，并撰写了博士论文，1938 年在普林斯顿获博士学位，其论文题目为《以序数为基础的逻辑系统》，1939 年正式发表，该论文在数理逻辑研究中产生了深远的影响.

1939 年秋，他应召到英国外交部通信处从事军事工作，主要是破译敌方密码的工作. 由于破译工作的需要，他参与了世界上最早的电子计算机的研制工作. 他的工作取得了极大的成就，因而于 1945 年获政府的最高奖——大英帝国荣誉勋章.

1951 年，图灵当选为英国皇家学会会员. 1952 年，他辞去剑桥大学国王学院研究员的职务，专心在曼彻斯特大学工作. 同年，图灵写了一个国际象棋程序，后来美国新墨西哥州洛斯阿拉莫斯国家实验室的研究群根据图灵的理论，在 MANIAC 上设计出世界上第一个电脑程序的象棋.

1954 年，阿兰·麦席森·图灵因食用浸过氰化物溶液的苹果而死亡. 为了纪念他对计算机科学的巨大贡献，美国计算机协会从 20 世纪 60 年代起设立一年一度的图灵奖，以表彰在计算机科学中作出突出贡献的人.

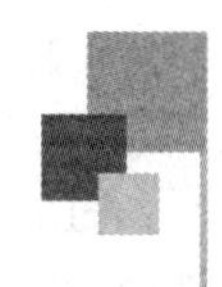

附录 A　常用数学公式

一、代数公式

1. 指数运算

(1)$a^m a^n = a^{m+n}$.

(2)$\frac{a^m}{a^n} = a^{m-n}$.

(3)$(a^m)^n = a^{mn}$.

(4)$\sqrt[n]{a^m} = a^{\frac{m}{n}}$.

(5)$(ab)^m = a^m b^m$.

(6)$\left(\frac{a}{b}\right)^m = \frac{a^m}{b^m}$.

2. 对数运算

(1)若 $a^y = x$,则 $y = \log_a x$.

(2)$a^{\log_a x} = x$,$\mathrm{e}^{\ln x} = x$.

(3)$\log_a 1 = 0$.

(4)$\log_a a = 1$.

(5)$\ln \mathrm{e} = 1$.

(6)$\ln 1 = 0$.

(7)$\log_a (N_1 N_2) = \log_a N_1 + \log_a N_2$.

(8)$\log_a \frac{N_1}{N_2} = \log_a N_1 - \log_a N_2$.

(9)$\log_a (N^n) = n \log_a N$.

(10)$\log_a \sqrt[n]{N} = \frac{1}{n} \log_a N$.

(11)$\log_b N = \frac{\log_a N}{\log_a b}$.

3. 有限项和

(1)$1 + 2 + 3 + \cdots + (n-1) + n = \frac{n(n-1)}{2}$.

(2)$1 + 3 + 5 + \cdots + (2n-3) + (2n-1) = n^2$.

(3)$2 + 4 + 6 + \cdots + (2n-2) + 2n = n(n+1)$.

(4)$a + (a+d) + \cdots + [a + (n-1)d] = n\left(a + \frac{n-1}{2}d\right)$　(等差数列).

(5)$a + aq + aq^2 + \cdots + aq^{n-1} = \frac{a(1-q^n)}{1-q}(q \neq 1)$　(等比数列).

(6)$(a+b)^n = \mathrm{C}_n^0 a^n + \mathrm{C}_n^1 a^{n-1} b + \mathrm{C}_n^2 a^{n-2} b^2 + \cdots + \mathrm{C}_n^k a^{n-k} b^k + \cdots + \mathrm{C}_n^n a^n b^n$

$$= \sum_{i=0}^{n} \mathrm{C}_n^i a^{n-i} b^i$$　(二项公式).

4. 乘法公式

(1) $(a\pm b)^2=a^2\pm 2ab+b^2$.

(2) $(a+b+c)^2=a^2+b^2+c^2+2ab+2ac+2bc$.

(3) $(a\pm b)^3=a^3\pm 3a^2b+3ab^2\pm b^3$.

(4) $(a+b)(a-b)=a^2-b^2$.

(5) $(a\pm b)(a^2\mp ab+b^2)=a^3\pm b^3$.

(6) $a^n-b^n=(a-b)(a^{n-1}+a^{n-2}b+a^{n-3}b^2+\cdots+b^{n-1})$.

二、三角公式

1. 基本公式

(1) $\sin^2x+\cos^2x=1$.

(2) $1+\tan^2\alpha=\sec^2\alpha$.

(3) $1+\cot^2\alpha=\csc^2\alpha$.

2. 和差公式

(1) $\sin(\alpha\pm\beta)=\sin\alpha\cos\beta\pm\cos\alpha\sin\beta$.

(2) $\cos(\alpha\pm\beta)=\cos\alpha\cos\beta\mp\sin\alpha\sin\beta$.

(3) $\tan(\alpha\pm\beta)=\dfrac{\tan\alpha\pm\tan\beta}{1\mp\tan\alpha\cdot\tan\beta}$.

(4) $\cot(\alpha\pm\beta)=\dfrac{\cot\alpha\cot\beta\mp 1}{\cot\beta\pm\cot\alpha}$.

3. 和差化积公式

(1) $\sin\alpha+\sin\beta=2\sin\dfrac{\alpha+\beta}{2}\cos\dfrac{\alpha-\beta}{2}$.

(2) $\sin\alpha-\sin\beta=2\cos\dfrac{\alpha+\beta}{2}\sin\dfrac{\alpha-\beta}{2}$.

(3) $\cos\alpha+\cos\beta=2\cos\dfrac{\alpha+\beta}{2}\cos\dfrac{\alpha-\beta}{2}$.

(4) $\cos\alpha-\cos\beta=-2\sin\dfrac{\alpha+\beta}{2}\sin\dfrac{\alpha-\beta}{2}$.

4. 积化和差公式

(1) $\cos\alpha\cos\beta=\dfrac{1}{2}[\cos(\alpha+\beta)+\cos(\alpha-\beta)]$.

(2) $\sin\alpha\sin\beta=-\dfrac{1}{2}[\cos(\alpha+\beta)-\cos(\alpha-\beta)]$.

(3) $\sin\alpha\cos\beta=\dfrac{1}{2}[\sin(\alpha+\beta)+\sin(\alpha-\beta)]$.

5. 倍角公式

(1) $\sin2\alpha=2\sin\alpha\cos\alpha$.

(2) $\cos2\alpha=2\cos^2\alpha-1=1-2\sin^2\alpha=\cos^2\alpha-\sin^2\alpha$.

(3) $\tan2\alpha=\dfrac{2\tan\alpha}{1-\tan^2\alpha}$.

(4) $\cot2\alpha=\dfrac{\cot^2\alpha-1}{2\cot\alpha}$.

(5) $\sin 3\alpha = 3\sin\alpha - 4\sin^3\alpha$.　　(6) $\cos 3\alpha = 4\cos^3\alpha - 3\cos\alpha$.

(7) $\tan 3\alpha = \dfrac{3\tan\alpha - \tan^3\alpha}{1-3\tan^2\alpha}$.

6. 半角公式

(1) $\sin\dfrac{\alpha}{2} = \pm\sqrt{\dfrac{1-\cos\alpha}{2}}$.

(2) $\cos\dfrac{\alpha}{2} = \pm\sqrt{\dfrac{1+\cos\alpha}{2}}$.

(3) $\tan\dfrac{\alpha}{2} = \pm\sqrt{\dfrac{1-\cos\alpha}{1+\cos\alpha}} = \dfrac{1-\cos\alpha}{\sin\alpha} = \dfrac{\sin\alpha}{1+\cos\alpha}$.

(4) $\cot\dfrac{\alpha}{2} = \pm\sqrt{\dfrac{1+\cos\alpha}{1-\cos\alpha}} = \dfrac{1+\cos\alpha}{\sin\alpha} = \dfrac{\sin\alpha}{1-\cos\alpha}$.

7. 万能公式

(1) $\sin\alpha = \dfrac{2\tan\frac{\alpha}{2}}{1+\tan^2\frac{\alpha}{2}}$.　　(2) $\cos\alpha = \dfrac{1-\tan^2\frac{\alpha}{2}}{1+\tan^2\frac{\alpha}{2}}$.　　(3) $\tan\alpha = \dfrac{2\tan\frac{\alpha}{2}}{1-\tan^2\frac{\alpha}{2}}$.

8. 正弦定理　　$\dfrac{a}{\sin A} = \dfrac{b}{\sin B} = \dfrac{c}{\sin C} = 2R$.

余弦定理　　$c^2 = a^2 + b^2 - 2ab\cos C$.

9. 反三角函数性质

(1) $\arcsin x = \dfrac{\pi}{2} - \arccos x$.　　(2) $\mathrm{arccot}\, x = \dfrac{\pi}{2} - \mathrm{arccot}\, x$.

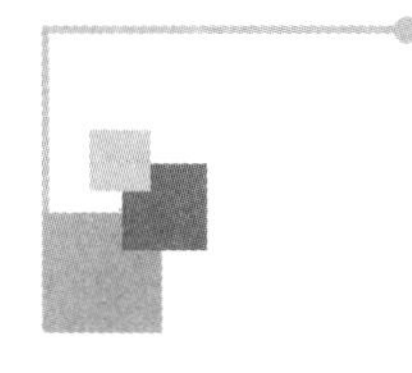

部分参考答案

习题 1.1

(A)

1. $A\cup B=\{3,4,5,7,8\}, A\cap B=\{4\}, A-B=\{3,5\}$.

2. (1) $\{-3,-4\}$；　(2) $\{(0,0),(1,1)\}$；
   (3) $\{-1,0,1,2,3\}$.

3. (1) $(2,6]$；　(2) $(0,+\infty)$；
   (3) $[-3,3]$；　(4) $(-1,7)$.

(B)

2. 分析：分别按子集、集合相等的定义来证明.

习题 1.2

(A)

1. (1) $(-\infty,-3)\cup(3,+\infty)$；　(2) $(0,1]$；
   (3) $[-1,2)$；　(4) $(-\infty,0)\cup(0,+\infty)$.

2. 定义域：$(-\infty,+\infty)$，值域：$[-1,1]$，$f\left(\frac{2}{\pi}\right)=1$，$f(0)=0$.

3. (1)是；　(2)不是；　(3)不是；　(4)是；　(5)不是；　(6)不是.

4. (1)不同；　(2)相同；　(3)不同；　(4)相同.

(B)

1. $a=4, b=-1$.

习题 1.3

(A)

1. (1)偶函数；　(2)非奇非偶函数；

(3)奇函数；(4)非奇非偶函数；

(5)偶函数.

3. (1)周期函数,最小正周期 $T=2\pi$；(2)周期函数,最小正周期 $T=\frac{\pi}{2}$；

(3)非周期函数；(4)周期函数,最小正周期 $T=\pi$；

(5)周期函数,最小正周期 $T=2\pi$.

4. (1)单调增加；(2)单调增加.

(B)

3. 周期 $T=2(b-a)$.

习题 1.4

(A)

1. (1)$y=\log_2 x-5$；(2)$y=\ln(x-1)$；

(3)$y=10^{x-2}-1$.

2. (1)$y=\sqrt{1+x^2}$；(2)$y=\sin[2-\ln(x+1)]$.

3. (1)$y=4\sqrt{u}+1,u=x+3$；(2)$y=2\cos u,u=3(x-1)$；

(3)$y=u^{10},u=3x+5$.

(B)

1. 不能(因为 $u>1$).

第1章总习题

1. (1)不同；(2)不同.

2. (1)偶函数；(2)奇函数；

(3)非奇非偶函数.

4. (1)是周期函数；(2)是周期函数.

5. (1)单增；(2)单减；(3)非单调函数；(4)单增.

6. (1)$y=\frac{x-1}{2}$；(2)$y=\sqrt[3]{x-2}$；

(3)$y=10^{x-1}-2$；(4)$y=1+4\sin x,-\frac{\pi}{2}\leqslant x\leqslant\frac{\pi}{2}$.

7. (1)$y=2^u,u=v^2,v=\tan x$；(2)$y=u^{\frac{2}{3}},u=1+2x$；

(3)$y=e^u,u=\sin v,v=\sqrt{x^2+1}$；

(4) $y=u^2, u=\sin v, v=1+x$.

8. (1) $f[\varphi(x)]=(\sin 2x)^3-\sin 2x, \varphi[f(x)]=\sin(2x^3-2x)$.

(2) $f[g(x)]=2^{x\ln x}, g[f(x)]=x2^x\ln 2$.

9. (1) 当 $0<a<1$ 时,定义域为 $[a,1]$;当 $a>1$ 时,定义域为 $[1,a]$.

(2) $[2k\pi,(2k+1)\pi](k\in\mathbf{Z})$.

(3) 当 $0<a<1$ 时,定义域为 $(-\infty,0]$;当 $a>1$ 时,定义域为 $[0,+\infty)$.

10. (1)是初等函数;

(2)是初等函数;

(3)不是初等函数.

11. 当 $x=50$ 时,利润最大值为 25 元.

习题 2.1

(A)

1. (1)1; (2)0;

(3)不存在; (4)不存在;

(5)1; (6)不存在.

2. (1) $\frac{1}{4}$; (2)0;

(3) $\frac{1}{2}$; (4) $\frac{3}{2}$.

3. $a=0, b=\frac{1}{2}, c=\frac{5}{2}$.

(B)

2. (1)正确; (2)错误;

(3)正确; (4)错误.

习题 2.2

(A)

1. (1)必要,充分; (2)必要,充分;

(3)充分必要; (4)必要,充分.

2. (1) $\lim\limits_{x\to 0^+}f(x)=1, \lim\limits_{x\to 0^-}f(x)=-1$;

(2) $\lim\limits_{x\to 0}f(x)$ 不存在,因为左、右极限不相等;

(3)有极限,因为左、右极限都等于 1.

3. $f(3-0)=3, f(3+0)=8$.

(B)

3. 0.002(提示:因为 $x\to 2$,所以不妨设 $|x-2|<1$).

4. $M=\sqrt{397}$.

习题 2.3

(A)

1. (1)√; (2)×; (3)×; (4)√; (5)×.

2. (1)是; (2)是.

3. (1)0; (2)0.

4. 函数当 $x\to 1$ 时为无穷大,当 $x\to\infty$ 时为无穷小.

(B)

1. $y=x\sin^2 x$ 在区间$(0,\infty)$内无界,当 $x\to+\infty$ 时,这个函数不是无穷大.

习题 2.4

(A)

1. (1)3; (2)$a=0,b=4$; (3)$a=2,b=-2$.

2. (1)$\frac{3}{4}$; (2)$\frac{1}{3}$; (3)$\frac{4}{3}$; (4)1; (5)1; (6)$\frac{\sqrt{2}}{4}$.

3. (1)0; (2)0; (3)$+\infty$; (4)∞; (5)$+\infty$; (6)$-\infty$; (7)$\frac{3}{4}$; (8)2; (9)12; (10)0.

(B)

1. (1)$6x^2$; (2)$\frac{1}{2^{20}}$; (3)$\frac{\sqrt{3}}{12}$;
(4)-1; (5)$\frac{m}{n}$; (6)$-\frac{2}{5}$;
(7)6; (8)1.

习题 2.5

(A)

1. (1)$\frac{5}{2}$; (2)$\frac{1}{4}$; (3)1;
(4)$\frac{x}{2}$; (5)0; (6)$\frac{1}{2}$.

2. (1) $\frac{1}{e}$； (2) $\frac{1}{e}$； (3) 1；

(4) e^2； (5) $\frac{1}{\ln a}$.

(B)

1. (1) $\frac{1}{2}$； (2) $\cos a$； (3) $\frac{\sqrt{3}}{3}$； (4) $\frac{2}{\pi}$.

2. (1) $\frac{1}{e^2}$； (2) 1； (3) $\frac{2}{3}$； (4) 2.

4. 522.05 元.

习题 2.6

(A)

1. (1) 等价无穷小； (2) 同阶无穷小；
   (3) 高阶无穷小； (4) 高阶无穷小；
   (5) 等价无穷小； (6) 高阶无穷小.

2. (1) 2； (2) $-\frac{2}{5}$； (3) $\frac{1}{2}$.

(B)

1. (1) 1； (2) $\frac{1}{2}$； (3) $\frac{m^2}{2}$； (4) $e^{-\frac{1}{2}}$.

4. 2.

习题 2.7

(A)

1. (1) $x=-1$ 为间断点；
   (2) 无间断点.

2. (1) $a=1$；
   (2) $a=2, b=-\frac{3}{2}$.

3. (1) $x=2$ 为可去间断点，$x=3$ 为无穷间断点；
   (2) $x=0$ 为可去间断点，$x=k\pi$ $(k\neq 0)$ 为无穷间断点；
   (3) $x=0$ 为震荡型间断点；
   (4) $x=1$ 为跳跃型间断点.

(B)

1. 连续区间 $(-\infty,-3)$，$(-3,2)$，$(2,+\infty)$，$\lim\limits_{x\to 0}f(x)=\dfrac{1}{2}$，$\lim\limits_{x\to -3}f(x)=-\dfrac{8}{5}$，$\lim\limits_{x\to 2}f(x)=\infty$.
2. (1)对，因为 $\left||f(x)|-|f(a)|\right|\leqslant|f(x)-f(a)|$，由此可推出结论.

   (2)错，例如 $f(x)=\begin{cases}1, & x\in\mathbf{Q}\\ -1, & x\in\mathbf{R}\backslash\mathbf{Q}\end{cases}$ $\forall a\in\mathbf{R}$.
3. $f(x)=\begin{cases}x, & x<0,\\ x^2, & x>0,\end{cases}$ $x=0$ 为可去间断点.

第 2 章总习题

1. (1) $\dfrac{2}{3}$，$\dfrac{3}{2}$；　(2) 1；

   (3) $\dfrac{1}{1-a}$；　(4) -1；

   (5) -3；　(6) 2；

   (7) 6；　(8) $-\dfrac{1}{2}$.
2. (1)B；(2)A；(3)D；

   (4)D；(5)B；(6)A；

   (7)C；(8)C；(9)A；

   (10)B；(11)C.
3. (1) x；(2) $\dfrac{1}{2}$；(3) 1；(4) 0；

   (5) 0；(6) $\dfrac{1}{2}$；(7) $\dfrac{2}{3}$；(8) 4；

   (9) e^{2a}；(10) $\dfrac{1}{4}$；(11) e^{-1}；(12) $\dfrac{3}{2}$.
4. (1) $a=b=1$；(2) $a=1,b=-\dfrac{1}{2}$；

   (3) $a=6,b=-7$；(4) $\ln 2$.
5. 当 $q=0,p=-5$ 时，$f(x)$ 为无穷小量，当 $q\neq 0$，p 为任意常数时，$f(x)$ 为无穷大量.
6. (1)等价；(2)低阶；

   (3)同阶；(4)同阶.

8.(1)3;

(2)$\sqrt{a}$.

9.(1)$x=0$ 为可去间断点,补充 $f(0)=\frac{1}{2}$;

(2)$x=1$ 为可去间断点,补充 $f(1)=-\frac{\pi}{2}$,$x=0$ 为第二类间断点;

(3)$x=0$ 为可去间断点,补充 $f(0)=\frac{2}{3}$,$x=k\pi(k=\pm1,\pm2,\cdots)$为第二类间断点;

(4)$x=0$ 为可去间断点,补充 $f(0)=0$;

(5)$x=0$ 为跳跃间断点;

(6)$x=1$ 为跳跃间断点.

12.$a(1+0.012)^t$.

13.$a=7,n=2$.

14.$e^{\frac{1}{3}}$.

15.$a=-1,b=\frac{-1}{2},k=\frac{-1}{3}$.

习题 3.1

(A)

1.(1)$f'(x_0),-f'(x_0),3f'(x_0),(\alpha-\beta)f'(x_0)$;

(2)$4x^2,2x^2$.

2.(1)$2ax+b$; (2)b;

(3)$a+b$; (4)0.

3.$y=2x,x+2y-5=0$.

4.(1)$\frac{2}{5}x^{-\frac{3}{5}}$; (2)$\frac{1}{6}x^{-\frac{5}{6}}$;

(3)$(2+\ln a)a^x e^{2x}$; (4)$\frac{1}{x\ln10}$;

(5)$\frac{7}{8}x^{-\frac{1}{8}}$; (6)$-\frac{1}{2}x^{-\frac{3}{2}}$.

5.$f'(x)=\begin{cases}\cos x, & x<0,\\ 1, & x\geqslant0.\end{cases}$

6.$f'_-(0)=-1,f'_+(0)=0,f'(0)$不存在.

7.可导.

8. 1,0.

(B)

1. (1) $-4x$;

(2) $-\frac{2}{x^3}$;

(3) $\frac{2}{3}x^{-\frac{1}{3}}$.

2. (1) $f'(x_0)$;

(2) $f'(0)$;

(3) $2f'(x_0)$.

4. (1) $k>0$;

(2) $k>1$;

(3) $k>2$.

5. 2, -1.

7. 2.

8. $g(a)$.

9. $y=-x+2$.

10. 12.

11. $\frac{3}{2\sqrt{x_0}}$.

12. (1) 1;

(2) -1.

13. $(-1)^n(n!)^2$.

14. $f'(x)=\begin{cases}1, & 0<x<1,\\ -\frac{1}{x^2}, & 1<x<2.\end{cases}$

习题 3.2

(A)

1. (1) $100x^{99}-5$; (2) $6t^2-4t+2$;

(3) $2y-\frac{2}{y^3}$; (4) $10x+2^x\ln 2-3\mathrm{e}^x$;

(5) $5x^4\sin x+x^5\cos x$; (6) $\sec^3 x+\sec x\tan^2 x$;

(7) $\mathrm{e}^x(\cos x-\sin x)$; (8) $1+\ln x$;

(9) $\dfrac{e^x(x-2)}{x^3}$；

(10) $\dfrac{2}{(x+1)^2}$；

(11) $\dfrac{x\sec^2 x-\tan x}{x^2}$；

(12) $\dfrac{(x+1)\sin x+(1-x)\cos x}{(\sin x+\cos x)^2}$；

(13) $\sin x\cos x+x\cos 2x$；

(14) $-2e^{-x}\sin x$；

(15) $\dfrac{10^x 2\ln 10}{(10^x+1)^2}$；

(16) $\dfrac{e^x(x\ln x+\ln x-1)}{(\ln x)^2}$.

2. (1) $1+2x\arctan x$；

(2) $\dfrac{x-\sqrt{1-x^2}\arcsin x}{x^2\sqrt{1-x^2}}$；

(3) $\sin x\arccos x+x\cos x\arccos x-\dfrac{x\sin x}{\sqrt{1-x^2}}$；

(4) $\operatorname{arccot} x-\dfrac{x}{1+x^2}$.

3. (1) $\sin 2x\sin(x^2)+2x\sin^2 x\cos(x^2)$；

(2) $\dfrac{1}{2\sqrt{x+\sqrt{x+\sqrt{x}}}}\left[1+\dfrac{1}{2\sqrt{x+\sqrt{x}}}\left(1+\dfrac{1}{2\sqrt{x}}\right)\right]$；

(3) $y=-6\left(\arcsin\dfrac{1-2x}{3}\right)^2\dfrac{1}{\sqrt{8+4x-4x^2}}$；

(4) $-\dfrac{1}{x^2}\cot\dfrac{1}{x}$；

(5) $-\dfrac{1}{1+x^2}$；

(6) $\sec x$；

(7) $e^{-x^2}(3\cos 3x-2x\sin 3x)$；

(8) $\dfrac{1}{x\ln x\ln(\ln x)}$；

(9) $-\dfrac{2}{(1-x)^2}e^{-\frac{1+x}{1-x}}$；

(10) $\dfrac{1}{\sqrt{x^2-a^2}}$；

(11) $\dfrac{6(\ln x^2)^2}{x}$；

(12) $\dfrac{n\sin x}{\cos^{n+1}x}$；

(13) $e^{\text{acrtan}\sqrt{x}}\dfrac{1}{2\sqrt{x}(1+x)}$；

(14) $\dfrac{\ln x}{x\sqrt{1+\ln^2 x}}$；

(15) $\sec^2\dfrac{x}{2}\tan\dfrac{x}{2}$；

(16) $e^{-2x}(-2x^2+4x-3)$.

(B)

3. $\dfrac{3}{2}$.

4. (1) 1；(2) $\dfrac{1}{4}$；(3) $\dfrac{1}{3}$；(4) $\dfrac{1}{e+1}$.

5. B.

6. $\dfrac{f(x)f'(x)+g(x)g'(x)}{\sqrt{f^2(x)+g^2(x)}}$.

7. (1) $3x^2f'(x^3)$; (2) $\dfrac{1}{2\sqrt{x}}f'(\sqrt{x})$;

(3) $\sin 2x[f'(\sin^2 x)-f'(\cos^2 x)]$; (4) $\dfrac{-1}{|x|\sqrt{x^2-1}}f'\left(\arcsin\dfrac{1}{x}\right)$;

(5) $e^{f(x)+\frac{1}{f(x)}}\left[1-\dfrac{1}{f^2(x)}\right]f'(x)$; (6) $\dfrac{xf'(x^2)}{\sqrt{f(x^2)}}$;

(7) $f'\{f[f(x)]\}f'[f(x)]f'(x)$; (8) $[e^x f'(e^x)+f(e^x)f'(x)]e^{f(x)}$.

8. $\dfrac{-1}{(1+x)^2}, \dfrac{-x^2}{(1+x)^2}$.

9. $-xe^{x-1}, (x-1)e^{-x}$.

10. $2+\dfrac{1}{x^2}$.

习题 3.3

(A)

1. (1) $4-\dfrac{1}{x^2}$; (2) $2\arctan x+\dfrac{2x}{1+x^2}$;

(3) $-2\sin x-x\cos x$; (4) $-\dfrac{1+x^2}{(1-x^2)^2}$;

(5) $-\dfrac{a^2}{(a^2-x^2)^{\frac{3}{2}}}$; (6) $\dfrac{6\ln x-5}{x^4}$;

(7) $2\sec^2 x\tan x$; (8) $-\dfrac{2\sin 2x}{x}-\dfrac{\cos^2 x}{x^2}-2\cos 2x\ln x$;

(9) $(4x^3+6x)e^{x^2}$; (10) $\dfrac{6x^2-2}{(x^2+1)^3}$;

(11) $-2e^{-x}\cos x$; (12) $\dfrac{-x}{(a^2+x^2)^{\frac{3}{2}}}$.

2. (1) 0; (2) 30×12^4; (3) $10e$; (4) $\dfrac{e^2}{4}$.

3. (1) $2f'(x^2)+4x^2f''(x^2)$; (2) $\dfrac{f(x)f''(x)-[f'(x)]^2}{[f(x)]^2}$;

(3) $\dfrac{2}{x^3}f'\left(\dfrac{1}{x}\right)+x^4f''\left(\dfrac{1}{x}\right)$; (4) $e^{-f(x)}[(f'(x))^2-f''(x)]$.

(B)

1. (1) $n!$;　(2) $2^{n-1}\sin\left[2x+(n-1)\frac{\pi}{2}\right]$;

(3) $(-1)^n\frac{(n-2)!}{x^{n-1}}\ (n>1)$;　(4) $e^x(x+n)$;

(5) $(-1)^n\frac{n!\ a^n}{(ax+b)^{n+1}}$;

(6) $(-1)^{n+1}\frac{n!}{5}\left[\frac{1}{(x+2)^{n+1}}-\frac{1}{(x-3)^{n+1}}\right]$.

3. (1) $-4e^x\cos x$;

(2) $x\sin x+100\sin\left(x-\frac{\pi}{2}\right)$;

(3) $2^{50}\left(-x^2\sin 2x+50x\cos 2x+\frac{1\ 225}{2}\sin 2x\right)$.

4. x^2-x+3.

6. $(n+1)!\ \left(x+\frac{n}{2}\right)$, $(n+1)!$.

7. $(-1)^n f^{(n)}(-x)$.

习题 3.4

(A)

1. (1) $\frac{y}{y-x}$;　(2) $\frac{ay-x^2}{y^2-ax}$;　(3) $\frac{e^{x+y}-y}{x-e^{x+y}}$;　(4) $-\frac{e^y}{1+xe^y}$;

(5) $-\sqrt{\frac{y}{x}}$;　(6) $-\frac{y^2+1}{y^2}$;　(7) $\frac{\ln y-\frac{y}{x}}{\ln x-\frac{x}{y}}$;　(8) $\frac{2(e^{2x}-xy)}{x^2-\cos y}$.

2. $x+y=\frac{\sqrt{2}}{2}a$, $x-y=0$.

3. (1) $\frac{3b}{2a}t$; (2) $\frac{\cos\theta-\theta\sin\theta}{1-\sin\theta-\theta\cos\theta}$; (3) $e^t(1+2t)$; (4) $\tan\theta$.

4. $\sqrt{3}-2$.

5. (1) $2\sqrt{2}x+y-2=0$, $\sqrt{2}x-4y-1=0$; (2) $4x+3y-12a=0$, $3x-4y+6a=0$.

(B)

1. (1) $\left(\frac{x}{1+x}\right)^x\left(\ln\frac{x}{1+x}+\frac{1}{1+x}\right)$;

(2) $\frac{1}{5}\sqrt[5]{\frac{x-5}{\sqrt[5]{x^2+2}}}\left(\frac{1}{x-5}-\frac{1}{5}\cdot\frac{2x}{x^2+2}\right)$；

(3) $\frac{\sqrt{x+2}(3-x)^4}{(x+1)^5}\left(\frac{1}{2(x+2)}+\frac{4}{x-3}-\frac{5}{x+1}\right)$；

(4) $\frac{1}{4}\sqrt{x\sin x\sqrt{1-e^x}}\left(\frac{2}{x}+2\cot x+\frac{e^x}{e^x-1}\right)$；

(5) $(x^2+1)^3(x+2)^2x^6\left(\frac{6}{x}+\frac{2}{x+2}+\frac{6x}{x^2+1}\right)$；

(6) $x^{x^x}\left\{x^x\left[(1+\ln x)\ln x+\frac{1}{x}\right]\right\}$.

2. (1) $-\frac{1}{y^3}$；(2) $-\frac{b^4}{a^2y^3}$；(3) $-\frac{2(1+y^2)}{y^5}$；(4) $\frac{e^{2y}(3-y)}{(2-y)^3}$.

3. (1) $\frac{1}{t^3}$；(2) $-\frac{b}{a^2\sin^3 t}$；(3) $\frac{4}{9}e^{3t}$；(4) $\frac{1}{f''(t)}$.

5. $(-5,6)$，$\left(-\frac{208}{27},\frac{32}{3}\right)$.

6. (1) $-\frac{3}{8t^5}(1+t^2)$；(2) $\frac{t^4-1}{8t^3}$.

8. $\frac{-1+f'(y)+f''(y)y'x}{x^2[1-f'(y)]^2}$.

习题 3.5

(A)

1. (1) $2x+C$；(2) $\frac{3}{2}x^2+C$；(3) $\sin t+C$；(4) $-\frac{1}{\omega}\cos\omega x+C$；

(5) $\ln(1+x)+C$；(6) $-\frac{1}{2}e^{-2x}+C$；(7) $2\sqrt{x}+C$；(8) $\frac{1}{3}\tan 3x+C$.

2. (1) $\left(-\frac{1}{x^2}+\frac{1}{\sqrt{x}}\right)dx$；　(2) $(\sin 2x+2x\cos 2x)dx$；

(3) $\frac{1}{(x^2+1)\sqrt{x^2+1}}dx$；　(4) $\frac{2}{x-1}\ln(1-x)dx$；

(5) $2x(1+x)e^{2x}dx$；　(6) $e^{-x}[\sin(3-x)-\cos(3-x)]dx$；

(7) $-\frac{x}{|x|\sqrt{1-x^2}}dx$；　(8) $8x\cdot\tan(1+2x^2)\cdot\sec^2(1+2x^2)dx$；

(9) $-\frac{2x}{1+x^4}dx$；　(10) $A\omega\cos(\omega t+\varphi)dt$.

3. $\Delta y|_{x=2,\Delta x=1}=18$，$dy|_{x=2,\Delta x=1}=11$；$\Delta y|_{x=2,\Delta x=0.1}=1.161$，

$dy|_{x=2,\Delta x=0.1}=1.1$；$\Delta y|_{x=2,\Delta x=0.01}=0.110601$，$dy|_{x=2,\Delta x=0.01}=0.11$.

4. $dy=\dfrac{-(x-y)^2}{2+(x-y)^2}dx$，$\dfrac{-(x-y)^2}{2+(x-y)^2}$.

(B)

2. (1)9.987； (2)0.01；
(3)1.05； (4)0.495.

3. $\left[\dfrac{1}{x}f'(\ln x)+f(\ln x)f'(x)\right]e^{f(x)}dx$.

6. 30.301 m^3，30 m^3.

7. 2.01π cm^2，2π cm^2.

第3章总习题

1. (1)充分，必要；
(2)充分必要；
(3)充分必要.

2. (1)$2k$； (2)$2f(x)f'(x)$；
(3)$a=2$ 或 $a=98$； (4)0；
(5)1； (6)$4a^6$； (7)4.

3. (1)B； (2)C； (3)B； (4)C； (5)A.

4. (1)1，1，存在；
(2)1，0，不存在.

5. 连续；不可导.

6. (1)$\dfrac{\cos x}{|\cos x|}$； (2)$\dfrac{1}{1+x^2}$； (3)$\sin x\cdot\ln\tan x$；
(4)$\dfrac{e^x}{\sqrt{1+e^{2x}}}$； (5)$\dfrac{\sqrt[x]{x}}{x^2}(1-\ln x)$； (6)$\begin{cases}3x^2-2x, & x>1,\\ 2x-3x^2, & x<1.\end{cases}$

7. (1)$-2\cos 2x\cdot\ln x-\dfrac{2\sin 2x}{x}-\dfrac{\cos^2 x}{x^2}$； (2)$\dfrac{3x}{\sqrt{(1-x^2)^5}}$.

8. (1)$\dfrac{1}{m}\left(\dfrac{1}{m}-1\right)\left(\dfrac{1}{m}-2\right)\cdots\left(\dfrac{1}{m}-n+1\right)(1+x)^{\frac{1}{m}-n}$；
(2)$\dfrac{2(-1)^n n!}{(1+x)^{n+1}}$.

9. $y''(0)=\dfrac{1}{e^2}$.

10. (1)$\frac{1}{3a}\sec^4\theta\cdot\csc\theta$;(2)$-\frac{1+t^2}{t^3}$.

11. $x+2y-4=0$;$y-1=2(x-2)$.

12. $\frac{dx}{x(1+\ln y)}$.

13. 1.007.

14. (Ⅰ)略　(Ⅱ)$f'(x)=[u_1(x)u_2(x)\cdots u_n(x)]'$

$=u_1'(x)u_2(x)\cdots u_n(x)+u_1(x)u_2'(x)\cdots u_n(x)+\cdots+u_1(x)u_2(x)\cdots u_n'(x)$.

习题 4.1

(A)

1. $(-3,0)$,$(0,3)$,$(3,5)$内各有一个驻点.

3. (1)$\xi=-\frac{1}{9}$;(2)罗尔定理条件不满足.

4. $\xi=2$.

6. (1)不满足拉格朗日中值定理条件；(2)$\xi=1$；(3)$\xi=\frac{5-\sqrt{43}}{3}$.

习题 4.2

(A)

1. (1)3；(2)2；(3)1；(4)$\frac{1}{2}$；

(5)$\frac{1}{6}$；(6)$\frac{1}{3}$；(7)1；

(8)e；(9)0；(10)1；(11)e^{-1}.

(B)

1. (1)1；(2)1；(3)e^{-1}；(4)$e^{-\frac{2}{\pi}}$；(5)1；(6)$-\frac{1}{4}$；(7)$e^{-\frac{1}{6}}$.

习题 4.3

(A)

1. (1)$\frac{1}{6}$(提示:将 $\sin x$ 展成三次多项式)；(2)$\frac{1}{2}$；(3)1；(4)$\frac{7}{12}$；

(5)$\frac{1}{2}$$\left(令 u=\frac{1}{x},再将 \ln(1+u) 展成二次多项式\right)$.

(B)

1. (1) $-\frac{1}{12}$;

(2) -3.

2. $xe^x=x+x^2+\frac{x^3}{2!}+\cdots+\frac{x^n}{(n-1)!}+\frac{1}{(n+1)!}(n+1+\theta x)e^{\theta x}x^{n+1}\quad(0<\theta<1)$.

习题 4.4

(A)

1. (1) $(-\infty,-1]\cup[3,+\infty)$上单调增加，$[-1,3]$上单调减少；

(2) $(0,2]$上单调减少，$[2,+\infty)$上单调增加；

(3) $(-\infty,0)\cup(1,+\infty)$内单调增加，$(0,1)$内单调减少；

(4) $(-\infty,-2)\cup(0,+\infty)$内单调增加，$(-2,-1)\cup(-1,0)$内单调减少；

(5) $\left(\frac{1}{2},+\infty\right)$内单调增加，$\left(-\infty,\frac{1}{2}\right)$单调减少；

(6) $(0,+\infty)$内单调增加，$(-\infty,0)$内单调减少.

5. 单调增加.

(B)

1. 提示：证明 $f(x)=\frac{\ln x}{x}(x>e)$单调减少.

习题 4.5

(A)

1. (1) 极大值 $y(-1)=0$，极小值 $y\left(\frac{1}{3}\right)=-\frac{32}{27}$;

(2) 极大值 $y(-1)=0$，极小值 $y\left(\frac{1}{3}\right)=-\frac{32}{27}$;

(3) 极小值 $y\left(\frac{1}{2}\right)=\frac{1}{2}+\ln 2$;

(4) 极小值 $y(1)=0$，极大值 $y(e^2)=4/e^2$;

(5) 极大值 $y(\pi/4+2k\pi)=\frac{\sqrt{2}}{2}e^{\frac{\pi}{4}+2k\pi}(k\in\mathbf{Z})$和极小值 $y(5\pi/4+2k\pi)=-\frac{\sqrt{2}}{2}e^{\frac{5}{4}\pi+2k\pi}(k\in\mathbf{Z})$.

2. (1) $(-\infty,0)$内单调减少，$(0,+\infty)$内单调增加，极小值点 $x=0$，极小值 $y(0)=2$;

(2) $(-\infty,0)\cup(1,2)$内单调减少，$(0,1)\cup(2,+\infty)$内单调增加，极小值点 $x_1=$

$0, x_2=2$,极小值 $y(0)=y(2)=0$,极大值点 $x_3=1$,极大值 $y(1)=1$;

(3) $\left(0,\frac{2}{5}\right)$内单调减少,$(-\infty,0)\cup\left(\frac{2}{5},+\infty\right)$内单调增加,极小值点 $x=\frac{2}{5}$,极小值 $y\left(\frac{2}{5}\right)=-\frac{3}{5}\sqrt[3]{\frac{4}{25}}$,极大值点 $x=0$,极大值 $y(0)=0$;

(4) $(-\infty,0)\cup(2,+\infty)$内单调减少,$(0,2)$内单调增加,极小值点 $x=0$,极小值 $y(0)=0$,极大值点 $x=2$,极大值 $y(2)=\frac{4}{e^2}$;

(5) $(1,3)$内单调减少,$(-\infty,1)\cup(3,+\infty)$内单调增加,极小值点 $x=3$,极小值 $y(3)=\frac{27}{4}$;

3. (1)极大值 $y\left(\frac{3}{4}\right)=\frac{5}{4}$;

(2)极大值 $y(1)=2$,极小值 $y(3)=-2$;

(3)极小值 $y(1)=2-4\ln 2$;(4)极小值 $y(0)=2$.

4. (1)最小值 $y(-3)=27$;

(2)最大值 $y\left(\frac{3}{4}\right)=\frac{5}{4}$,最小值 $y(-5)=\sqrt{6}-5$;

(3)最大值在区间$[-2,2]$端点处取得 $y(\pm 2)=13$,最小值在区间$(-2,2)$内取得 $y(\pm 1)=4$;

(4)最大值 $y(2)=\ln 5$,最小值 $y(0)=0$;

(5)最大值 $y(1)=y\left(-\frac{1}{2}\right)=5.5$,最小值 $y(0)=5$;

(6)最大值 $y(4)=6$,最小值 $y(0)=0$.

5. $a=2$,极大值 $y(\pi/3)=\sqrt{3}$.

6. $a=\frac{13}{8}, b=29$.

7. 做法为正方形边长为 6 m、高为 3 m,用料最省.

8. 当所做的罐头筒的高和底直径相等时,所用材料最省.

(B)

3. 最大值为 20,最小值为 0.

6. 转运站应修在离火车站 $b-\frac{na}{\sqrt{m^2-n^2}}$ km 处,才能使运费最省.

7. 经过 2 h 两船距离最近.

习题 4.6

(A)

1. D.　2. D.　3. B.　4. D.

5. (1) 凹区间为 $\left(-\infty,-\frac{1}{\sqrt{3}}\right)$, $\left(\frac{1}{\sqrt{3}},+\infty\right)$, 凸区间为 $\left(-\frac{1}{\sqrt{3}},\frac{1}{\sqrt{3}}\right)$, 拐点为 $\left(-\frac{1}{\sqrt{3}},\frac{4}{9}\right)$, $\left(\frac{1}{\sqrt{3}},\frac{4}{9}\right)$;

(2)凸区间为$(-\infty,+\infty)$,无拐点;

(3)凹区间为$(0,+\infty)$,没有拐点;

(4)凹区间为$(-\infty,+\infty)$,没有拐点;

(5)凹区间为$(-1,1)$,凸区间为$(-\infty,-1)$,$(1,+\infty)$,拐点为$(-1,\ln 2)$,$(1,\ln 2)$.

6. $a=-\frac{3}{2}$, $b=\frac{9}{2}$.

7. $a=1$, $b=-3$, $c=-24$, $d=16$.

习题 4.7

(A)

1. C.　2. B.　3. C.　4. C　5. D.

6. (1) $y=1$, $x=0$;　(2) $y=0$, $x=-1$.

(B)

1. (1) $y=x$;　(2) $x=0$.

习题 4.8

(A)

1. (1)1 775,1.97;(2)1.58;(3)1.5,1.67.

2. 每年订货 5 次,批量 20.

3. 9 975,199.5,199.

4. 50 000.

5. (1)120,6,2;120,4,−2.(2)25.

6. $\eta(P)=P\ln 4$.

7. $\eta(P)=\frac{P}{2}$，$\eta(3)=1.5$，$\eta(4)=2$，$\eta(5)=2.5$.

8. $\eta(P)=\frac{P}{Q}Q'=\frac{3P}{2+3P}$，$\eta(3)=\frac{9}{11}$.

(B)

1. (1)880；(2)740；(3)$C'(100)=740$，表示 $x=100$ 时，再生产 1 台的成本，就是生产第 101 台电视机的成本，实际上为 $C(101)-C(100)=739$ 元，故(2)中求得的边际成本是合理的.

2. $C'(x)=3+x$，$R(x)=\frac{50}{\sqrt{x}}$，$L'(x)=\frac{50}{\sqrt{x}}-3-x$.

3. 25.

4. (1)$\frac{P}{P-20}$；(2)$-3/17$；(3)总收益增加，总收益增加 0.82%.

5. (1)1 000；(2)6 000.

6. (1)$x=60\ 000-1\ 000P\quad(0<P\leqslant 50)$.

   (2)获得最大的产量为 20 000 kg，此时的价格是每千克 40 元.

第 4 章总习题

1. (1)B； (2)D； (3)C； (4)D； (5)D；
   (6)A； (7)B； (8)C； (9)C； (10)B；
   (11)B； (12)C； (13)D.

2. (1)$(-1,0)$内单调减少，$(0,+\infty)$内单调增加；

   (2)在 $x=0$ 时，函数取最大值 $f(0)=1$，当 $x=1$ 时，函数取最小值 $f(1)=0$；

   (3)$a=-1$，$b=3$；

   (4)$(-\infty,-2)$内为凸曲线，$(-2,+\infty)$内为凹曲线，拐点为$(-2,-2e^{-2})$；

   (5)$a=1$，$b=-\frac{5}{2}$；

   (6)$\left[\frac{1}{2},+\infty\right)$，$\left(0,\frac{1}{2}\right]$；

   (7)$-\ln\sqrt{2}$；

   (8)极大值 $y(-2)=-4$，极小值 $y(2)=4$；

   (9)$a=-2$，$b=-\frac{1}{2}$；

   (10)$a=-\frac{3}{2}$，$b=\frac{9}{2}$；

(11)$\left(-\frac{\sqrt{3}}{3},\frac{40}{9}\right),\left(\frac{\sqrt{3}}{3},\frac{40}{9}\right)$;

(12)水平渐近线是 $y=0$,铅直渐近线是 $x=0$;

(13)$Q'=-\frac{1}{12},\frac{P}{240-P}$;

(14)$x=0,x=-\frac{1}{e}$;

(15)极大值 $y(e)=e^{\frac{1}{e}}$.

3. 单调增加区间为$(-\infty,1),(3,+\infty)$,单调减少区间为$(1,3)$,极大值 $y(1)=2$,极小值 $y(3)=-2$,在$(2,+\infty)$内是凹的,在$(-\infty,2)$内是凸的,拐点为$(2,0)$.

4. (1)1;　(2)$\frac{1}{2}$;　(3)1;

(4)$e^{-\frac{2}{\pi}}$;　(5)$-\frac{1}{2}$;　(6)0;

(7)1;　(8)1;　(9)-1;

(10)$\frac{4}{\pi}$;　(11)1;　(12)$-\frac{1}{3}$;

(13)$\frac{1}{3}$;　(14)$\frac{4}{3}$;　(15)$-\frac{1}{6}$;

(16)$\frac{3}{2}$;　(17)1;　(18)e^2;

(19)2;　(20)$e^{-\frac{1}{2}}$;　(21)$-\infty$.

5. (1)拐点为$(0,0)$,在$(-1,0)\cup(1,+\infty)$内曲线是凹的,在$(0,1)(-\infty,-1)$内曲线是凸的;

(2)拐点为$(1,2)$,在$(-\infty,1)$内曲线是凹的,在$(1,+\infty)$内曲线是凸的;

(3)拐点为$\left(\frac{1}{2},e^{\arctan\frac{1}{2}}\right)$,在$\left(-\infty,\frac{1}{2}\right)$内曲线是凹的,在$\left(\frac{1}{2},+\infty\right)$内曲线是凸的;

(4)在$(-\infty,+\infty)$内曲线是凹的,无拐点;

(5)拐点为$(2,2e^{-2})$,在$[2,+\infty)$内曲线是凹的,在$(-\infty,2)$内曲线是凸的;

(6)拐点为$(1,-7)$,在$(1,+\infty)$内曲线是凹的,在$(0,1]$内曲线是凸的.

6. (1)极大值 $y(0)=0$,极小值 $y(1)=-3$;　(2)极小值 $y\left(-\frac{1}{\ln 2}\right)=-\frac{1}{e\ln 2}$.

7. $f(0)=0,f'(0)=0,f''(0)=4;\lim\limits_{x\to 0}\left(1+\frac{f(x)}{x}\right)^{\frac{1}{x}}=e^2$.

8. $\lim\limits_{x\to 0}f(x)=-3$.

9. $f'(1)=-4$.

10. $\lim\limits_{x\to 0}\dfrac{f(x)}{x^2}=2\ln 2$.

11. $e^x\sin x=x+x^2+\dfrac{x^3}{3}+o(x^3)$.

12. $\ln(1+x+x^2)=x+\dfrac{x^2}{2}-\dfrac{2}{3}x^3+o(x^3)$.

13. (1) $\dfrac{1}{3}$；

(2) $\dfrac{1}{6}$；

(3) $-\dfrac{1}{12}$.

14. $f(x)$在$(-\infty,-6]$，$(-2,+\infty)$内单调增加，在$[-6,-2)$内单调减少；极大值为$f(-6)=-\dfrac{19}{2}$；曲线$y=f(x)$在$(-\infty,-2)$，$(-2,0]$内是凸弧，在$[0,+\infty)$内是凹弧，点$(0,4)$是曲线的拐点；$y=x$是曲线的斜渐近线，$x=-2$是曲线的垂直渐近线.

15. 极大值为$f\left(\dfrac{1}{2}\right)=-\dfrac{4}{15}$，极小值为$f\left(-\dfrac{1}{2}\right)=\dfrac{4}{15}$.

16. 三条渐近线分别是：$x=0$，$y=0$，$y=x$.

17. $-8<a<100$.

18. (1) 函数的单调增加区间为$(-\infty,1)$和$(3,+\infty)$，单调减少区间为$(1,3)$，极小值为$y|_{x=3}=\dfrac{27}{4}$.

(2) 函数图形在区间$(-\infty,0)$内是(向上)凸的，在区间$(0,1)$，$(1,+\infty)$内是(向上)凹的，拐点为$(0,0)$.

(3) $x=1$是函数图形的铅直渐近线，$y=x+2$是函数图形的斜渐近线.

19. (1) 当价格$P=4$时，若价格上涨(或下跌)1个单位，需求量Q将减少(或增加)8个单位.

(2) $\eta(4)\approx 0.542$，当价格$P=4$时，若价格上涨(或下跌)1%，则需求减少(或增加)约0.542%.

(3) $\dfrac{ER}{EP}\Big|_{P=4}=\dfrac{27}{59}\approx 0.458$，因为$\eta(4)\approx 0.542<1$，所以当$P=4$时，价格上涨1%，总收益增加，增加约0.458%.

(4) $\eta(6)\approx 1.846$，$\dfrac{ER}{EP}\Big|_{P=6}=-\dfrac{33}{39}\approx -0.846$，所以价格$P=6$时，由$\eta(6)\approx$

$1.846>1$ 知,当价格 $P=6$ 时,若价格上涨 1%,则总收益减少,减少约 0.846%.

(5)当价格 $P=5$ 时,总收益最大.

20. 最大收益 $R(2)=\frac{20}{e}$,此时价格 $P=\frac{10}{e}$.

21. 价格为 101 元,最大利润为 167 080 元.

22. 取圆柱底面半径 $r=\left(\frac{10}{\pi}\right)^{\frac{1}{3}}\approx 1.47$ m,高 $h=\frac{30}{\pi r^2}=4.42$ m 时,总造价最低.

23. (1) $y'=40-\frac{Q}{500}$.

(2) 经济意义为:当 $P=50$ 时,销量每增加一个,利润增加 20.

(3) $P=40$.

24. (1) $Q=-10(P-120)=1\ 200-10P$.

(2) 经济学意义是:需求量每提高 1 件,收益增加 8 000 万元.

习题 5.1

(A)

2. (1)A;(2)C;(3)B;(4)B.

4. (1) $2x-x^5+C$;　　(2) $\frac{3}{4}\sqrt[3]{x^4}-2\sqrt{x}+C$;

(3) $-2\cos x-5\sin x+C$;　　(4) $\frac{x^2}{2}-2\ln|x|-\frac{3}{2x^2}+\frac{4}{3x^3}+C$.

5. $\frac{3}{2}t^2-2t+5$.

(B)

2. $\frac{-1}{x\sqrt{1-x^2}}$.

3. $y=x^2+\frac{1}{x}+1$.

4. $P(t)=25t^2+200t$.

习题 5.2

1. (1) $\sqrt[3]{x}+C$;　　(2) $\frac{2}{7}x^{\frac{7}{2}}-\frac{10}{3}x^{\frac{3}{2}}+C$;

(3) $\frac{1}{3}(x-2)^3+C$;　　(4) $-\cot x-x+C$;

(5) $\frac{(2e)^x}{1+\ln 2}+C$；

(6) $\ln|x|+\arctan x+C$；

(7) e^x-x+C；

(8) $\frac{1}{2}(x-\sin x)+C$；

(9) $-\tan x-\cot x+C$；

(10) $\sin x+\cos x+C$；

(11) $x-\arctan x+C$；

(12) $-\frac{1}{x}-\arctan x+C$；

(13) $\frac{3}{4}x^{\frac{4}{3}}-2x^{\frac{1}{2}}+C$；

(14) $3\arctan x-2\arcsin x+C$；

(15) $2x-\frac{5\left(\frac{2}{3}\right)^x}{\ln 2-\ln 3}+C$；

(16) $2\arcsin x+C$.

(B)

1. A.
2. C.
3. (1) $e^x-\sqrt{x}+C$； (2) $\tan x-\cot x+C$；

   (3) $\frac{1}{2}\tan x+C$； (4) $\arcsin x+C$.

4. $f(x)=\begin{cases} x, & -\infty<x\leqslant 0, \\ e^x-1, & 0<x<+\infty. \end{cases}$
5. $y=\ln|x|$.
6. $y=1\,000+7x+50\sqrt{x}$.

习题 5.3

(A)

1. (1) $\frac{1}{a}$； (2) $\frac{1}{7}$； (3) $\frac{1}{10}$；

   (4) $\frac{1}{12}$； (5) $\frac{1}{2}$； (6) -2；

   (7) $\frac{1}{3}$； (8) 1.

2. (1) $\frac{1}{5}\sin 5t+C$； (2) $-\frac{1}{8}(3-2x)^4+C$；

   (3) $3\ln(1+x^2)+C$； (4) $\ln(e^x+2)+C$；

   (5) $\frac{\cos^3 x}{3}-\cos x+C$； (6) $\arcsin\frac{x+2}{3}+C$.

3. (1) $-\sqrt{1-2u}+C$;

(2) $-2\cos\sqrt{t}+C$;

(3) $-\dfrac{\sqrt{1-x^2}}{x}+C$;

(4) $\dfrac{1}{3}\ln\left|3x+1+\sqrt{9x^2+6x+5}\right|+C$;

(5) $\ln\dfrac{\sqrt{1+e^x}-1}{\sqrt{1+e^x}+1}+C$;

(6) $\dfrac{\sqrt{x^2-1}}{x}+C$.

4. (1) $-e^{1-x}+C$;

(2) $-\dfrac{1}{2}\sin\dfrac{2}{x}+C$;

(3) $\ln\left|\dfrac{x-3}{x-2}\right|+C$;

(4) $\dfrac{1}{3}x^3-\dfrac{3}{2}x^2+9x-27\ln|x+3|+C$;

(5) $-\dfrac{10^{\arccos x}}{\ln 10}+C$;

(6) $-\dfrac{1}{\arcsin x}+C$;

(7) $(\arctan\sqrt{x})^2+C$.

5. $2\sqrt{x+1}-1$.

(B)

1. (1) D;

(2) C;

(3) C.

2. (1) $\dfrac{1}{2}F(2\ln x)+C$;　(2) $F(\tan x)+C$;

(3) $-F(e^{-x}+1)+C$;　(4) $2F(\sqrt{x}+a)+C$.

3. (1) $-\sqrt{1-x^2}+\arcsin x+C$;

(2) $\dfrac{1}{4}\left(\dfrac{3}{2}x-\sin 2x+\dfrac{1}{8}\sin 4x\right)+C$;

(3) $\dfrac{1}{9}\tan^9 x+C$;

(4) $\arcsin\dfrac{x}{2}+x+C$.

(5) $-\dfrac{1}{x\ln x}+C$;

(6) $\tan x-\sec x+C$;

(7) $\dfrac{3}{4}\ln|x-3|+\dfrac{1}{4}\ln|x+1|+C$;

(8) $-\dfrac{\sqrt{1-x^2}}{x}+C$;

(9) $\ln(x^2+x+1)-\dfrac{2}{\sqrt{3}}\arctan\dfrac{2x+1}{\sqrt{3}}+C$;

(10) $\dfrac{t}{2}+\dfrac{1}{4\omega}\sin 2(\omega t+\varphi)+C$;

(11) $\dfrac{1}{3}\sec^3 x-\sec x+C$;

(12) $x-\ln|e^x-1|+C$.

习题 5.4

(A)

1. (1) $(x-1)e^x+C$;

(2) $-(x^2+2x+2)e^{-x}+C$;

(3) $\sin x-x\cos x+C$;

(4) $2(\sin\sqrt{x}-\sqrt{x}\cos\sqrt{x})+C$;

(5) $\frac{1}{3}x^3\ln x-\frac{1}{9}x^3+C$;

(6) $\frac{e^{-x}}{2}(\sin x-\cos x)+C$;

(7) $x\ln(x^2+1)-2x+2\arctan x+C$;

(8) $-\frac{2}{17}e^{-2x}\left(\cos\frac{x}{2}+4\sin\frac{x}{2}\right)+C$;

(9) $2x\sin\frac{x}{2}+4\cos\frac{x}{2}+C$;

(10) $-\frac{1}{2}x^2+x\tan x+\ln|\cos x|+C$;

(11) $x\ln^2x-2x\ln x+2x+C$;

(12) $-\frac{1}{4}x\cos 2x+\frac{1}{8}\sin 2x+C$;

(13) $\frac{x^3}{6}+\frac{1}{2}x^2\sin x+x\cos x-\sin x+C$;

(14) $3e^{\sqrt[3]{x}}(\sqrt[3]{x^2}-2\sqrt[3]{x}+2)+C$.

2. $\frac{1}{4}f^2(x^2)+C, x^4+C$.

(B)

1. (1) B. (2) D.

2. (1) $x\tan x+\ln|\cos x|+C$;

(2) $\frac{1}{2}x(\cos\ln x+\sin\ln x)+C$;

(3) $x(\arcsin x)^2+2\sqrt{1-x^2}\arcsin x-2x+C$;

(4) $\frac{1}{3}x^3\arctan x-\frac{1}{6}x^2+\frac{1}{6}\ln(1+x^2)+C$;

(5) $-\frac{1}{x}(\ln^2x+2\ln x+2)+C$;

(6) $-\frac{1}{2}\left(x^2-\frac{3}{2}\right)\cos 2x+\frac{x}{2}\sin 2x+C$;

(7) $\frac{1}{2}(x^2-1)\ln\frac{1+x}{1-x}+x+C$;

(8) $2\sqrt{x}\ln(1+x)-4\sqrt{x}+4\arctan\sqrt{x}+C$;

(9) $-e^{-x}\ln(e^x+1)-\ln(e^{-x}+1)+C$;

(10) $\frac{1}{2}\csc x\tan x+\frac{1}{2}\ln|\csc x-\cot x|+C$.

3. $\left(1-\frac{2}{x}\right)e^x+C$.

4. $-2x^2e^{-x^2}-e^{-x^2}+C$.

5. $\cos x-\frac{2\sin x}{x}+C$.

习题 5.5

(A)

1. (1) $\ln|x-2|+\ln|x+5|+C$;

(2) $\ln|x|-\frac{1}{2}\ln|x+1|-\frac{1}{4}\ln(x^2+1)-\frac{1}{2}\arctan x+C$;

(3) $2\sqrt{x}-4\sqrt[4]{x}+4\ln(\sqrt[4]{x}+1)+C$;

(4) $-\frac{3}{2}\sqrt[3]{\frac{x+1}{x-1}}+C$.

(B)

1. (1) $\ln|x+1|-\frac{1}{2}\ln(x^2-x+1)+\sqrt{3}\arctan\frac{2x-1}{\sqrt{3}}+C$;

(2) $\ln\frac{|x-1|}{\sqrt{x^2+x+1}}+\sqrt{3}\arctan\frac{2x+1}{\sqrt{3}}+C$;

(3) $\frac{1}{2}\ln\left|\frac{x^2+x+1}{x^2+1}\right|+\frac{1}{\sqrt{3}}\arctan\frac{2x+1}{\sqrt{3}}+C$;

(4) $-2\sqrt{\frac{1+x}{x}}-\ln\left|\frac{\sqrt{\frac{x+1}{x}}-1}{\sqrt{\frac{x+1}{x}}+1}\right|+C$.

习题 5.6

(A)

1. D.

2. (1) $2x\sqrt{e^x-1}-4\sqrt{e^x-1}+4\arctan\sqrt{e^x-1}+C$;

(2) $\frac{1}{6}\ln\frac{(x+1)^2}{|x^2-x+1|}+\frac{\sqrt{3}}{3}\arctan\frac{2x-1}{\sqrt{3}}+C$;

(3) $\frac{1}{6}\ln\frac{x^2+1}{x^2+4}+C$;

(4) $\frac{1}{\sqrt{2}}\arctan\frac{\tan\frac{x}{2}}{\sqrt{2}}+C$;

(5) $\frac{1}{2}\left[\ln|1+\tan x|+x-\frac{1}{2}\ln(1+\tan^2 x)\right]+C$;

(6) $-\frac{2}{3}(1+x^2)^{\frac{3}{2}}+x^2\sqrt{1+x^2}+C.$

(7) $\frac{1}{3}(\arctan x)^3+C$；

(8) $\ln|\arcsin e^x|+C.$

3. $-\frac{1}{3}\sqrt{(1-x^2)^3}+C.$

4. $x+2\ln|x-1|+C.$

(B)

1. B.

2. (1) $\frac{\sqrt{x^2-1}}{x}+\arccos\frac{1}{x}+C$；　(2) $\frac{1}{\sqrt{2}}\arctan\frac{\sqrt{2}x}{\sqrt{1-x^2}}+C$；

(3) $x\ln(x+\sqrt{1+x^2})-\sqrt{1+x^2}+C$；　(4) $\ln\frac{x}{\sqrt{1+x^2}}-\frac{\ln(1+x^2)}{2x^2}+C$；

(5) $-\frac{1}{2}\arctan(\cos 2x)+C$；　(6) $\frac{\ln x-1}{1-\frac{1}{x}}\cdot\frac{1}{x-\ln x}+\frac{1}{x-1}+C$；

(7) $e^x-\frac{4e^x}{x+2}+C$；

(8) $-\frac{2}{5}(x+1)^2\sqrt{x+1}+\frac{2}{3}(x+1)\sqrt{x+1}+\frac{2}{5}x^2\sqrt{x}+\frac{2}{3}x\sqrt{x}+C$；

(9) $\frac{1}{2}\ln\left|\tan\frac{x}{2}\right|+\tan\frac{x}{2}+\frac{1}{4}\tan^2\frac{x}{2}+C.$

第 5 章总习题

1. $y=kx+C.$

2. $y=\frac{1}{2}x^2+2x-1.$

3. $s=\frac{3}{2}t^2-2t+5.$

4. (1) 27 m；(2) $\sqrt[3]{360}\approx 7.11$ s.

5. $P(t)=\frac{a}{2}t^2+bt.$

6. (1) $\frac{2^x}{\ln 2}+\frac{x^3}{3}+C$；　(2) $\frac{t^2}{2}+3t+3\ln|t|-\frac{1}{t}+C$；

(3) $\frac{1}{2}\tan x+C$;

(4) $\frac{8}{15}x\sqrt{x\sqrt{x\sqrt{x}}}+C$.

7. (1) $\frac{1}{3}(\ln x)^3+C$;

(2) $-e^{\frac{1}{x}}+C$;

(3) $\frac{1}{3}\sqrt{(u^2-5)^3}+C$;

(4) $\frac{1}{6}\arctan\left(\frac{3}{2}x\right)+C$;

(5) $\frac{1}{4}\arctan\left(x+\frac{1}{2}\right)+C$;

(6) $\arcsin\frac{x+1}{\sqrt{6}}+C$;

(7) $\frac{1}{5}\ln\left|\frac{x-3}{x+2}\right|+C$;

(8) $e^{\sin x}+C$;

(9) $\sin e^x+C$;

(10) $\sin x-\frac{2}{3}\sin^3 x+\frac{1}{5}\sin^5 x+C$;

(11) $\arctan\sqrt{e^{2x}-1}+C$;

(12) $2\ln x\sqrt{1+\ln x}-\frac{4}{3}(1+\ln x)^{\frac{3}{2}}+C$;

(13) $x+\ln^2|x|+C$;

(14) $\ln|x|-\frac{1}{6}\ln(1+x^6)+C$.

8. (1) $\frac{2}{5}(x+1)^2\sqrt{x+1}-\frac{2}{3}(x+1)\sqrt{x+1}+C$;

(2) $\frac{4}{63}(3x+1)\sqrt[4]{(3x+1)^3}-\frac{4}{27}\sqrt[4]{(3x+1)^3}+C$;

(3) $\frac{4}{7}(1+e^x)\sqrt[4]{(1+e^x)^3}-\frac{4}{3}\sqrt[4]{(1+e^x)^3}+C$;

(4) $\frac{1}{9}(2x+3)^2\sqrt[4]{2x+3}-\frac{3}{5}(2x+3)\sqrt[4]{2x+3}+C$;

(5) $\frac{3}{2}\sqrt[3]{(x+1)^2}-3\sqrt[3]{x+1}+3\ln\left|\sqrt[3]{x+1}+1\right|+C$;

(6) $\frac{x}{a^2\sqrt{a^2+x^2}}+C$;

(7) $\arccos\frac{1}{x}+C$.

9. (1) $-\frac{\ln x}{x}-\frac{1}{x}+C$;

(2) $\frac{x^4}{32}(8\ln^2 x-4\ln x+1)+C$;

(3) $\ln x(\ln\ln x-1)+C$;

(4) $\frac{1}{2}x^2\ln(x-1)-\frac{1}{4}x^2-\frac{1}{2}x-\frac{1}{2}\ln(x-1)+C$;

(5) $2\sqrt{1-x}+2\sqrt{x}\arcsin\sqrt{x}+C$;

(6) $2\sqrt{x}(\ln x-2)+C$；

(7) $xf(x)-f(x)+C$；

(8) $\frac{1}{2}\ln\frac{x^2}{1+x^2}-\frac{1}{x}\arctan x+C$.

10. $x+\frac{1}{3}x^3+1$.

11. $x+\frac{1}{2}\ln x+C$.

12. $x+2\ln|x-1|+C$.

13. $\int f(x)\mathrm{d}x=\begin{cases}\frac{x^3}{3}+C, & x\leqslant 0,\\ 1-\cos x+C, & x>0.\end{cases}$

14. $\frac{\sin^2 2x}{\sqrt{x-\frac{1}{4}\sin 4x+1}}$.

15. $\frac{1}{2}\left[\frac{f(x)}{f'(x)}\right]^2+C$.

16. $\frac{1}{4}\tan^4 x-\frac{1}{2}\tan^2 x-\ln|\cos x|+C$.

17. $I_n=\int x^n\mathrm{e}^x\mathrm{d}x=x^n\mathrm{e}^x-nI_{n-1}, I_1=x\mathrm{e}^x-\mathrm{e}^x+C$.

18. $\frac{1}{2}\ln|(x-y)^2-1|+C$.

19. $C(x)=x^2+10x+20$.

20. (1) $Q(P)=-P^2+972$.

(2)定价不高于 26 元能使需求不少于 296 件.

(3)约-4.57.

(4)价格 $P=18$ 元时总收益最大.